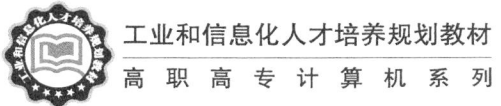

工业和信息化人才培养规划教材

高职高专计算机系列

Photoshop CS6

实例教程

（第3版）

U0322700

◎ 崔英敏 李睿仙 主编

◎ 洪波 刘佳 叶军 副主编

人民邮电出版社

北 京

图书在版编目（CIP）数据

Photoshop CS6实例教程 / 崔英敏，李睿仙主编. --3版. -- 北京：人民邮电出版社，2014.9（2019.9重印）
工业和信息化人才培养规划教材. 高职高专计算机系列
ISBN 978-7-115-35578-2

Ⅰ．①P… Ⅱ．①崔… ②李… Ⅲ．①图象处理软件—高等职业教育—教材 Ⅳ．①TP391.41

中国版本图书馆CIP数据核字(2014)第089082号

内 容 提 要

本书全面系统地介绍了PhotoshopCS6的基本操作方法和图形图像处理技巧，包括图像处理基础知识、初识 PhotoshopCS6、绘制和编辑选区、绘制图像、修饰图像、编辑图像、绘制图形及路径、调整图像的色彩和色调、图层的应用、文字的使用、通道的应用、蒙版的使用、滤镜效果、动作的应用和综合设计实训等内容。

全书内容介绍均以课堂案例为主线，每个案例都有详细的操作步骤，学生通过实际操作可以快速熟悉软件功能并领会设计思路。每章的软件功能解析部分使学生能够深入学习软件功能和制作特色。主要章节的最后还安排了课堂练习和课后习题，可以拓展学生对软件的实际应用能力。综合设计实训，可以帮助学生快速地掌握商业图形图像的设计理念和设计元素，顺利达到实战水平。

本书可作为高职高专院校数字媒体艺术类专业课程的教材，也可供初学者自学参考。

◆ 主　编　崔英敏　李睿仙
　　副主编　洪　波　刘　佳　叶　军
　　责任编辑　桑　珊
　　责任印制　焦志炜
◆ 人民邮电出版社出版发行　　北京市丰台区成寿寺路 11 号
　　邮编　100164　电子邮件　315@ptpress.com.cn
　　网址　http://www.ptpress.com.cn
　　固安县铭成印刷有限公司印刷
◆ 开本：787×1092　1/16
　　印张：17　　　　　　　　　　　2014 年 9 月第 3 版
　　字数：422 千字　　　　　　　 2019 年 9 月河北第 17 次印刷

定价：42.00 元（附光盘）

读者服务热线：(010)81055256　印装质量热线：(010)81055316
反盗版热线：(010)81055315
广告经营许可证：京东工商广登字 20170147 号

前 言 PREFACE

Photoshop 是由 Adobe 公司开发的图形图像处理和编辑软件。它功能强大、易学易用，深受图形图像处理爱好者和平面设计人员的喜爱，已经成为这一领域最流行的软件之一。目前，我国很多高职院校的数字媒体艺术类专业，都将"Photoshop"作为一门重要的专业课程。为了帮助高职院校的教师全面、系统地讲授这门课程，使学生能够熟练地使用 Photoshop 来进行创意设计，我们几位长期在高职院校从事 Photoshop 教学的教师和专业平面设计公司经验丰富的设计师，共同编写了本书。

本书按照"课堂案例－软件功能解析－课堂练习－课后习题"这一思路进行编排，力求通过课堂案例演练，使学生快速上手，熟悉软件功能和艺术设计思路；通过软件功能解析使学生深入学习软件功能和制作特色；通过课堂练习和课后习题，拓展学生的实际应用能力。在内容编写方面，我们力求细致全面、重点突出；在文字叙述方面，我们注意言简意赅、通俗易懂；在案例选取方面，我们强调案例的针对性和实用性。

本书配套光盘中包含了书中所有案例的素材及效果文件。另外，为方便教师教学，本书配备了详尽的课堂练习和课后习题的操作步骤以及 PPT 课件、教学大纲等丰富的教学资源，任课教师可到人民邮电出版社教学服务与资源网（www.ptpedu.com.cn）免费下载使用。本书的参考学时为 75 学时，其中实训环节为 30 学时，各章的参考学时参见下面的学时分配表。

章　　节	课 程 内 容	学 时 分 配	
		讲　授	实　训
第 1 章	图像处理基础知识	1	
第 2 章	初识 Photoshop CS6	1	
第 3 章	绘制和编辑选区	3	2
第 4 章	绘制图像	3	2
第 5 章	修饰图像	3	2
第 6 章	编辑图像	3	2
第 7 章	绘制图形及路径	4	3
第 8 章	调整图像的色彩和色调	4	3
第 9 章	图层的应用	4	3
第 10 章	文字的使用	4	3
第 11 章	通道的应用	3	2
第 12 章	蒙版的使用	3	2
第 13 章	滤镜效果	4	3
第 14 章	动作的应用	2	1
第 15 章	综合设计实训	3	2
课 时 总 计		45	30

本书由崔英敏、李睿仙任主编，洪波、刘佳、叶军任副主编。参加本书编写工作的还有周志平、葛润平、张旭、王攀、吕娜、孟娜、张敏娜、张丽丽、邓雯、薛正鹏、陶玉、陈东生、周亚宁、程磊、房婷婷等。

由于作者水平有限，书中难免存在错误和不妥之处，敬请广大读者批评指正。

编　者

2014 年 4 月

Photoshop 教学辅助资源及配套教辅

素材类型	名称或数量	素材类型	名称或数量
教学大纲	1 套	课堂实例	47 个
电子教案	15 单元	课后实例	28 个
PPT 课件	15 个	课后答案	28 个
第3章 绘制和编辑选区	制作圣诞贺卡	第9章 图层的应用	制作网页播放器
	制作我爱我家照片模板	第10章 文字的使用	制作个性文字
	制作保龄球		制作心情日记
	制作温馨时刻		制作音乐卡片
第4章 绘制图像	绘制时尚插画		制作美发卡
	制作油画效果		制作脚印效果
	制作彩虹		制作旅游宣传单
	制作新婚卡片	第11章 通道的应用	制作化妆品海报
	制作水果油画		制作调色刀特效
	制作电视机		调整图像色调
第5章 修饰图像	修复风景插画		添加旋转边框
	修复人物照片		制作图章效果
	制作装饰画		制作胶片照片
	制作祝福文字	第12章 蒙版的使用	制作蒙版效果
	清除照片中的涂鸦		制作瓶中效果
	花中梦精灵		制作城市图像
第6章 编辑图像	制作油画展示效果		制作摄影网页
	制作科技效果图	第13章 滤镜效果	清除图像中的杂物
	制作书籍立体效果图		制作点状效果
	制作证件照		制作彩色铅笔效果
	制作趣味音乐		制作淡彩效果
第7章 绘制图形及路径	制作艺术插画		制作淡彩钢笔画效果
	制作咖啡卡		制作水彩画效果
	制作美食宣传卡	第14章 动作的应用	制作柔和照片效果
	制作优美插画		制作炫酷卡通画
	制作夏日插画		制作橙汁广告
第8章 调整图像的色彩 和色调	曝光过度照片的处理		制作动感照片效果
	增强图像的色彩鲜艳度	第15章 综合设计实训	制作餐饮宣传单
	制作怀旧照片		个人写真照片模板
	调整照片的色彩与明度		制作杂志封面
	制作特殊色彩的风景画		制作方便面包装
	将照片转换为灰度		制作宠物商店网页
	制作人物照片		制作图书馆建筑效果图
	制作汽车广告		设计西餐厅代金券
第9章 图层的应用	制作混合风景		设计房地产广告
	制作金属效果		设计儿童读物书籍封面
	制作照片合成效果		设计茶叶包装
	制作晚霞风景画		

目 录 CONTENTS

4

第14章 动作的应用 243

第15章 综合设计实训 252

PART 1

第 1 章
图像处理基础知识

本章介绍

　　本章将主要介绍图像处理的基础知识，包括位图与矢量图、图像尺寸与分辨率、文件常用格式、图像色彩模式等。通过对本章的学习，可以快速掌握这些基础知识，有助于更快、更准确地处理图像。

学习目标

- 了解位图和矢量图的概念。
- 了解不同的分辨率。
- 熟悉图像的不同色彩模式。
- 熟悉软件常用的文件格式。

技能目标

- 熟悉位图和矢量图的区别。
- 熟悉不同的分辨率的使用技巧。
- 掌握图像的不同色彩模式。
- 掌握软件常用的文件格式。

1.1 位图和矢量图

图像文件可以分为两大类：位图和矢量图。在绘图或处理图像的过程中，这两种类型的图像可以相互交叉使用。

1.1.1 位图

位图图像也叫点阵图像，它是由许多单独的小方块组成的。这些小方块又被称为像素点。每个像素点都有特定的位置和颜色值。位图图像的显示效果与像素点是紧密联系在一起的，不同排列和着色的像素点组合在一起构成了一幅色彩丰富的图像。像素点越多，图像的分辨率越高；相应地，图像的文件大小也会随之增大。

一幅位图图像的原始效果如图 1-1 所示。使用放大工具放大后，可以清晰地看到像素的小方块形状与不同的颜色，效果如图 1-2 所示。

图 1-1   图 1-2

位图与分辨率有关，如果在屏幕上以较大的倍数放大显示图像，或以低于创建时的分辨率打印图像，图像就会出现锯齿状的边缘，并且会丢失细节。

1.1.2 矢量图

矢量图也叫向量图，它是一种基于图形的几何特性来描述的图像。矢量图中的各种图形元素称为对象。每一个对象都是独立的个体，都具有大小、颜色、形状、轮廓等属性。

矢量图与分辨率无关，可以将它设置为任意大小，其清晰度不会改变，也不会出现锯齿状的边缘。在任何分辨率下显示或打印，都不会损失细节。一幅矢量图的原始效果如图 1-3 所示。使用放大工具放大后，其清晰度不变，效果如图 1-4 所示。

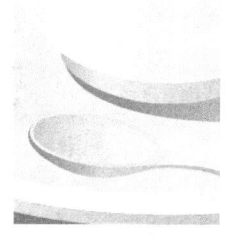

图 1-3   图 1-4

矢量图所占的容量较少，但其缺点是不易制作色调丰富的图像，而且绘制出来的图形无法像位图那样精确地描绘各种绚丽的景象。

1.2 分辨率

分辨率是用于描述图像文件信息的术语。分辨率分为图像分辨率、屏幕分辨率和输出分辨率。下面将分别进行讲解。

1.2.1　图像分辨率

在 Photoshop CS6 中，图像中每单位长度
上的像素数目，称为图像的分辨率，其单位为
像素/英寸或像素/厘米。

在相同尺寸的两幅图像中，高分辨率的图
像包含的像素比低分辨率的图像包含的像素
多。例如，一幅尺寸为 1×1 英寸的图像，其
分辨率为 72 像素/英寸，这幅图像包含 5 184

图 1-5　　　　　　　　　　图 1-6

个像素（72×72 = 5184）。同样尺寸，分辨率为 300 像素/英寸的图像，图像包含 90 000 个
像素。相同尺寸下，分辨率为 72 像素/英寸的图像效果如图 1-5 所示，分辨率为 10 像素/
英寸的图像效果如图 1-6 所示。由此可见，在相同尺寸下，高分辨率的图像将更能清晰地
表现图像内容。

知识提示

　　　　如果一幅图像所包含的像素是固定的，增加图像尺寸后，会降低图像的分
辨率。

1.2.2　屏幕分辨率

屏幕分辨率是显示器上每单位长度显示的像素数目。屏幕分辨率取决于显示器大小及其
像素设置。PC 显示器的分辨率一般约为 96 像素/英寸，Mac 显示器的分辨率一般约为 72 像
素/英寸。在 Photoshop CS6 中，图像像素被直接转换成显示器屏幕像素，当图像分辨率高于
屏幕分辨率时，屏幕中显示的图像比实际尺寸大。

1.2.3　输出分辨率

输出分辨率是照排机或激光打印机等输出设备产生的每英寸的油墨点数（dpi）。为获得好
的效果，使用的图像分辨率应与打印机分辨率成正比。

1.3　图像的色彩模式

Photoshop CS6 提供了多种色彩模式。这些色彩模式正是作品能够在屏幕和印刷品上成功
表现的重要保障。在这些色彩模式中，经常使用到的有 CMYK 模式、RGB 模式、Lab 模式以
及 HSB 模式。另外，还有索引模式、灰度模式、位图模式、双色调模式、多通道模式等。这
些模式都可以在模式菜单下选取。每种色彩模式都有不同的色域，并且各个模式之间可以转
换。下面将介绍主要的色彩模式。

1.3.1　CMYK 模式

CMYK 代表了印刷中常用的 4 种油墨颜色：C 代表青色，M
代表洋红色，Y 代表黄色，K 代表黑色。CMYK 颜色控制面板
如图 1-7 所示。

CMYK 模式在印刷时应用了色彩学中的减法混合原理，即

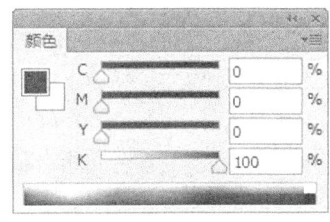

图 1-7

减色色彩模式。它是图片、插图和其他 Photoshop 作品中最常用的一种印刷方式。因为在印刷中通常都要进行四色分色，出四色胶片，然后再进行印刷。

1.3.2　RGB 模式

与 CMYK 模式不同的是，RGB 模式是一种加色模式。它通过红、绿、蓝 3 种色光相叠加而形成更多的颜色。RGB 是色光的彩色模式，一幅 24bit 的 RGB 图像有 3 个色彩信息的通道：红色（R）、绿色（G）和蓝色（B）。RGB 颜色控制面板如图 1-8 所示。

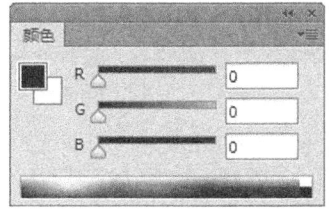

图 1-8

每个通道都有 8 bit 的色彩信息—— 一个 0~255 的亮度值色域。也就是说，每一种色彩都有 256 个亮度水平级。3 种色彩相叠加，可以有 256×256×256=1670 万种可能的颜色。这 1670 万种颜色足以表现出绚丽多彩的世界。

在 Photoshop CS6 中编辑图像时，RGB 模式应是最佳的选择。因为它可以提供全屏幕的多达 24bit 的色彩范围，一些计算机领域的色彩专家称之为"True Color（真色彩）"显示。

1.3.3　灰度模式

灰度模式，灰度图又叫 8 bit 深度图。每个像素用 8 个二进制位表示，能产生 2^8（即 256）级灰色调。当一个彩色文件被转换为灰度模式文件时，所有的颜色信息都将丢失。尽管 Photoshop CS6 允许将一个灰度文件转换为彩色模式文件，但不可能将原来的颜色完全还原。所以，当要转换成灰度模式时，应先做好图像的备份。

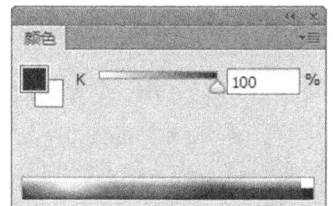

图 1-9

与黑白照片一样，一个灰度模式的图像只有明暗值，没有色相和饱和度这两种颜色信息。0%代表白，100%代表黑。其中的 K 值用于衡量黑色油墨用量，颜色控制面板如图 1-9 所示。

知识提示

将彩色模式转换为双色调（Duotone）模式或位图（Bitmap）模式时，必须先转换为灰度模式，然后由灰度模式转换为双色调模式或位图模式。

1.4　常用的图像文件格式

当用 Photoshop CS6 制作或处理好一幅图像后，就要进行存储。这时，选择一种合适的文件格式就显得十分重要。Photoshop CS6 有 20 多种文件格式可供选择。在这些文件格式中，既有 Photoshop CS6 的专用格式，也有用于应用程序交换的文件格式，还有一些比较特殊的格式。

1.4.1　PSD 格式

PSD 格式和 PDD 格式是 Photoshop CS6 自身的专用文件格式，能够支持从线图到 CMYK 的所有图像类型，但由于在一些图形处理软件中没有得到很好的支持，所以其通用性不强。PSD 格式和 PDD 格式能够保存图像数据的细节部分，如图层、附加的遮膜通道等 Photoshop CS6 对图像进行特殊处理的信息。在没有最终决定图像存储的格式前，最好先以这两种格式存储。另外，Photoshop CS6 打开和存储这两种格式的文件比其他格式更快。但是这两种格式也有缺点，就是它们所存储的图像文件容量大，占用磁盘空间较多。

1.4.2 TIFF 格式

TIFF 格式是标签图像格式。TIFF 格式对于色彩通道图像来说是最有用的格式，具有很强的可移植性，它可以用于 PC、Macintosh 以及 UNIX 工作站 3 大平台，是这 3 大平台上使用最广泛的绘图格式。

用 TIFF 格式存储时应考虑到文件的大小，因为 TIFF 格式的结构要比其他格式更复杂。但 TIFF 格式支持 24 个通道，能存储多于 4 个通道的文件格式。TIFF 格式还允许使用 Photoshop CS6 中的复杂工具和滤镜特效。TIFF 格式非常适合于印刷和输出。

1.4.3 BMP 格式

BMP 是 Windows Bitmap 的缩写。它可以用于绝大多数 Windows 下的应用程序。

BMP 格式使用索引色彩，它的图像具有极为丰富的色彩，并可以使用 16MB 色彩渲染图像。BMP 格式能够存储黑白图、灰度图和 16MB 色彩的 RGB 图像等。此格式一般在多媒体演示、视频输出等情况下使用，但不能在 Macintosh 程序中使用。在存储 BMP 格式的图像文件时，还可以进行无损失压缩，这样能够节省磁盘空间。

1.4.4 GIF 格式

GIF 是 Graphics Interchange Format 的缩写。GIF 格式的图像文件容量比较小，它形成一种压缩的 8 bit 图像文件。正因为这样，一般这种格式的文件可缩短图形的加载时间。如果在网络中传送图像文件，GIF 格式的图像文件的处理要比其他格式的图像文件快得多。

1.4.5 JPEG 格式

JPEG 是 Joint Photographic Experts Group 的缩写，中文意思为联合图片专家组。JPEG 格式既是 Photoshop CS6 支持的一种文件格式，也是一种压缩方案。它是 Macintosh 上常用的一种图片存储类型。JPEG 格式是压缩格式中的"佼佼者"，与 TIFF 文件格式采用的 LIW 无损失压缩相比，它的压缩比例更大。但它使用的有损失压缩会丢失部分数据。用户可以在存储前选择图像的最后质量，这就能控制数据的损失程度。

1.4.6 EPS 格式

EPS 是 Encapsulated Post Script 的缩写。EPS 格式是 Illustrator CS6 和 Photoshop CS6 之间可交换的文件格式。Illustrator 软件制作出来的流动曲线、简单图形和专业图像一般都存储为 EPS 格式。Photoshop 可以处理这种格式的文件。在 Photoshop CS6 中，也可以把其他图形文件存储为 EPS 格式，在排版类的 PageMaker 和绘图类的 Illustrator 等其他软件中使用。

1.4.7 选择合适的图像文件存储格式

可以根据工作任务的需要选择适合的图像文件存储格式，下面就根据图像的不同用途介绍应该选择的图像文件存储格式。

用于印刷：TIFF、EPS。

用于出版物：PDF。

用于 Internet 图像：GIF、JPEG、PNG。

用于 Photoshop CS6 软件：PSD、PDD、TIFF。

PART 2

第 2 章
初识 Photoshop CS6

本章介绍

　　本章首先对 Photoshop CS6 进行概要介绍，然后介绍了 Photoshop CS6 的功能特色。通过本章的学习，可以对 Photoshop CS6 的多种功用有一个大体的、全方位的了解，有助于在制作图像的过程中快速地定位，应用相应的知识点，完成图像的制作任务。

学习目标

- 了解软件的工作界面。
- 了解图像的显示效果和辅助线的设置方法。
- 了解图层的基本运用和恢复操作的方法。

技能目标

- 掌握软件的工作界面。
- 熟练掌握文件的基本操作方法。
- 掌握图像和画布的尺寸设置技巧。
- 掌握不同的颜色设置技巧。

2.1 工作界面的介绍

2.1.1 菜单栏及其快捷方式

熟悉工作界面是学习 Photoshop CS6 的基础。熟练掌握工作界面的内容，有助于初学者日后得心应手地驾驭软件。Photoshop CS6 的工作界面主要由菜单栏、属性栏、工具箱、控制面板和状态栏组成，如图 2-1 所示。

图 2-1

菜单栏：菜单栏中共包含 11 个菜单命令。利用菜单命令可以完成对图像的编辑、调整色彩、添加滤镜效果等操作。

工具箱：工具箱中包含了多个工具。利用不同的工具可以完成对图像的绘制、观察、测量等操作。

属性栏：属性栏是工具箱中各个工具的功能扩展。通过在属性栏中设置不同的选项，可以快速地完成多样化的操作。

控制面板：控制面板是 Photoshop CS6 的重要组成部分。通过不同的功能面板，可以完成在图像中填充颜色、设置图层、添加样式等操作。

状态栏：状态栏可以提供当前文件的显示比例、文档大小、当前工具、暂存盘大小等提示信息。

1．菜单分类

Photoshop CS6 的菜单栏依次分为："文件"菜单、"编辑"菜单、"图像"菜单、"图层"菜单、"文字"菜单、"选择"菜单、"滤镜"菜单、"3D"菜单、"视图"菜单、"窗口"菜单及"帮助"菜单，如图 2-2 所示。

文件(F)　编辑(E)　图像(I)　图层(L)　文字(Y)　选择(S)　滤镜(T)　3D(D)　视图(V)　窗口(W)　帮助(H)

图 2-2

文件菜单：包含了各种文件操作命令。编辑菜单：包含了各种编辑文件的操作命令。图像菜单：包含了各种改变图像的大小、颜色等的操作命令。图层菜单：包含了各种调整图像中图层的操作命令。文字菜单：包含了各种对文字的编辑和调整功能。选择菜单：包含了各种关于选区的操作命令。滤镜菜单：包含了各种添加滤镜效果的操作命令。3D 菜单：包含了新的 3D 绘图与合成命令。视图菜单：包含了各种对视图进行设置的操作命令。窗口菜单：包含了各种显示或隐藏控制面板的命令。帮助菜单：包含了各种帮助信息。

2．菜单命令的不同状态

子菜单命令：有些菜单命令中包含了更多相关的菜单命令。包含子菜单的菜单命令，其右侧会显示黑色的三角形▶；单击带有三角形的菜单命令，就会显示出其子菜单，如图 2-3 所示。

不可执行的菜单命令：当菜单命令不符合运行的条件时，就会显示为灰色，即不可执行状态。例如，在 CMYK 模式下，滤镜菜单中的部分菜单命令将变为灰色，不能使用。

可弹出对话框的菜单命令：当菜单命令后面显示有省略号 "..." 时，如图 2-4 所示，表示单击此菜单，可以弹出相应的对话框，可以在对话框中进行相应的设置。

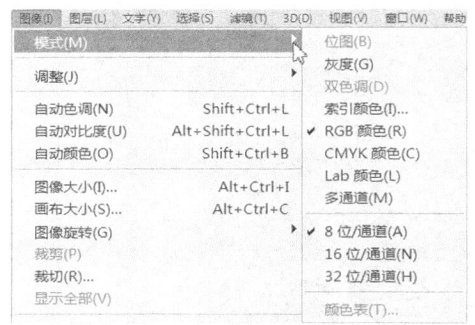 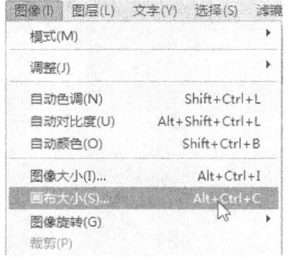

图 2-3 图 2-4

3．显示或隐藏菜单命令

Photoshop 中可以根据操作需要隐藏或显示指定的菜单命令，不经常使用的菜单命令可以暂时隐藏。选择 "窗口 > 工作区 > 键盘快捷键和菜单" 命令，弹出 "键盘快捷键和菜单" 对话框，如图 2-5 所示。

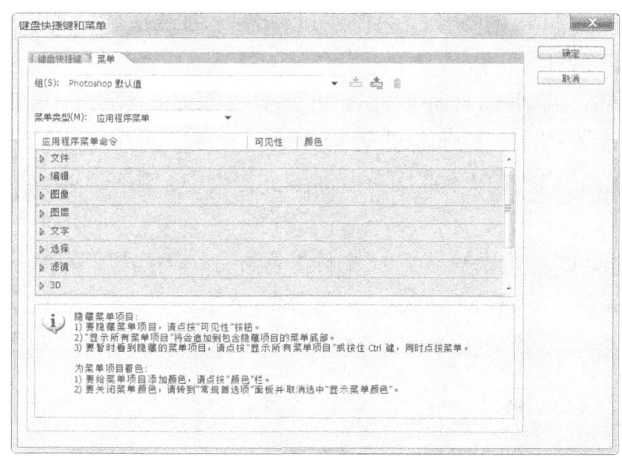

图 2-5

单击 "应用程序菜单命令" 栏中的命令左侧的三角形按钮▶，将展开详细的菜单命令，如图 2-6 所示。单击 "可见性" 选项下方的眼睛图标👁，将其相对应的菜单命令进行隐藏，如图 2-7 所示。

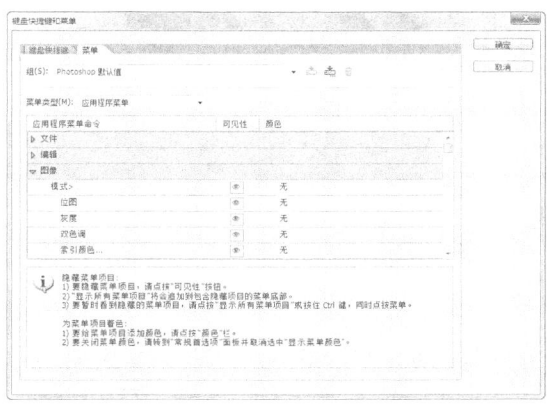
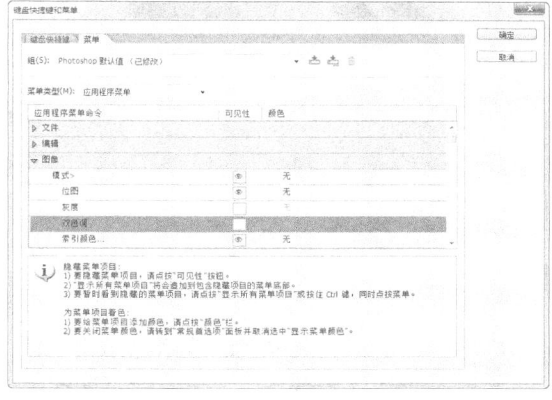

图 2-6   图 2-7

设置完成后，单击"存储对当前菜单组的所有更改"按钮，保存当前的设置；也可单击"根据当前菜单组创建一个新组"按钮，将当前的修改创建为一个新组。隐藏应用程序菜单命令前后的菜单效果如图 2-8 和图 2-9 所示。

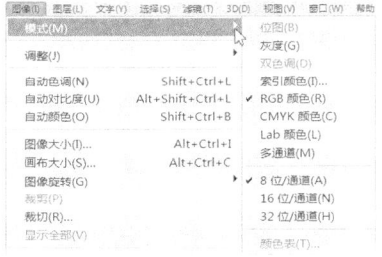
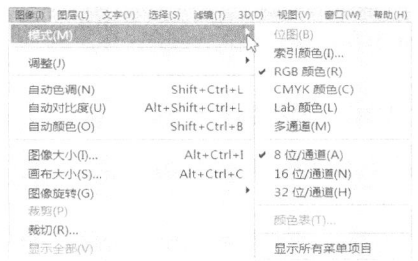

图 2-8   图 2-9

4．突出显示菜单命令

为了突出显示需要的菜单命令，可以为其设置颜色。选择"窗口 > 工作区 > 键盘快捷键和菜单"命令，弹出"键盘快捷键和菜单"对话框。在要突出显示的菜单命令后面单击"无"，在弹出的下拉列表中可以选择需要的颜色标注命令，如图 2-10 所示。可以为不同的菜单命令设置不同的颜色，如图 2-11 所示。设置颜色后，菜单命令的效果如图 2-12 所示。

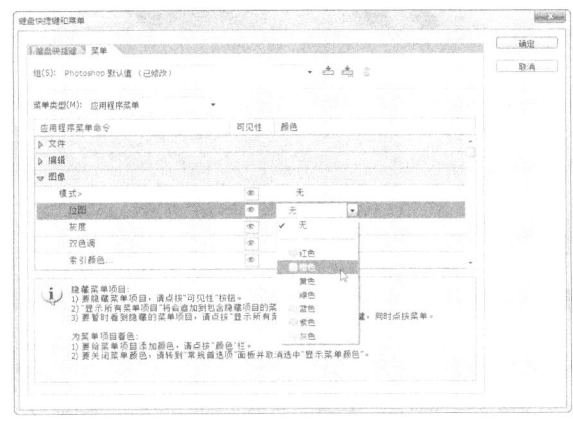

图 2-10

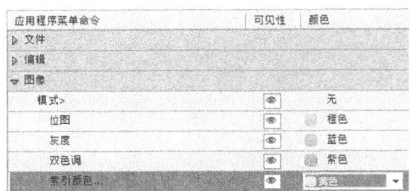

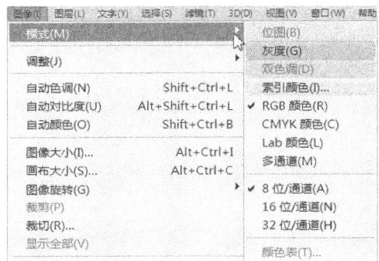

图 2-11 图 2-12

 **知识提示** 　　如果要暂时取消显示菜单命令的颜色，可以选择菜单"编辑 > 首选项 > 常规"命令，在弹出的对话框中选择"界面"选项，然后取消勾选"显示菜单颜色"复选框即可。

5．键盘快捷方式

使用键盘快捷方式：当要选择菜单命令时，可以使用菜单命令旁标注的快捷键，例如，要选择菜单"文件 > 打开"命令，直接按 Ctrl+O 组合键即可。

按住 Alt 键的同时，单击菜单栏中文字后面带括号的字母，可以打开相应的菜单，再按菜单命令中的带括号的字母即可执行相应的命令。例如，要选择"选择"命令，按 Alt+S 组合键即可弹出菜单；要想选择菜单中的"色彩范围"命令，再按 C 键即可。

自定义键盘快捷方式：为了更方便地使用最常用的命令，Photoshop CS6 提供了自定义键盘快捷方式和保存键盘快捷方式的功能。

选择"窗口 > 工作区 > 键盘快捷键和菜单"命令，弹出"键盘快捷键和菜单"对话框，如图 2-13 所示。在对话框下面的信息栏中说明了快捷键的设置方法，在"组"选项中可以选择要设置快捷键的组合，在"快捷键用于"选项中可以选择需要设置快捷键的菜单或工具，在下面的选项窗口中选择需要设置的命令或工具进行设置，如图 2-14 所示。

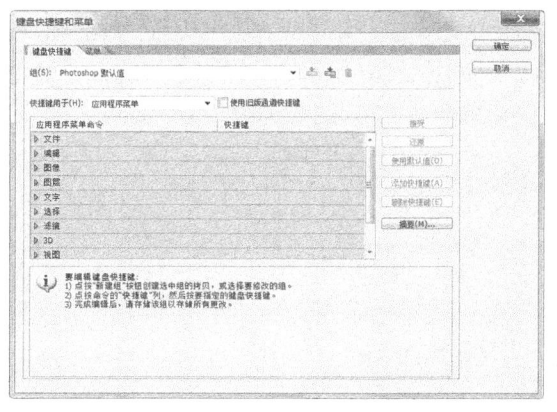

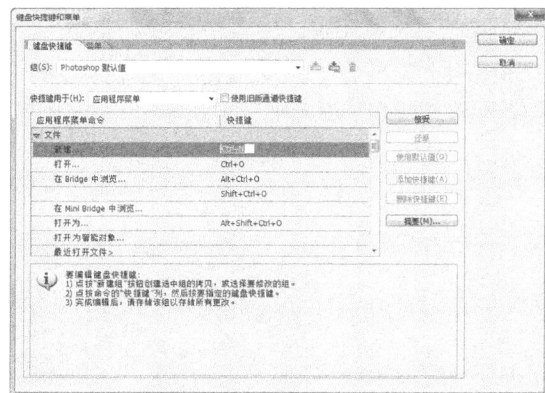

图 2-13 图 2-14

设置新的快捷键后，单击对话框右上方的"根据当前的快捷键组创建一组新的快捷键"按钮，弹出"存储"对话框，在"文件名"文本框中输入名称，如图 2-15 所示，单击"保存"按钮则存储新的快捷键设置。这时，在"组"选项中即可选择新的快捷键设置，如图 2-16所示。

图 2-15   图 2-16

更改快捷键设置后，需要单击"存储对当前快捷键组的所有更改"按钮 对设置进行存储，单击"确定"按钮，应用更改的快捷键设置。要将快捷键的设置删除，可以在对话框中单击"删除当前的快捷键组合"按钮 ，将快捷键的设置删除，Photoshop CS6 会自动还原为默认设置。

知识提示
在为控制面板或应用程序菜单中的命令定义快捷键时，这些快捷键必须包括 Ctrl 键或一个功能键。在为工具箱中的工具定义快捷键时，必须使用 A ~ Z 之间的字母。

2.1.2 工具箱

Photoshop CS6 的工具箱包括选择工具、绘图工具、填充工具、编辑工具、颜色选择工具、屏幕视图工具、快速蒙版工具等，如图 2-17 所示。要了解每个工具的具体名称，可以将鼠标光标放置在具体工具的上方，此时会出现一个黄色的图标，上面会显示该工具的具体名称，如图 2-18 所示。工具名称后面括号中的字母，代表选择此工具的快捷键，只要在键盘上按该字母，就可以快速切换到相应的工具上。

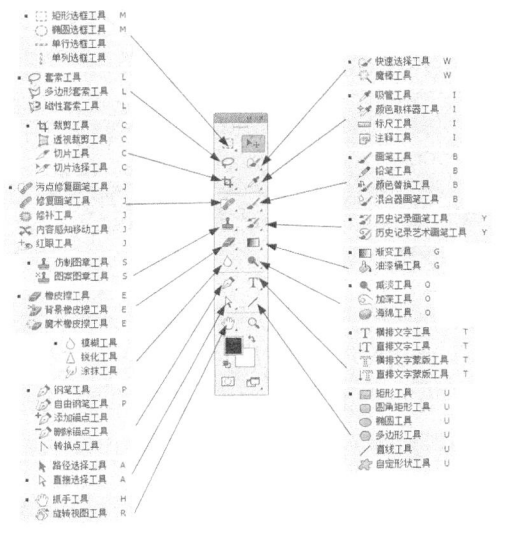

图 2-17   图 2-18

切换工具箱的显示状态：Photoshop CS6 的工具箱可以根据需要在单栏与双栏之间自由切换。当工具箱显示为双栏时，如图 2-19 所示，单击工具箱上方的双箭头图标██，工具箱即可转换为单栏，节省工作空间，如图 2-20 所示。

图 2-19　　　　　　　　　　　　　　　　图 2-20

显示隐藏工具箱：在工具箱中，部分工具图标的右下方有一个黑色的小三角▄，表示在该工具下还有隐藏的工具。用鼠标在工具箱中有小三角的工具图标上单击，并按住鼠标不放，弹出隐藏工具选项，如图 2-21 所示，将鼠标光标移动到需要的工具图标上，即可选择该工具。

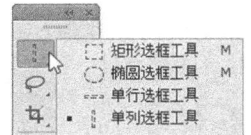

图 2-21

恢复工具箱的默认设置：要想恢复工具默认的设置，可以选择该工具，在相应的工具属性栏中，用鼠标右键单击工具图标，在弹出的菜单中选择"复位工具"命令，如图 2-22 所示。

图 2-22

光标的显示状态：当选择工具箱中的工具后，图像中的光标就变为工具图标。例如，选择"裁剪"工具▄，图像窗口中的光标也随之显示为裁剪工具的图标，如图 2-23 所示。

选择"画笔"工具▄，光标显示为画笔工具的对应图标，如图 2-24 所示。按 Caps Lock 键，光标转换为精确的十字形图标，如图 2-25 所示。

图 2-23　　　　　　　　　图 2-24　　　　　　　　　图 2-25

2.1.3　属性栏

当选择某个工具后，会出现相应的工具属性栏，可以通过属性栏对工具进行进一步的设置。例如，当选择"魔棒"工具▄时，工作界面的上方会出现相应的魔棒工具属性栏，可以应用属性栏中的各个命令对工具做进一步的设置，如图 2-26 所示。

图 2-26

2.1.4 状态栏

打开一幅图像时，图像的下方会出现该图像的状态栏，如图 2-27 所示。

显示比例区 ——— 100% ┃ 文档:75.6K/75.6K ▶ ——— 图像信息区

图 2-27

状态栏的左侧显示当前图像缩放显示的百分数。在显示区的文本框中输入数值可改变图像窗口的显示比例。

在状态栏的中间部分显示当前图像的文件信息，单击三角形图标▶，在弹出的菜单中可以选择当前图像的相关信息，如图 2-28 所示。

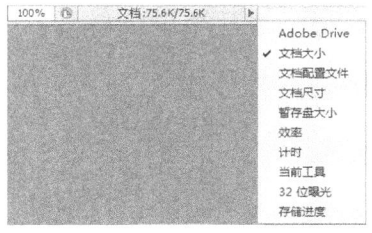

图 2-28

2.1.5 控制面板

控制面板是处理图像时另一个不可或缺的部分。Photoshop CS6 界面为用户提供了多个控制面板组。

收缩与扩展控制面板：控制面板可以根据需要进行伸缩。面板的展开状态如图 2-29 所示。单击控制面板上方的双箭头图标▶▶，可以将控制面板收缩，如图 2-30 所示。如果要展开某个控制面板，可以直接单击其选项卡，相应的控制面板会自动弹出，如图 2-31 所示。

图 2-29   图 2-30   图 2-31

拆分控制面板：若需单独拆分出某个控制面板，可用鼠标选中该控制面板的选项卡并向工作区拖曳，如图 2-32 所示，选中的控制面板将被单独地拆分出来，如图 2-33 所示。

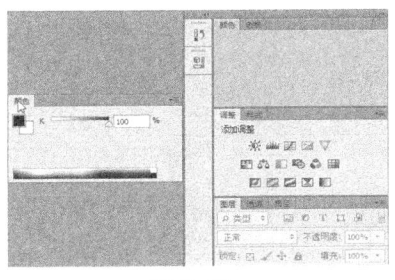
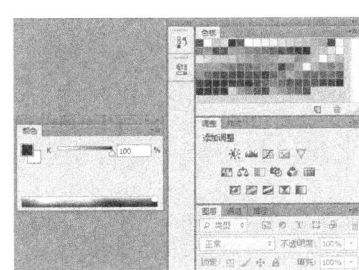

图 2-32   图 2-33

组合控制面板：可以根据需要将两个或多个控制面板组合到一个面板组中，这样可以节省操作的空间。要组合控制面板，可以选中外部控制面板的选项卡，用鼠标将其拖曳到要组合的面板组中，面板组周围出现蓝色的边框，如图 2-34 所示，此时，释放鼠标，控制面板将被组合到面板组中，如图 2-35 所示。

控制面板弹出式菜单：单击控制面板右上方的图标 ，可以弹出控制面板的相关命令菜单，应用这些菜单可以提高控制面板的功能性，如图 2-36 所示。

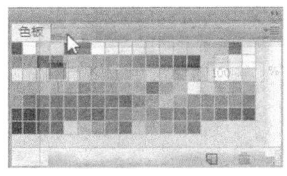
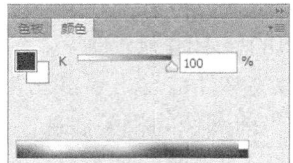
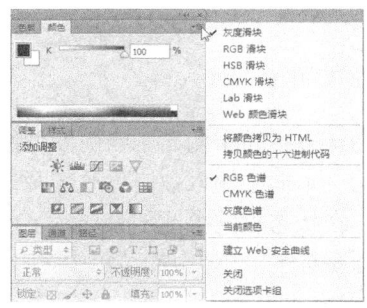

图 2-34　　　　　　　图 2-35　　　　　　　图 2-36

隐藏与显示控制面板：按 Tab 键，可以隐藏工具箱和控制面板；再次按 Tab 键，可显示出隐藏的部分。按 Shift+Tab 组合键，可以隐藏控制面板；再次按 Shift+Tab 组合键，可显示出隐藏的部分。

按 F6 键显示或隐藏"颜色"控制面板，按 F7 键显示或隐藏"图层"控制面板，按 F8 键显示或隐藏"信息"控制面板。按住 Alt+F9 组合键显示或隐藏"动作"控制面板。

自定义工作区：可以依据操作习惯自定义工作区、存储控制面板及设置工具的排列方式，设计出个性化的 Photoshop CS6 界面。

设置工作区后，选择菜单"窗口 > 工作区 > 新建工作区"命令，弹出"新建工作区"对话框，输入工作区名称，如图 2-37 所示，单击"存储"按钮，即可将自定义的工作区进行存储。

使用自定义工作区时，在"窗口 > 工作区"的子菜单中选择新保存的工作区名称。如果要再恢复使用 Photoshop CS6 默认的工作区状态，可以选择菜单"窗口 > 工作区 > 复位基本功能"命令进行恢复。选择菜单"窗口 > 工作区 > 删除工作区"命令，可以删除自定义的工作区。

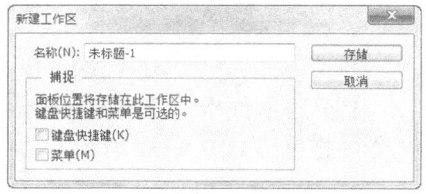

图 2-37

2.2　文件操作

新建图像是使用 Photoshop CS6 进行设计的第一步。如果要在一个空白的图像上绘图，就要在 Photoshop CS6 中新建一个图像文件。

2.2.1　新建图像

选择菜单"文件 > 新建"命令，或按 Ctrl+N 组合键，弹出"新建"对话框，如图 2-38 所示。在对话框中可以设置新建图像的名称、图像的宽度和高度、分辨率、颜色模式等选项，设置完成后单击"确定"按钮，即可完成新建图像，如图 2-39 所示。

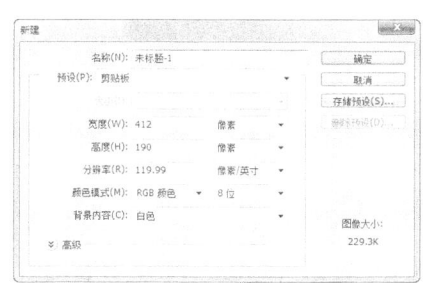

图 2-38

图 2-39

2.2.2 打开图像

如果要对照片或图片进行修改和处理，就要在 Photoshop CS6 中打开需要的图像。

选择菜单"文件 > 打开"命令，或按 Ctrl+O 组合键，弹出"打开"对话框，在对话框中搜索路径和文件，确认文件类型和名称，通过 Photoshop CS6 提供的预览略图选择文件，如图 2-40 所示，然后单击"打开"按钮，或直接双击文件，即可打开所指定的图像文件，如图 2-41 所示。

图 2-40

图 2-41

知识提示

在"打开"对话框中，也可以一次同时打开多个文件，只要在文件列表中将所需的几个文件选中，并单击"打开"按钮。在"打开"对话框中选择文件时，按住 Ctrl 键的同时，用鼠标单击，可以选择不连续的多个文件。按住 Shift 键的同时，用鼠标单击，可以选择连续的多个文件。

2.2.3 保存图像

编辑和制作完图像后，就需要将图像进行保存，以便于下次打开继续操作。

选择"文件 > 存储"命令，或按 Ctrl+S 组合键，可以存储文件。当设计好的作品进行第一次存储时，选择"文件 > 存储"命令，将弹出"存储为"对话框，如图 2-42 所示，在对话框中输入文件名、选择文件格式后，单击"保存"按钮，即可将图像保存。

当对已存储过的图像文件进行各种编辑操作后，选择"存储"命令，将不弹出"存储为"

对话框，计算机直接保存最终确认的结果，并覆盖原始文件。

图 2-42

2.2.4 关闭图像

将图像进行存储后，可以选择将其关闭。选择"文件 > 关闭"命令，或按 Ctrl+W 组合键，即可关闭文件。关闭图像时，若当前文件被修改过或是新建的文件，则会弹出提示框，如图 2-43 所示，单击"是"按钮即可存储并关闭图像。

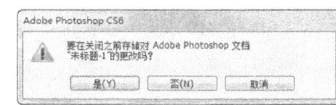

图 2-43

2.3 图像的显示效果

使用 Photoshop CS6 编辑和处理图像时，可以通过改变图像的显示比例，以使工作更便捷、高效。

2.3.1 100%显示图像

以 100%的比例显示图像，如图 2-44 所示。在此状态下可以对文件进行精确的编辑。

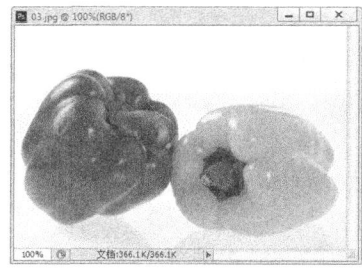

图 2-44

2.3.2 放大显示图像

选择"缩放"工具 🔍，在图像中鼠标光标变为放大图标 ⊕，每单击一次鼠标，图像就会放大一倍。当图像以 100%的比例显示时，用鼠标在图像窗口中单击 1 次，图像则以 200%的比例显示，效果如图 2-45 所示。

当要放大一个指定的区域时，选择放大工具 🔍，按住鼠标不放，在图像上框选出一个矩形选区，如图 2-46 所示，选中需要放大的区域，松开鼠标，选中的区域会放大显示并填满图像窗口，如图 2-47 所示。

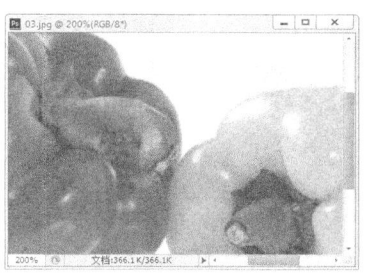 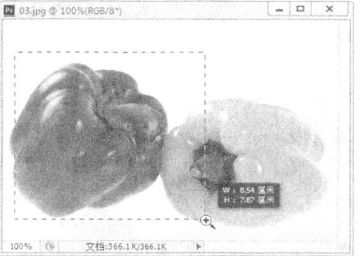 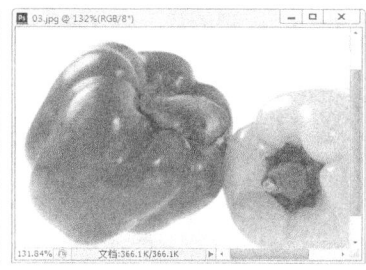

图 2-45   图 2-46   图 2-47

按 Ctrl++ 组合键，可逐次放大图像，例如，从 100%的显示比例放大到 200%，直至 300%、400%。

2.3.3 缩小显示图像

缩小显示图像，一方面可以用有限的屏幕空间显示出更多的图像，另一方面可以看到一个较大图像的全貌。

选择"缩放"工具 🔍，在图像中光标变为放大工具图标 🔍，按住 Alt 键不放，鼠标光标变为缩小工具图标 🔍。每单击一次鼠标，图像将缩小一级显示。图像的原始效果如图 2-48 所示，缩小显示后效果如图 2-49 所示。按 Ctrl+ - 组合键，可逐次缩小图像。

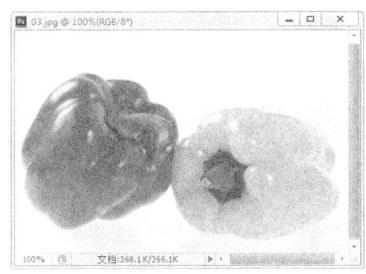 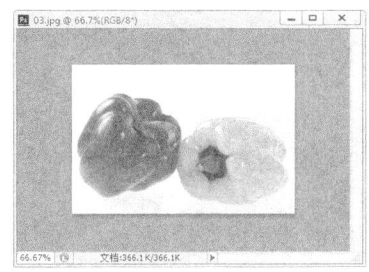

图 2-48   图 2-49

也可在缩放工具属性栏中单击缩小工具按钮 🔍，如图 2-50 所示，则鼠标光标变为缩小工具图标 🔍，每单击一次鼠标，图像将缩小一级显示。

图 2-50

2.3.4 全屏显示图像

如果要将图像的窗口放大填满整个屏幕，可以在缩放工具的属性栏中单击"适合屏幕"按钮 适合屏幕，再勾选"调整窗口大小以满屏显示"选项，如图 2-51 所示。这样在放大图像时，窗口就会和屏幕的尺寸相适应，效果如图 2-52 所示。单击"实际像素"按钮 实际像素，图像将以实际像素比例显示。单击"填充屏幕"按钮 填充屏幕，缩放图像以适合屏幕。单击"打印尺寸"按钮 打印尺寸，图像将以打印分辨率显示。

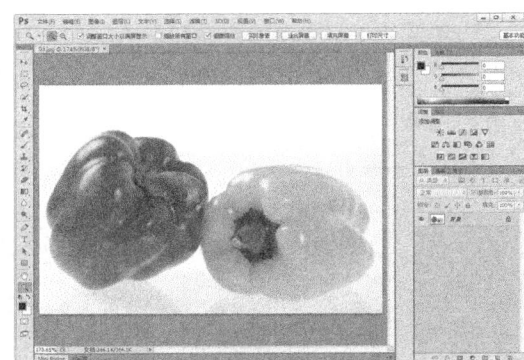

图 2-51

图 2-52

2.3.5　图像窗口显示

当打开多个图像文件时，会出现多个图像文件窗口，这就需要对窗口进行布置和摆放。

同时打开多幅图像，效果如图 2-53 所示。按 Tab 键，关闭操作界面中的工具箱和控制面板，选择"窗口 > 排列 > 使所有内容在窗口中浮动"命令，图像以操作浮动状态排列在界面中，如图 2-54 所示。此时，可对图像进行层叠、平铺的操作。选择"将所有内容合并到选项卡"中命令，可将所有图像再次合并到选项卡中。

图 2-53

图 2-54

选择"窗口 > 排列 > 全部垂直拼贴"命令，图像的排列效果如图 2-55 所示。选择"窗口 > 排列 > 全部水平拼贴"命令，图像的排列效果如图 2-56 所示。

图 2-55

图 2-56

2.3.6　观察放大图像

选择"抓手"工具，在图像中鼠标光标变为抓手，用鼠标拖曳图像，可以观察图像的每个部分，效果如图 2-57 所示。直接用鼠标拖曳图像周围的垂直滚动条和水平滚动条，也可观察图像的每个部分，效果如图 2-58 所示。如果正在使用其他的工具进行工作，按住 Spacebar（空格）键，可以快速切换到"抓手"工具。

图 2-57

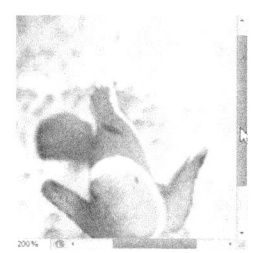
图 2-58

2.4　标尺、参考线和网格线的设置

标尺和网格线的设置可以使图像处理更加精确，而实际设计任务中的问题有许多也需要使用标尺和网格线来解决。

2.4.1　标尺的设置

设置标尺可以精确地编辑和处理图像。选择"编辑 > 首选项 > 单位与标尺"命令，弹出相应的对话框，如图 2-59 所示。

图 2-59

单位：用于设置标尺和文字的显示单位，有不同的显示单位供选择。列尺寸：用于用列来精确确定图像的尺寸。点/派卡大小：与输出有关。选择"视图 > 标尺"命令，可以将标尺显示或隐藏，如图 2-60 和图 2-61 所示。

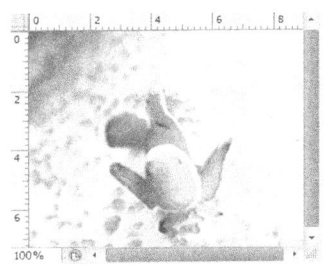
图 2-60

图 2-61

将鼠标光标放在标尺的 x 和 y 轴的 0 点处，如图 2-62 所示。单击并按住鼠标不放，向右下方拖曳鼠标到适当的位置，如图 2-63 所示，释放鼠标，标尺的 x 和 y 轴的 0 点就变为鼠标移动后的位置，如图 2-64 所示。

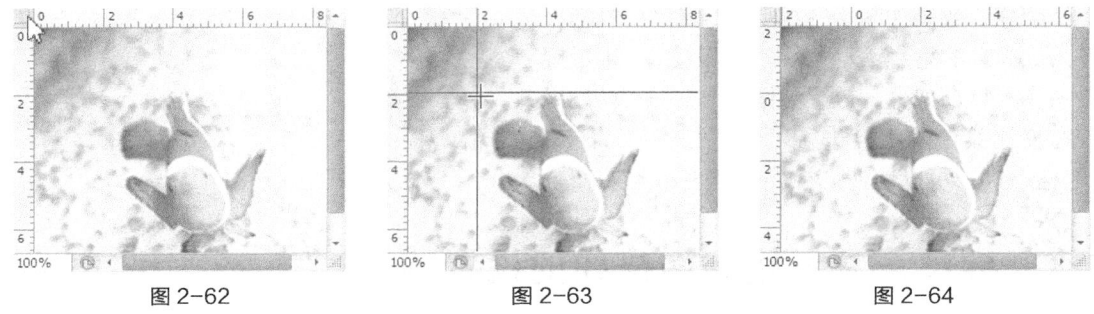

图 2-62   图 2-63   图 2-64

2.4.2 参考线的设置

设置参考线：设置参考线可以使编辑图像的位置更精确。将鼠标的光标放在水平标尺上，按住鼠标不放，向下拖曳出水平的参考线，效果如图 2-65 所示。将鼠标的光标放在垂直标尺上，按住鼠标不放，向右拖曳出垂直的参考线，效果如图 2-66 所示。

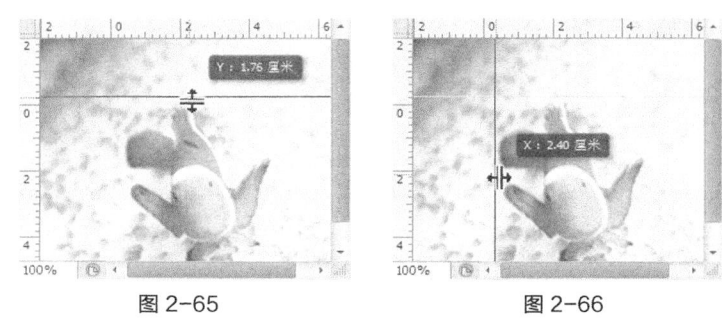

图 2-65   图 2-66

显示或隐藏参考线：选择"视图 > 显示 > 参考线"命令，可以显示或隐藏参考线，此命令只有在存在参考线的前提下才能应用。

移动参考线选择"移动"工具 ，将鼠标光标放在参考线上，鼠标光标变为 ，按住鼠标拖曳，可以移动参考线。

锁定、清除、新建参考线：选择"视图 > 锁定参考线"命令或按 Alt +Ctrl+; 组合键，可以将参考线锁定，参考线锁定后将不能移动。选择"视图 > 清除参考线"命令，可以将参考线清除。选择"视图 > 新建参考线"命令，弹出"新建参考线"对话框，如图 2-67 所示，设定后单击"确定"按钮，图像中出现新建的参考线。

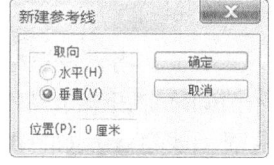

图 2-67

2.4.3 网格线的设置

设置网格线可以将图像处理得更精准。选择"编辑 > 首选项 > 参考线、网格和切片"命令，弹出相应的对话框，如图 2-68 所示。

参考线：用于设定参考线的颜色和样式。网格：用于设定网格的颜色、样式、网格线间隔、子网格等。切片：用于设定切片的颜色和显示切片的编号。

选择"视图 > 显示 > 网格"命令，可以显示或隐藏网格，如图 2-69 和图 2-70 所示。

| 图 2-68 | 图 2-69 | 图 2-70 |

多学一招 反复按 Ctrl+R 组合键，可以将标尺显示或隐藏。反复按 Ctrl+；组合键，可以将参考线显示或隐藏。反复按 Ctrl+' 组合键，可以将网格显示或隐藏。

2.5　图像和画布尺寸的调整

根据制作过程中不同的需求，可以随时调整图像的尺寸与画布的尺寸。

2.5.1　图像尺寸的调整

打开一幅图像，选择"图像 > 图像大小"命令，弹出"图像大小"对话框，如图 2-71 所示。

像素大小：通过改变"宽度"和"高度"选项的数值，改变图像在屏幕上显示的大小，图像的尺寸也相应改变。文档大小：通过改变"宽度"、"高度"和"分辨率"选项的数值，改变图像的文档大小，图像的尺寸也相应改变。约束比例：选中此复选框，在"宽度"和"高度"选项右侧出现锁链标志🔗，表示改变其中一项设置时，两项会成比例地同时改变。重定图像像素：不勾选此复选框，像素的数值将不能单独设置，"文档大小"选项组中的"宽度"、"高度"和"分辨率"选项右侧将出现锁链标志🔗，改变数值时 3 项会同时改变，如图 2-72 所示。

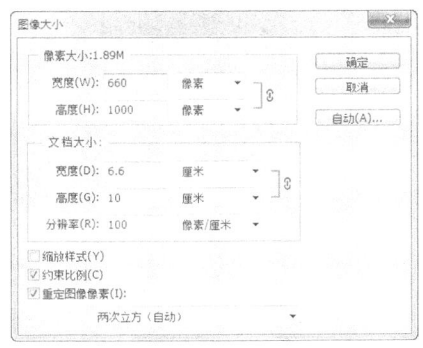
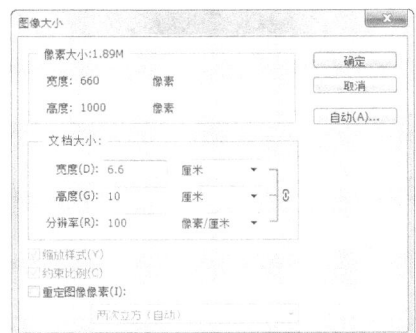

| 图 2-71 | 图 2-72 |

在"图像大小"对话框中可以改变选项数值的计量单位，在选项右侧的下拉列表中进行选择，如图 2-73 所示。单击"自动"按钮，弹出"自动分辨率"对话框，系统将自动调整图像的分辨率和品质效果，如图 2-74 所示。

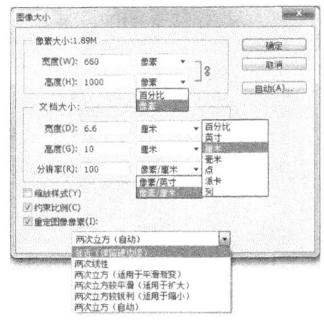

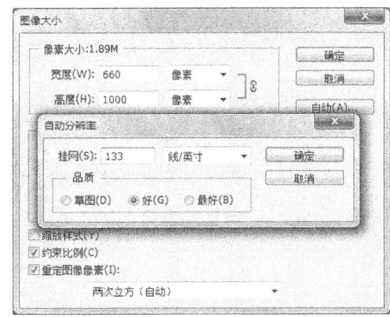

图 2-73　　　　　　　　　　　　　　图 2-74

2.5.2　画布尺寸的调整

图像画布尺寸的大小是指当前图像周围的工作空间的大小。选择菜单"图像 > 画布大小"命令，弹出"画布大小"对话框，如图 2-75 所示。

当前大小：显示的是当前文件的大小和尺寸。新建大小：用于重新设定图像画布的大小。定位：可调整图像在新画面中的位置，可偏左、居中或在右上角等，如图 2-76 所示。设置不同的调整方式，图像调整后的效果如图 2-77 所示。

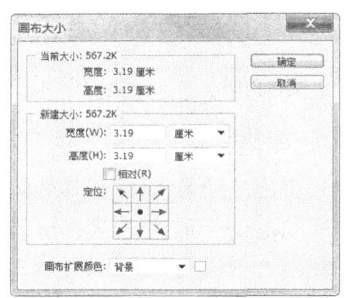
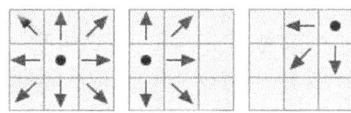

图 2-75　　　　　　　　　　　　　图 2-76

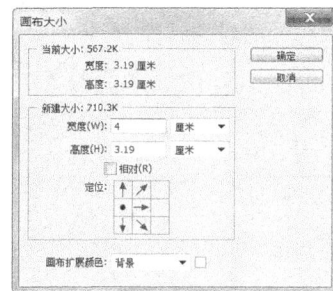

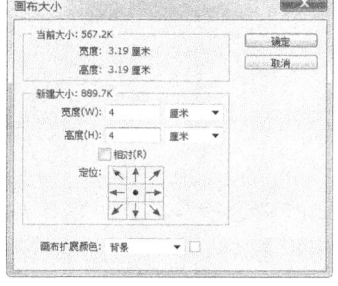

图 2-77

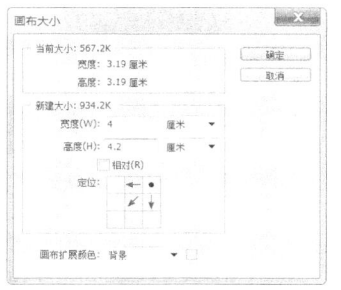

图 2-77（续）

画布扩展颜色：此选项的下拉列表中可以选择填充图像周围扩展部分的颜色，在列表中可以选择前景色、背景色或 Photoshop CS6 中的默认颜色，也可以自己调整所需颜色。在对话框中进行设置，如图 2-78 所示，单击"确定"按钮，效果如图 2-79 所示。

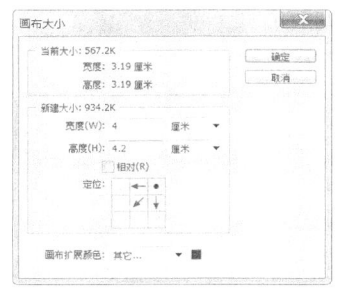

图 2-78   图 2-79

2.6 设置绘图颜色

在 Photoshop CS6 中可以使用"拾色器"对话框、"颜色"控制面板、"色板"控制面板对图像进行色彩的选择。

2.6.1 使用"拾色器"对话框设置颜色

可以在"拾色器"对话框中设置颜色。

使用颜色滑块和颜色选择区：用鼠标在颜色色带上进行单击或拖曳两侧的三角形滑块，如图 2-80 所示，可以使颜色的色相产生变化。

在"拾色器"对话框左侧的颜色选择区中，可以选择颜色的明度和饱和度，垂直方向表示的是明度的变化，水平方向表示的是饱和度的变化。

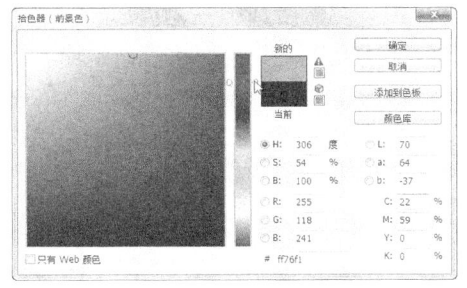

图 2-80

选择好颜色后，在对话框的右侧上方的颜色框中会显示所选择的颜色，右侧下方分别是所选择颜色的 HSB、RGB、CMYK、Lab 值，选择好颜色后，单击"确定"按钮，所选择的颜色将变为工具箱中的前景或背景色。

使用颜色库按钮选择颜色：在"拾色器"对话框中单击"颜色库"按钮 <u>颜色库</u>，弹出"颜色库"对话框，如图 2-81 所示。在对话框中，"色库"下拉菜单中是一些常用的印刷颜色体系，如图 2-82 所示，其中，"TRUMATCH"是为印刷设计提供服务的印刷颜色体系。

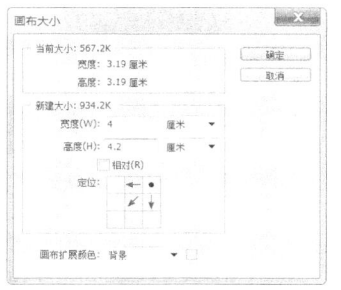

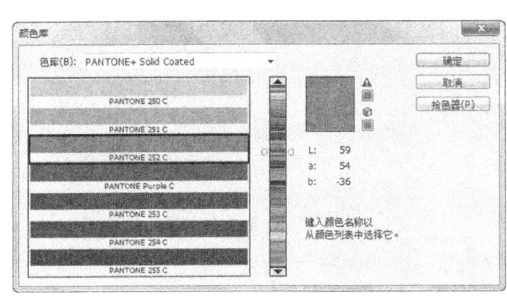

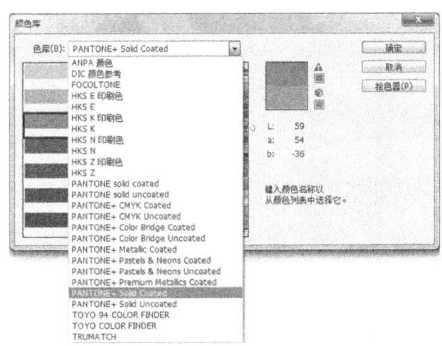

图 2-81　　　　　　　　　　　　　　　图 2-82

在颜色色相区域内单击或拖曳两侧的三角形滑块，可以使颜色的色相产生变化，在颜色选择区中选择带有编码的颜色，在对话框的右侧上方颜色框中会显示出所选择的颜色，右侧下方是所选择颜色的 CMYK 值。

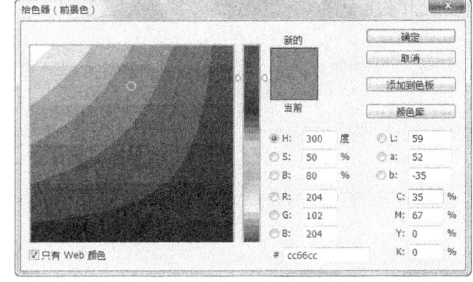

通过输入数值选择颜色：在如图 2-80 所示"拾色器"对话框中，右侧下方的 HSB、RGB、CMYK、Lab 色彩模式后面，都带有可以输入数值的数值框，在其中输入所需颜色的数值也可以得到希望的颜色。

选中对话框左下方的"只有 Web 颜色"复选框，颜色选择区中出现供网页使用的颜色，如图 2-83 所示，在右侧的数值框 # `cc66cc` 中，显示的是网页颜色的数值。

图 2-83

2.6.2　使用"颜色"控制面板设置颜色

"颜色"控制面板可以用来改变前景色和背景色。选择"窗口 > 颜色"命令，弹出"颜色"控制面板，如图 2-84 所示。

在"颜色"控制面板中，可先单击左侧的设置前景色或设置背景色图标 来确定所调整的是前景色还是背景色。然后拖曳三角滑块或在色带中选择所需的颜色，或直接在颜色的数值框中输入数值调整颜色。

单击"颜色"控制面板右上方的图标 ，弹出下拉命令菜单，如图 2-85 所示，此菜单用于设定"颜色"控制面板中显示的颜色模式，可以在不同的颜色模式中调整颜色。

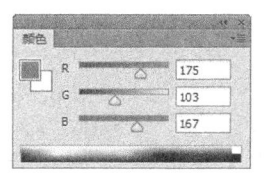

图 2-84　　　　　　　　图 2-85

2.6.3　使用"色板"控制面板设置颜色

"色板"控制面板可以用来选取一种颜色来改变前景色或背景色。选择"窗口 > 色板"命令，弹出"色板"控制面板，如图 2-86 所示。单击"色板"控制面板右上方的图标 ，弹出下拉命令菜单，如图 2-87 所示。

新建色板：用于新建一个色板。小缩览图：可使控制面板显示为小图标方式。小列表：可使控制面板显示为小列表方式。预设管理器：用于对色板中的颜色进行管理。复位色板：用于恢复系统的初始设置状态。载入色板：用于向"色板"控制面板中增加色板文件。存储色板：用于将当前"色板"控制面板中的色板文件存入硬盘。替换色板：用于替换"色板"控制面板中现有的色板文件。"ANPA 颜色"选项以下都是配置的颜色库。

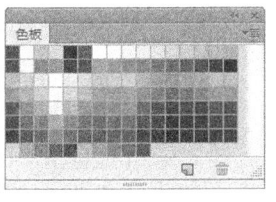

图 2-86

图 2-87

在"色板"控制面板中，将鼠标光标移到空白处，鼠标光标变为油漆桶，如图 2-88 所示，此时单击鼠标，弹出"色板名称"对话框，如图 2-89 所示，单击"确定"按钮，即可将当前的前景色添加到"色板"控制面板中，如图 2-90 所示。

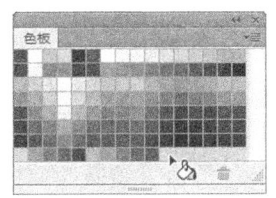

图 2-88

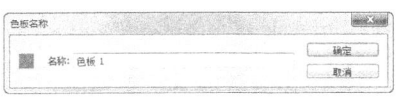

图 2-89

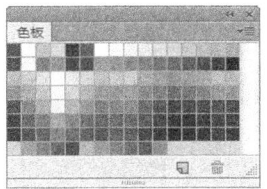

图 2-90

在"色板"控制面板中，将鼠标光标移到色标上，鼠标光标变为吸管，如图 2-91 所示，此时单击鼠标，将设置吸取的颜色为前景色，如图 2-92 所示。

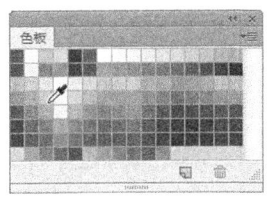

图 2-91

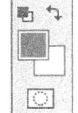

图 2-92

多学一招

在"色板"控制面板中，按住 Alt 键的同时，将鼠标光标移到颜色色标上，鼠标光标变为剪刀图标，此时单击鼠标，将删除当前的颜色色标。

2.7 了解图层的含义

图层可以使用户在不影响图像中其他图像元素的情况下处理某一图像元素。可以将图层看作是一张张叠起来的硫酸纸。可以透过图层的透明区域看到下面的图层。通过更改图层的顺序和属性，可以改变图像的合成。图像效果如图 2-93 所示，其图层原理图如图 2-94 所示。

图 2-93   图 2-94

2.7.1 "图层"控制面板

"图层"控制面板列出了图像中的所有图层、组和图层效果，如图 2-95 所示。可以使用"图层"控制面板来搜索图层、显示和隐藏图层、创建新图层以及处理图层组；还可以在"图层"控制面板的弹出式菜单中设置其他命令和选项。

图 2-95

图层搜索功能：在 框中可以选取 6 种不同的搜索方式。类型：可以通过单击"像素图层"按钮、"调整图层"按钮、"文字图层"按钮、"形状图层"按钮和"智能对象"按钮来搜索需要的图层类型。名称：可以通过在右侧的框中输入图层名称来搜索图层。效果：通过图层应用的图层样式来搜索图层。模式：通过图层设定的混合模式来搜索图层。属性：通过图层的可见性、锁定、链接、混合、蒙版等属性来搜索图层。颜色：通过不同的图层颜色来搜索图层。

图层混合模式：用于设定图层的混合模式，共包含有 27 种混合模式。不透明度：用于设定图层的不透明度。填充：用于设定图层的填充百分比。眼睛图标：用于打开或隐藏图层中的内容。锁链图标：表示图层与图层之间的链接关系。图标 T：表示此图层为可编辑的文字层。图标 fx：为图层添加了样式。

在"图层"控制面板的上方有 4 个工具图标，如图 2-96 所示。

锁定透明像素：用于锁定当前图层中的透明区域，使透明区域不能被编辑。锁定图像像素：使当前图层和透明区域不能被编辑。锁定位置：使当前图层不能被移动。锁定全部：使当前图层或序列完全被锁定。

在"图层"控制面板的下方有 7 个工具按钮图标，如图 2-97 所示。

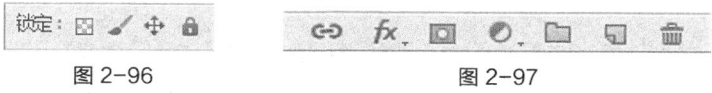

图 2-96   图 2-97

链接图层：使所选图层和当前图层成为一组，当对一个链接图层进行操作时，将影响一组链接图层。添加图层样式 $\boxed{fx.}$：为当前图层添加图层样式效果。添加图层蒙版 $\boxed{\Box}$：将在当前层上创建一个蒙版。在图层蒙版中，黑色代表隐藏图像，白色代表显示图像。可以使用画笔等绘图工具对蒙版进行绘制，还可以将蒙版转换成选择区域。创建新的填充或调整图层 $\boxed{\varnothing.}$：可对图层进行颜色填充和效果调整。创建新组 $\boxed{\Box}$：用于新建一个文件夹，可在其中放入图层。创建新图层 $\boxed{\Box}$：用于在当前图层的上方创建一个新层。删除图层 $\boxed{\widehat{\overline{\overline{m}}}}$：即垃圾桶，可以将不需要的图层拖曳到此处进行删除。

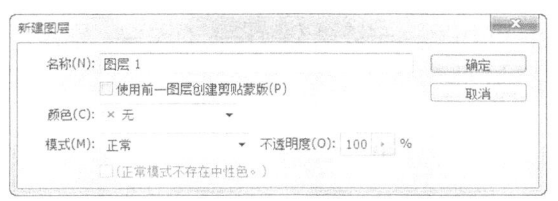

2.7.2 "图层"命令菜单

单击"图层"控制面板右上方的图标 $\boxed{\blacktriangledown\equiv}$，弹出其命令菜单，如图 2-98 所示。

图 2-98

2.7.3 新建图层

使用控制面板弹出式菜单：单击"图层"控制面板右上方的图标 $\boxed{\blacktriangledown\equiv}$，弹出其命令菜单，选择"新建图层"命令，弹出"新建图层"对话框，如图 2-99 所示。

图 2-99

名称：用于设定新图层的名称，可以选择与前一图层创建剪贴蒙版。颜色：用于设定新图层的颜色。模式：用于设定当前图层的合成模式。不透明度：用于设定当前图层的不透明度值。

使用控制面板按钮或快捷键：单击"图层"控制面板下方的"创建新图层"按钮 $\boxed{\Box}$，可以创建一个新图层。按住 Alt 键的同时，单击"创建新图层"按钮 $\boxed{\Box}$，将弹出"新建图层"对话框。

使用"图层"菜单命令或快捷键：选择"图层 > 新建 > 图层"命令，弹出"新建图层"对话框。按 Shift+Ctrl+N 组合键，也可以弹出"新建图层"对话框。

2.7.4 复制图层

使用控制面板弹出式菜单：单击"图层"控制面板右上方的图标 $\boxed{\blacktriangledown\equiv}$，弹出其命令菜单，选择"复制图层"命令，弹出"复制图层"对话框，如图 2-100 所示。

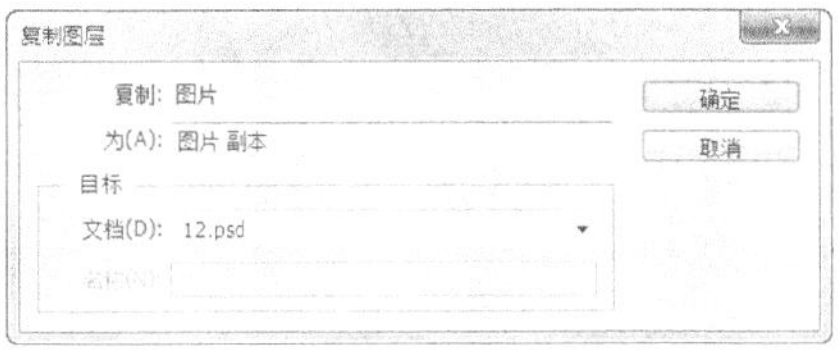

为：用于设定复制层的名称。文档：用于设定复制层的文件来源。

图 2-100

使用控制面板按钮：将需要复制的图层拖曳到控制面板下方的"创建新图层"按钮 $\boxed{\Box}$ 上，可以将所选的图层复制为一个新图层。

使用菜单命令：选择"图层 > 复制图层"命令，弹出"复制图层"对话框。

使用鼠标拖曳的方法复制不同图像之间的图层：打开目标图像和需要复制的图像。将需要复制的图像中的图层直接拖曳到目标图像的图层中，图层复制完成。

2.7.5　删除图层

使用控制面板弹出式菜单：单击"图层"控制面板右上方的图标，弹出其命令菜单，选择"删除图层"命令，弹出提示对话框，如图2-101所示。

使用控制面板按钮：选中要删除的图层，单击"图层"控制面板下方的"删除图层"按钮，即可删除图层。或将需要删除的图层直接拖曳到"删除图层"按钮上进行删除。

图 2-101

使用菜单命令：选择"图层 > 删除 > 图层"命令，即可删除图层。

2.7.6　图层的显示和隐藏

单击"图层"控制面板中任意图层左侧的眼睛图标 ，可以隐藏或显示这个图层。

按住 Alt 键的同时，单击"图层"控制面板中的任意图层左侧的眼睛图标 ，此时，图层控制面板中将只显示这个图层，其他图层被隐藏。

2.7.7　图层的选择、链接和排列

选择图层：用鼠标单击"图层"控制面板中的任意一个图层，可以选择这个图层。

选择"移动"工具 ，用鼠标右键单击窗口中的图像，弹出一组供选择的图层选项菜单，选择所需要的图层即可。将鼠标靠近需要的图像进行以上操作，即可选择这个图像所在的图层。

链接图层：当要同时对多个图层中的图像进行操作时，可以将多个图层进行链接，方便操作。选中要链接的图层，如图 2-102 所示，单击"图层"控制面板下方的"链接图层"按钮 ，选中的图层被链接，如图 2-103 所示。再次单击"链接图层"按钮 ，可取消链接。

图 2-102

图 2-103

排列图层：单击"图层"控制面板中的任意图层并按住鼠标不放，拖曳鼠标可将其调整到其他图层的上方或下方。

选择"图层 > 排列"命令，弹出"排列"命令的子菜单，选择其中的排列方式即可。

知识提示

按 Ctrl+ [组合键，可以将当前图层向下移动一层；按 Ctrl+] 组合键，可以将当前图层向上移动一层；按 Shift+Ctrl+ [组合键，可以将当前图层移动到除了背景图层以外的所有图层的下方；按 Shift +Ctrl+] 组合键，可以将当前图层移动到所有图层的上方。背景图层不能随意移动，可转换为普通图层后再

移动。

2.7.8　合并图层

"向下合并"命令用于向下合并图层。单击"图层"控制面板右上方的图标 ▼≡，在弹出式菜单中选择"向下合并"命令，或按 Ctrl+E 组合键即可。

"合并可见图层"命令用于合并所有可见层。单击"图层"控制面板右上方的图标 ▼≡，在弹出式菜单中选择"合并可见图层"命令，或按 Shift+Ctrl+E 组合键即可。

"拼合图像"命令用于合并所有的图层。单击"图层"控制面板右上方的图标 ▼≡，在弹出式菜单中选择"拼合图像"命令。

2.7.9　图层组

当编辑多层图像时，为了方便操作，可以将多个图层建立在一个图层组中。单击"图层"控制面板右上方的图标 ▼≡，在弹出的菜单中选择"新建组"命令，弹出"新建组"对话框，单击"确定"按钮，新建一个图层组，如图 2-104 所示，选中要放置到组中的多个图层，如图 2-105 所示，将其向图层组中拖曳，选中的图层被放置在图层组中，如图 2-106 所示。

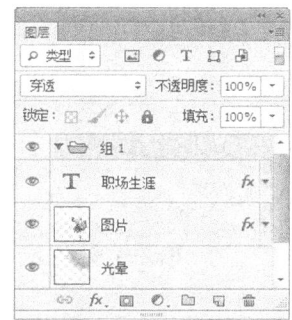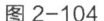
图 2-104

图 2-105

图 2-106

知识提示

单击"图层"控制面板下方的"创建新组"按钮 ▢，可以新建图层组。选择"图层 > 新建 > 组"命令，也可新建图层组。还可选中要放置在图层组中的所有图层，按 Ctrl+G 组合键，自动生成新的图层组。

2.8　恢复操作的应用

在绘制和编辑图像的过程中，经常会错误地执行一个步骤或对制作的一系列效果不满意。当希望恢复到前一步或原来的图像效果时，可以使用恢复操作命令。

2.8.1　恢复到上一步的操作

在编辑图像的过程中可以随时将操作返回到上一步，也可以还原图像到恢复前的效果。选择"编辑 > 还原"命令，或按 Ctrl+Z 组合键，可以恢复到图像的上一步操作。如果想还原图像到恢复前的效果，再按 Ctrl+Z 组合键即可。

2.8.2　中断操作

当 Photoshop CS6 正在进行图像处理时，想中断这次正在进行的操作，按 Esc 键即可。

2.8.3　恢复到操作过程的任意步骤

"历史记录"控制面板可以将进行过多次处理操作的图像恢复到任一步操作时的状态，即所谓的"多次恢复功能"。选择"窗口 > 历史记录"命令，弹出"历史记录"控制面板，如图 2-107 所示。

控制面板下方的按钮从左至右依次为"从当前状态创建新文档"按钮 、"创建新快照"按钮 、"删除当前状态"按钮 。

单击控制面板右上方的图标 ，弹出"历史记录"控制面板的下拉命令菜单，如图 2-108 所示。

前进一步：用于将滑块向下移动一位。后退一步：用于将滑块向上移动一位。新建快照：用于根据当前滑块所指的操作记录建立新的快照。删除：用于删除控制面板中滑块所指的操作记录。清除历史记录：用于清除控制面板中除最后一条记录外的所有记录。新建文档：用于由当前状态或者快照建立新的文件。历史记录选项：用于设置"历史记录"控制面板。关闭和关闭选项卡组：用于关闭"历史记录"控制面板和控制面板所在的选项卡组。

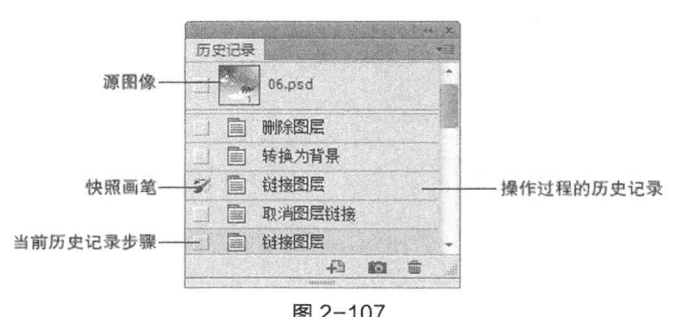

图 2-107

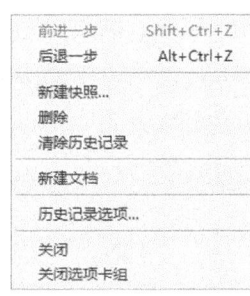

图 2-108

2.9　软件安装与卸载

2.9.1　安装

（1）打开软件包，运行"Set-up"程序，弹出"初始化安装程序"对话框，开始安装文件。

（2）弹出"欢迎"界面对话框，单击"试用"按钮，弹出"软件许可协议"对话框。

（3）单击"接受"按钮，弹出"选项"对话框，选择安装"选项"、"语言"和"位置"。

（4）单击"安装"按钮，进入"安装"界面，安装完成后，弹出"安装完成"界面，单击"关闭"按钮，关闭界面。

2.9.2　卸载

在"控制面板"中双击"程序和功能"选项，打开"卸载和更改程序"文件夹，选择"Adobe Photoshop CS6"软件，单击上方的"卸载"按钮，弹出"卸载选项"对话框，勾选"删除首选项"复选框，单击"卸载"按钮，进入卸载界面，即可完成卸载。

PART 3

第 3 章
绘制和编辑选区

本章介绍

本章将主要介绍 Photoshop CS6 选区的概念、绘制选区的方法以及编辑选区的技巧。通过本章的学习，可以快速地绘制规则与不规则的选区，并对选区进行移动、反选、羽化等调整操作。

学习目标

- 掌握选框工具、套索工具、魔棒工具的使用方法。
- 掌握移动选区、羽化选区的使用方法。
- 掌握取消选区、全选和反选选区的使用方法。

技能目标

- 掌握"圣诞贺卡"的制作方法。
- 掌握"我爱我家照片模板"的制作方法。

3.1 选区工具的使用

对图像进行编辑，首先要进行选择图像的操作。能够快捷精确地选择图像，是提高处理图像效率的关键。

3.1.1 课堂案例——制作圣诞贺卡

【案例学习目标】学习使用不同的选择工具选取不同的图片，并应用移动工具移动装饰图片。

【案例知识要点】使用磁性套索工具绘制选区，使用魔棒工具选取图像，使用椭圆选框工具绘制选区，使用移动工具移动选区中的图像，最终效果如图 3-1 所示。

图 3-1

【效果所在位置】光盘/Ch03/效果/制作圣诞贺卡.psd。

（1）按 Ctrl + O 组合键，打开光盘中的"Ch03 > 素材 > 制作圣诞贺卡 > 01"文件，如图3-2所示。按 Ctrl + O 组合键，打开光盘中的"Ch03 > 素材 > 制作圣诞贺卡 > 02"文件，如图3-3所示。选择"磁性套索"工具，在图像窗口中沿着雪人边缘拖曳鼠标绘制选区，图像周围生成选区，如图3-4所示。

图 3-2

图 3-3

图 3-4

（2）选择"移动"工具，将选区中的图像拖曳到 01 文件图像窗口中适当的位置，如图 3-5 所示，在"图层"控制面板中生成新的图层并将其命名为"雪人"，如图 3-6 所示。

图 3-5

图 3-6

（3）按 Ctrl + O 组合键，打开光盘中的"Ch03 > 素材 > 制作圣诞贺卡 > 03"文件，如图 3-7 所示。选择"魔棒"工具，属性栏中的设置如图 3-8 所示，在图像窗口中白色背景区域单击鼠标，图像周围生成选区，如图 3-9 所示。

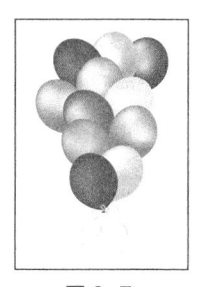

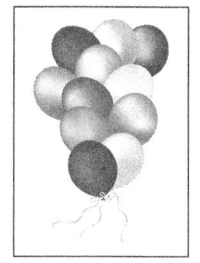

图 3-7　　　　　　　　　　　　图 3-8　　　　　　　　　　　　图 3-9

（4）按 Ctrl+Shift+I 组合键，将选区反选。选择"移动"工具，将选区中的图像拖曳到01文件窗口中适当的位置，效果如图3-10所示，在"图层"控制面板中生成新图层并将其命名为"气球"。按住 Alt 键的同时，拖曳图像到适当的位置，复制图像，按 Ctrl+T 组合键，图像周围出现变换框，按住 Shift+Alt 组合键的同时，向内拖曳变换框右上角的控制手柄，等比例缩小图像，按 Enter 键确定操作，效果如图3-11所示。

图 3-10　　　　　　　　　　图 3-11

（5）按 Ctrl＋O 组合键，打开光盘中的"Ch03 > 素材 > 制作圣诞贺卡 > 04"文件，如图 3-12 所示。选择"椭圆选框"工具，按住 Shift 键的同时，在图像窗口中拖曳鼠标绘制圆形选区，效果如图 3-13 所示。

（6）选择"移动"工具，将选区中的图像拖曳到01文件窗口中适当的位置，效果如图3-14所示，在"图层"控制面板中生成新图层并将其命名为"圆球"。按住 Alt 键的同时，拖曳图像到适当的位置，复制图像，按 Ctrl+T 组合键，图像周围出现变换框，按住 Shift+Alt 组合键的同时，向内拖曳变换框右上角的控制手柄，等比例缩小图像，按 Enter 键确定操作，效果如图3-15所示。

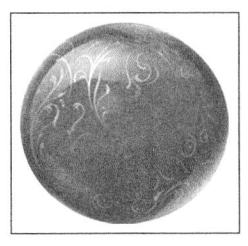
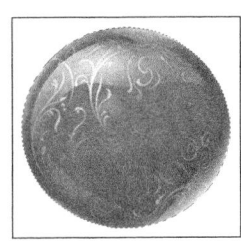

图 3-12　　　　　图 3-13　　　　　　图 3-14　　　　　　图 3-15

（7）按 Ctrl＋O 组合键，打开光盘中的"Ch03 > 素材 > 制作圣诞贺卡 > 05"文件，如图3-16所示。选择"魔棒"工具，在图像窗口中白色背景区域单击鼠标，图像周围生成选区，如图3-17所示。按 Ctrl+Shift+I 组合键，将选区反选。选择"移动"工具 ，将选区中的图像拖曳到01文件图像窗口中适当的位置，效果如图3-18所示，在"图层"控制面板中生成新图层并将其命名为"礼物盒"。

图 3-16   图 3-17   图 3-18

（8）按 Ctrl + O 组合键，打开光盘中的"Ch03 > 素材 > 制作圣诞贺卡 > 06"文件，如图3-19所示。选择"魔棒"工具 ，在图像窗口中白色背景区域单击鼠标，图像周围生成选区，如图3-20所示。按 Ctrl+Shift+I 组合键，将选区反选。选择"移动"工具 ，将选区中的图像拖曳到01文件图像窗口中适当的位置，效果如图3-21所示，在"图层"控制面板中生成新图层并将其命名为"漂絮"。圣诞贺卡制作完成，效果如图3-22所示。

图 3-19   图 3-20   图 3-21   图 3-22

3.1.2　选框工具

选择"矩形选框"工具 ，或反复按 Shift+M 组合键，其属性栏状态如图 3-23 所示。

图 3-23

新选区 ：去除旧选区，绘制新选区。添加到选区 ：在原有选区的上面增加新的选区。从选区减去 ：在原有选区上减去新选区的部分。与选区交叉 ：选择新旧选区重叠的部分。羽化：用于设定选区边界的羽化程度。消除锯齿：用于清除选区边缘的锯齿。样式：用于选择类型。

绘制矩形选区：选择"矩形选框"工具 ，在图像中适当的位置单击并按住鼠标不放，向右下方拖曳鼠标绘制选区；松开鼠标，矩形选区绘制完成，如图 3-24 所示。按住 Shift 键，在图像中可以绘制出正方形选区，如图 3-25 所示。

图 3-24   图 3-25

　　设置矩形选区的比例：在"矩形选框"工具的属性栏中，选择"样式"选项下拉列表中的"固定比例"，将"宽度"选项设为 1，"高度"选项设为 3，如图 3-26 所示。在图像中绘制固定比例的选区，效果如图 3-27 所示。单击"高度和宽度互换"按钮，可以快速地将宽度和高度比的数值互相置换，互换后绘制的选区效果如图 3-28 所示。

图 3-26

图 3-27   图 3-28

　　设置固定尺寸的矩形选区：在"矩形选框"工具的属性栏中，选择"样式"选项下拉列表中的"固定大小"，在"宽度"和"高度"选项中输入数值，单位只能是像素，如图 3-29 所示。绘制固定大小的选区，效果如图 3-30 所示。单击"高度和宽度互换"按钮，可以快速地将宽度和高度的数值互相置换，互换后绘制的选区效果如图 3-31 所示。

图 3-29

图 3-30   图 3-31

　　因"椭圆选框"工具的应用与"矩形选框"工具基本相同，这里就不再赘述。

3.1.3 套索工具

套索工具可以在图像或图层中绘制不规则形状的选区，选取不规则形状的图像。

选择"套索"工具 ![], 或反复按 Shift+L 组合键，其属性栏状态如图 3-32 所示。

图 3-32

![] [] [] []：为选择方式选项。羽化：用于设定选区边缘的羽化程度。消除锯齿：用于清除选区边缘的锯齿。

选择"套索"工具 ![], 在图像中适当的位置单击并按住鼠标不放，拖曳鼠标在图像上进行绘制，如图 3-33 所示，松开鼠标，选择区域自动封闭生成选区，效果如图 3-34 所示。

图 3-33　　　　　　　　　　图 3-34

3.1.4 魔棒工具

魔棒工具可以用来选取图像中的某一点，并将与这一点颜色相同或相近的点自动融入选区中。

选择"魔棒"工具 ![], 或按 W 键，其属性栏状态如图 3-35 所示。

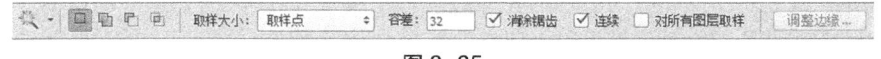

图 3-35

![] [] [] []：为选择方式选项。取样大小：用于设置取样范围的大小。容差：用于控制色彩的范围，数值越大，可容许的颜色范围越大。消除锯齿：用于清除选区边缘的锯齿。连续：用于选择单独的色彩范围。对所有图层取样：用于将所有可见层中颜色容许范围内的色彩加入选区。

选择"魔棒"工具 ![], 在图像中单击需要选择的颜色区域，即可得到需要的选区，如图 3-36 所示。调整属性栏中的容差值，再次单击需要选择的区域，不同容差值的选区效果如图 3-37 所示。

 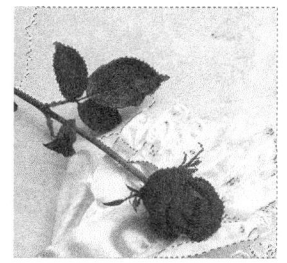

图 3-36　　　　　　　　　　图 3-37

3.2 选区的操作技巧

在建立选区后，可以对选区进行一系列的操作，如移动选区、调整选区、羽化选区等。

3.2.1 课堂案例——制作我爱我家照片模板

【案例学习目标】学习调整选区的方法和技巧，并应用羽化选区命令制作柔和图像效果。

【案例知识要点】使用羽化选区命令制作柔和图像效果，使用反选命令制作选区反选效果，使用魔棒工具选取图像，效果如图 3-38 所示。

【效果所在位置】光盘/Ch03/效果/制作我爱我家照片模板.psd。

图 3-38

（1）按 Ctrl + O 组合键，打开光盘中的"Ch03 > 素材 > 制作我爱我家照片模板 > 01"文件，如图 3-39 所示。单击"图层"控制面板下方的"创建新图层"按钮，生成新的图层并将其命名为"暗角"，如图 3-40 所示。在工具箱下方将前景色设为白色，按 Alt+Delete 组合键，用前景色填充"暗角"图层。

图 3-39   图 3-40

（2）选择"椭圆选框"工具，在图像窗口中绘制椭圆选区，如图 3-41 所示。选择"选择 > 修改 > 羽化"命令，弹出"羽化选区"对话框，选项的设置如图 3-42 所示，单击"确定"按钮，羽化选区。按 Delete 键，删除选区中的图像，按 Ctrl+D 组合键，取消选区，效果如图 3-43 所示。

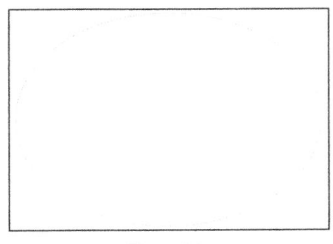

图 3-41   图 3-42   图 3-43

（3）按 Ctrl + O 组合键，打开光盘中的"Ch03 > 素材 > 制作我爱我家照片模板 > 02"文件，选择"移动"工具，将 02 图片拖曳到图像窗口中适当的位置，效果如图 3-44 所示，在"图层"控制面板中生成新图层并将其命名为"人物 1"。

（4）选择"魔棒"工具，在属性栏中的设置如图 3-45 所示，在图像窗口中蓝色背景区域单击鼠标，图像周围生成选区，如图 3-46 所示。按 Delete 键，删除选区中的图像，按

Ctrl+D 组合键，取消选区，图像效果如图 3-47 所示。

图 3-44

图 3-45

图 3-46

图 3-47

（5）按 Ctrl＋O 组合键，打开光盘中的"Ch03 > 素材 > 制作我爱我家照片模板 > 03"文件，选择"移动"工具 ，将人物图片拖曳到图像窗口适当的位置，效果如图 3-48 所示，在"图层"控制面板中生成新图层并将其命名为"人物 2"。

（6）选择"魔棒"工具 ，在图像窗口中绿色背景区域多次单击鼠标，图像周围生成选区，如图 3-49 所示。按 Delete 键，删除选区中的图像，按 Ctrl+D 组合键，取消选区，图像效果如图 3-50 所示。

图 3-48

图 3-49

图 3-50

（7）按 Ctrl＋O 组合键，打开光盘中的"Ch03 > 素材 > 制作我爱照片模板 > 03"文件，选择"移动"工具 ，将人物图片拖曳到图像窗口适当的位置，效果如图3-51所示，在"图层"控制面板中生成新图层并将其命名为"装饰"。选择"椭圆选框"工具 ，按住 Shift 键的同时，在图像窗口中拖曳鼠标绘制椭圆选区，如图3-52所示。

图 3-51

图 3-52

（8）按 Shift+F6 组合键，弹出"羽化选区"对话框，选项的设置如图 3-53 所示，单击"确定"按钮，羽化选区。按 Ctrl+Shift+I 组合键，将选区反选；按 Delete 键，删除选区中的图像；按 Ctrl+D 组合键，取消选区，效果如图 3-54 所示。

图 3-53 图 3-54

（9）在"图层"控制面板中，将该图层的"不透明度"选项设为 50%，如图 3-55 所示，图像效果如图 3-56 所示。按 Ctrl + O 组合键，打开光盘中的"Ch03 > 素材 > 制作我爱我家照片模板 > 04、05"文件，选择"移动"工具 ，分别将 04、05 图片拖曳到图像窗口适当的位置，效果如图 3-57 所示，在"图层"控制面板中分别生成新的图层并将其分别命名为"飞机"和"文字"。我爱我家照片模板制作完成。

图 3-55 图 3-56 图 3-57

3.2.2 移动选区

使用鼠标移动选区：选择绘制选区的工具，将鼠标放在选区中，鼠标光标变为 ，如图 3-58 所示。按住鼠标并进行拖曳，鼠标光标变为 图标，将选区拖曳到其他位置，如图 3-59 所示。松开鼠标，即可完成选区的移动，效果如图 3-60 所示。

图 3-58 图 3-59 图 3-60

使用键盘移动选区：当使用矩形和椭圆选框工具绘制选区时，不要松开鼠标，按住 Spacebar（空格）键的同时拖曳鼠标，即可移动选区。绘制出选区后，使用键盘中的方向键，可以将选区沿各方向移动 1 个像素；绘制出选区后，使用 Shift+方向组合键，可以将选区沿各方向移动 10 个像素。

3.2.3　羽化选区

羽化选区可以使图像产生柔和的效果。在图像中绘制不规则选区，如图 3-61 所示，选择"选择 > 修改 > 羽化"命令，弹出"羽化选区"对话框，设置羽化半径的数值，如图 3-62 所示，单击"确定"按钮，选区被羽化。按 Shift+Ctrl+I 组合键，将选区反选，如图 3-63 所示。

图 3-61　　　　　　　　　　　图 3-62　　　　　　　　　　　图 3-63

在选区中填充颜色后，效果如图 3-64 所示。还可以在绘制选区前，在所使用工具的属性栏中直接输入羽化的数值，如图 3-65 所示，此时，绘制的选区自动成为带有羽化边缘的选区。

图 3-64　　　　　　　　　　　　　　　　　　　图 3-65

3.2.4　取消选区

选择"选择 > 取消选择"命令，或按 Ctrl+D 组合键，可以取消选区。

3.2.5　全选和反选选区

选择所有像素，即指将图像中的所有图像全部选取。选择"选择 > 全部"命令，或按 Ctrl+A 组合键，即可选取全部图像，效果如图 3-66 所示。

选择"选择 > 反向"命令，或按 Shift+Ctrl+I 组合键，可以对当前的选区进行反向选取，效果分别如图 3-67、图 3-68 所示。

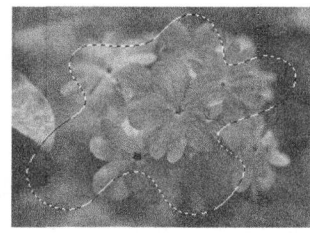

图 3-66　　　　　　　　　　　图 3-67　　　　　　　　　　　图 3-68

3.3　课堂练习——制作保龄球

【练习知识要点】使用移动工具和图层的混合模式选项添加花纹效果，使用钢笔工具绘制球瓶，使用椭圆选框工具和羽化命令绘制球体、阴影和高光，使用文本工具和图层的混合模式选项制作文字。

【素材所在位置】光盘/Ch03/素材/制作保龄球/01、02。

【效果所在位置】光盘/Ch03/效果/制作保龄球.psd，效果如图3-69所示。

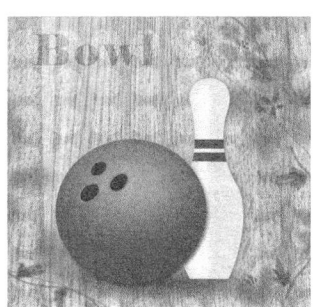

图 3-69

3.4　课后习题——制作温馨时刻

【习题知识要点】使用移动工具置入需要的素材图片，使用椭圆工具绘制装饰圆形，使用图层蒙版按钮、画笔工具制作图片渐隐效果，使用创建剪贴蒙版命令为图层创建剪贴蒙版效果。

【素材所在位置】光盘/Ch03/素材/制作温馨时刻/01~07。

【效果所在位置】光盘/Ch03/效果/制作温馨时刻.psd，效果如图3-70所示。

图 3-70

PART 4

第 4 章
绘制图像

 **本章介绍**

本章将主要介绍 Photoshop CS6 画笔工具的使用方法以及填充工具的使用技巧。通过本章的学习，可以应用画笔工具绘制出丰富多彩的图像效果，应用填充工具制作出多样的填充效果。

学习目标

- 掌握画笔工具、铅笔工具的使用方法。
- 掌握历史记录画笔工具、历史记录艺术画笔工具的使用方法。
- 掌握油漆桶、吸管工具、渐变工具的使用技巧。
- 掌握填充命令、定义图案、描边命令的使用技巧。

技能目标

- 掌握"时尚插画"的绘制方法。
- 掌握"油画效果"的制作方法。
- 掌握"彩虹"的绘制方法。
- 掌握"新婚卡片"的制作方法。

4.1 绘图工具的使用

使用绘图工具是绘画和编辑图像的基础。画笔工具可以绘制出各种绘画效果。铅笔工具可以绘制出各种硬边效果的图像。

4.1.1 课堂案例——绘制时尚插画

【案例学习目标】学会使用绘图工具绘制装饰图形。

【案例知识要点】使用画笔工具绘制圆形装饰图形，效果如图 4-1 所示。

【效果所在位置】光盘/Ch04/效果/绘制时尚插画.psd。

（1）按 Ctrl + O 组合键，打开光盘中的"Ch04 > 素材 > 绘制时尚插画 > 01"文件，如图 4-2 所示。

（2）新建图层并将其命名为"画笔 1"。将前景色设为白色。选择"画笔"工具 ，在属性栏中单击"画笔"选项右侧的按钮·，在弹出的面板中选择需要的画笔形状，如图 4-3 所示，单击属性栏中的"切换画笔面板"按钮，在弹出的"画笔"控制面板中进行设置，如图 4-4 所示。

图 4-1

图 4-2

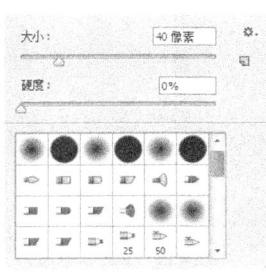

图 4-3

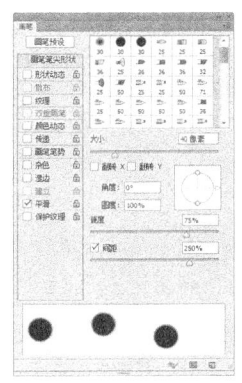

图 4-4

（3）选择"形状动态"选项，切换到相应的面板，选项的设置如图 4-5 所示。选择"散布"选项，切换到相应的面板，选项的设置如图 4-6 所示。

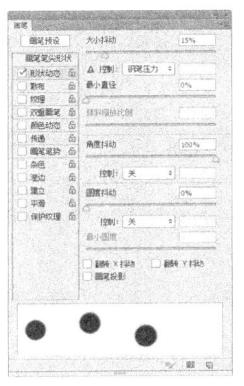

图 4-5

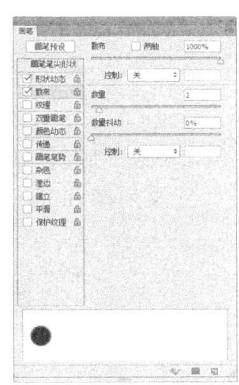

图 4-6

（4）选择"纹理"选项，切换到相应的面板，选项的设置如图 4-7 所示。选择"传递"选项，切换到相应的面板，选项的设置如图 4-8 所示。在图像窗口中拖曳鼠标绘制圆形装饰图形，效果如图 4-9 所示。

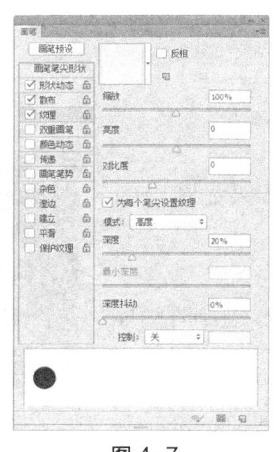

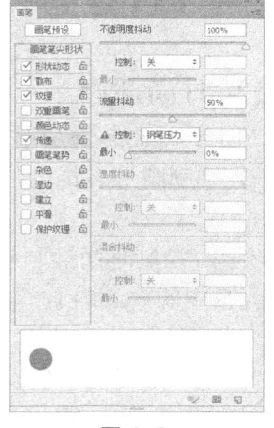

图 4-7   图 4-8   图 4-9

（5）新建图层并将其命名为"画笔 2"。选择"画笔"工具，单击属性栏中的"切换画笔面板"按钮，在弹出的"画笔"控制面板中进行设置，如图 4-10 所示。在图像窗口中拖曳鼠标绘制圆形装饰图形，效果如图 4-11 所示。用相同的方法调整画笔大小，分别绘制需要的装饰图形，效果如图 4-12 所示。时尚插画绘制完成。

图 4-10   图 4-11   图 4-12

4.1.2   画笔工具

画笔工具可以模拟画笔效果在图像或选区中进行绘制。

选择"画笔"工具，或反复按 Shift+B 组合键，其属性栏状态如图 4-13 所示。

图 4-13

画笔预设：用于选择预设的画笔。模式：用于选择绘画颜色与下面现有像素的混合模式。不透明度：可以设定画笔颜色的不透明度。流量：用于设定喷笔压力，压力越大，喷色越浓。

启用喷枪模式：可以启用喷枪功能。绘图板压力控制大小：使用压感笔压力可以覆盖"画笔"面板中的"不透明度"和"大小"的设置。

使用画笔工具：选择"画笔"工具，在画笔工具属性栏中设置画笔，如图 4-14 所示，在图像中单击鼠标并按住不放，拖曳鼠标可以绘制出如图 4-15 所示的效果。

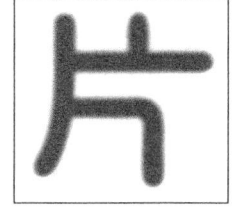

图 4-14   图 4-15

画笔预设：在画笔工具属性栏中单击"画笔"选项右侧的按钮，弹出如图 4-16 所示的画笔选择面板，在画笔选择面板中可以选择画笔形状。

拖曳"大小"选项下方的滑块或直接输入数值，可以设置画笔的大小。如果选择的画笔是基于样本的，将显示"恢复到原始大小"按钮，单击此按钮，可以使画笔的大小恢复到初始的大小。

单击"画笔"面板右上方的按钮，在弹出的下拉菜单中选择"描边缩览图"命令，如图 4-17 所示，"画笔"选择面板的显示效果如图 4-18 所示。

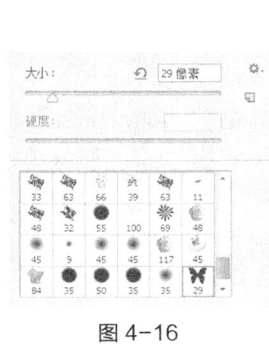 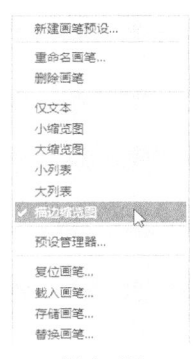 

图 4-16   图 4-17   图 4-18

新建画笔预设：用于建立新画笔。重命名画笔：用于重新命名画笔。删除画笔：用于删除当前选中的画笔。仅文本：以文字描述方式显示画笔选择面板。小缩览图：以小图标方式显示画笔选择面板。大缩览图：以大图标方式显示画笔选择面板。小列表：以小文字和图标列表方式显示画笔选择面板。大列表：以大文字和图标列表方式显示画笔选择面板。描边缩览图：以笔划的方式显示画笔选择面板。预设管理器：用于在弹出的预置管理器对话框中编辑画笔。复位画笔：用于恢复默认状态的画笔。载入画笔：用于将存储的画笔载入面板。存储画笔：用于将当前的画笔进行存储。替换画笔：用于载入新画笔并替换当前画笔。

在画笔选择面板中单击"从此画笔创建新的预设"按钮，弹出如图 4-19 所示的"画笔名称"对话框。单击画笔工具属性栏中的"切换画笔面板"按钮，弹出如图 4-20 所示的"画笔"控制面板。

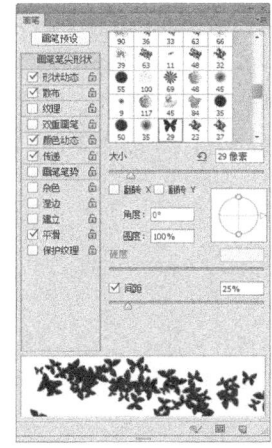

图 4-19　　　　　　　　　　　　　　　　　图 4-20

4.1.3　铅笔工具

铅笔工具可以模拟铅笔的效果进行绘画。

选择"铅笔"工具，或反复按 Shift+B 组合键，其属性栏的效果如图 4-21 所示。

图 4-21

画笔：用于选择画笔。模式：用于选择混合模式。不透明度：用于设定不透明度。自动抹除：用于自动判断绘画时的起始点颜色，如果起始点颜色为背景色，则铅笔工具将以前景色绘制，反之如果起始点颜色为前景色，铅笔工具则会以背景色绘制。

使用铅笔工具：选择"铅笔"工具，在其属性栏中选择笔触大小，并选择"自动抹除"选项，如图 4-22 所示，此时绘制效果与鼠标所单击的起始点颜色有关，当鼠标单击的起始点像素与前景色相同时，"铅笔"工具将行使"橡皮擦"工具的功能，以背景色绘图；如果鼠标单击的起始点颜色不是前景色，绘图时仍然会保持以前景色绘制。

将前景色和背景色分别设定为紫色和橙色，在属性栏中勾选"自动抹除"选项，在图像中单击鼠标，画出一个紫色图形，在紫色图形上单击绘制下一个图形，效果如图 4-23 所示。

图 4-22　　　　　　　　　　　　　　　　　图 4-23

4.2　应用历史记录画笔工具

历史记录艺术画笔工具主要用于将图像恢复到以前某一历史状态，以形成特殊的图像效果。颜色替换工具用于更改图像中某对象的颜色。

4.2.1 课堂案例——制作油画效果

【案例学习目标】学会应用历史记录面板制作油画效果，使用调色命令和滤镜命令制作图像效果。

【案例知识要点】使用快照命令、不透明度命令、历史记录艺术画笔工具制作油画效果，使用去色、色相/饱和度命令调整图片的颜色，使用混合模式命令、浮雕效果滤镜命令为图片添加浮雕效果，效果如图4-24所示。

图4-24

【效果所在位置】光盘/Ch04/效果/制作油画效果.psd。

1．制作背景图像

（1）按 Ctrl+O 组合键，打开光盘中的"Ch04 > 素材 > 制作油画效果 > 01"文件，如图4-25所示。选择"窗口 > 历史记录"命令，弹出"历史记录"控制面板，单击面板右上方的图标▼▤，在弹出的菜单中选择"新建快照"命令，弹出"新建快照"对话框，如图4-26所示，单击"确定"按钮。

图4-25

图4-26

（2）新建图层并将其命名为"黑色填充"。将前景色设为黑色，按 Alt+Delete 组合键，用前景色填充图层。在控制面板上方，将"黑色填充"图层的"不透明度"选项设为80%，效果如图4-27所示。

（3）新建图层并将其命名为"画笔"。选择"历史记录艺术画笔"工具 ▨，在属性栏中单击"画笔"选项右侧的按钮·，弹出画笔选择面板，单击面板右上方的按钮✿·，在弹出的菜单

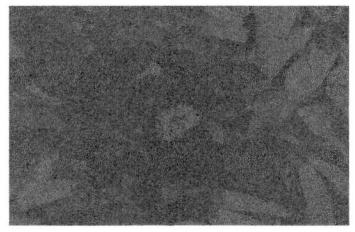

图4-27

中选择"干介质画笔"选项，弹出提示对话框，单击"确定"按钮。在画笔选择面板中选择需要的画笔形状，将"大小"选项设为60像素，如图4-28所示，属性栏的设置如图4-29所示。在图像窗口中拖曳鼠标绘制图形，效果如图4-30所示。

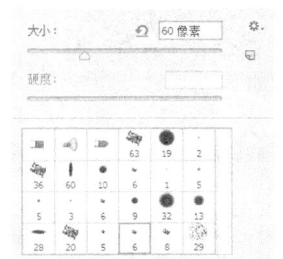

图4-28

图4-29

图4-30

（4）单击"黑色填充"和"背景"图层左侧的眼睛图标 ◉，将"黑色填充"、"背景"图

层隐藏，观看绘制的情况，如图 4-31 所示。继续拖曳鼠标涂抹，直到笔刷铺满图像窗口，显示出隐藏的图层，效果如图 4-32 所示。

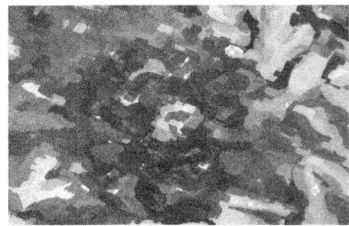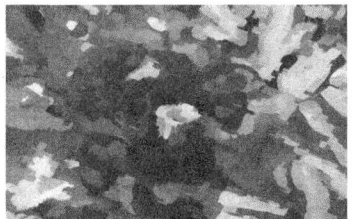

图 4-31   图 4-32

2．调整图片颜色

（1）选择"图像 > 调整 > 色相/饱和度"命令，在弹出的对话框中进行设置，如图 4-33 所示，单击"确定"按钮，效果如图 4-34 所示。

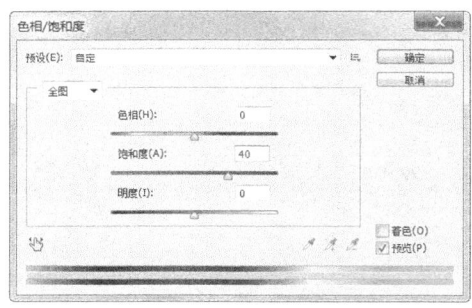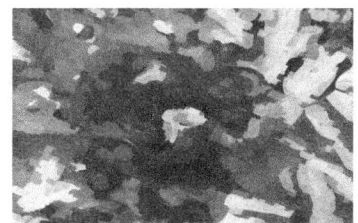

图 4-33   图 4-34

（2）将"画笔"图层拖曳到控制面板下方的"创建新图层"按钮 上进行复制，生成新的图层"画笔 副本"。选择"图像 > 调整 > 去色"命令，去除图像颜色，效果如图 4-35 所示。

（3）在"图层"控制面板上方，将"画笔 副本"图层的混合模式设为"叠加"，如图 4-36 所示，效果如图 4-37 所示。

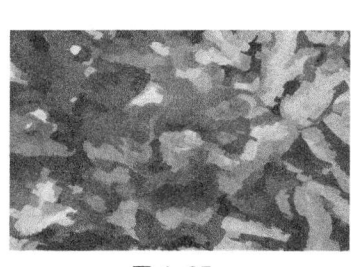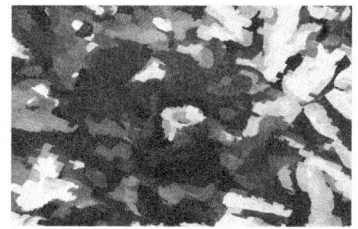

图 4-35   图 4-36   图 4-37

（4）选择"滤镜 > 风格化 > 浮雕效果"命令，在弹出的对话框中进行设置，如图 4-38 所示，单击"确定"按钮，效果如图 4-39 所示。

（5）将前景色设为米色（其 R、G、B 的值分别为 255、248、192）。选择"横排文字"工具 T，输入需要的文字，按 Crtl+T 组合键，弹出"字符"面板，选项的设置如图 4-40 所示，按 Enter 键，效果如图 4-41 所示，在"图层"控制面板中生成新的文字图层。油画效果制作完成。

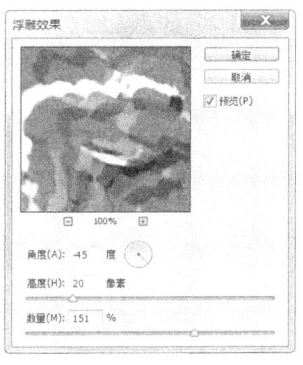

图 4-38

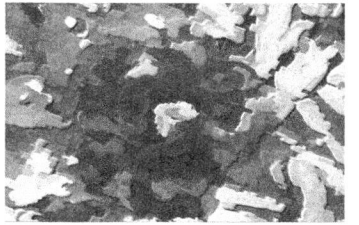

图 4-39

图 4-40

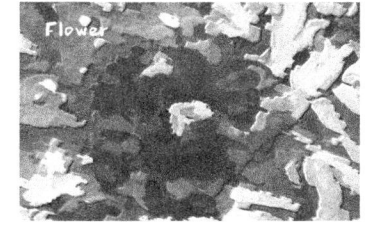

图 4-41

49 第 4 章 绘制图像

4.2.2 历史记录画笔工具

历史记录画笔工具是与"历史记录"控制面板结合起来使用的，主要用于将图像的部分区域恢复到以前某一历史状态，以形成特殊的图像效果。打开一张图片，如图 4-42 所示，为图片添加滤镜效果，如图 4-43 所示，"历史记录"控制面板中的效果如图 4-44 所示。

图 4-42

图 4-43

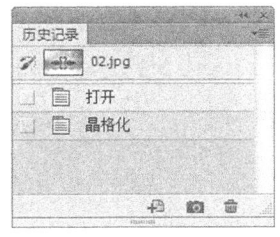

图 4-44

选择"椭圆选框"工具 ，在其属性栏中将"羽化"选项设为 50，在图像上绘制一个椭圆形选区，如图 4-45 所示。选择"历史记录画笔"工具 ，在"历史记录"控制面板中单击"打开"步骤左侧的方框，设置历史记录画笔的源，显示出图标 ，如图 4-46 所示。

图 4-45

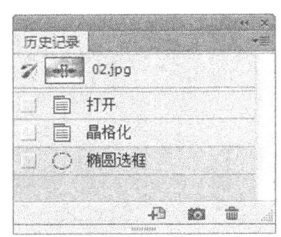

图 4-46

用"历史记录画笔"工具在选区中涂抹，如图4-47所示，取消选区后效果如图4-48所示。"历史记录"控制面板中的效果如图4-49所示。

图4-47　　　　　　　　图4-48　　　　　　　　图4-49

4.2.3　历史记录艺术画笔工具

历史记录艺术画笔工具主要用于将图像的部分区域恢复到以前某一历史状态，以形成特殊的图像效果，使用此工具绘图时可以产生艺术效果。

历史记录艺术画笔工具和历史记录画笔工具的用法基本相同。区别在于使用历史记录艺术画笔绘图时可以产生艺术效果。选择"历史记录艺术画笔"工具，其属性栏状态如图4-50所示。

图4-50

样式：用于选择一种艺术笔触。区域：用于设置画笔绘制时所覆盖的像素范围。容差：用于设置画笔绘制时的间隔时间。

原图效果如图4-51所示，用颜色填充图像，效果如图4-52所示，"历史记录"控制面板中的效果如图4-53所示。

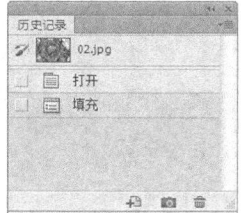

图4-51　　　　　　　　图4-52　　　　　　　　图4-53

在"历史记录"控制面板中单击"打开"步骤左侧的方框，设置历史记录画笔的源，显示出图标，如图4-54所示。选择"历史记录艺术画笔"工具，在属性栏中如图4-55所示进行设置。

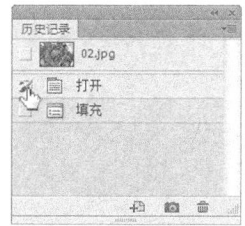
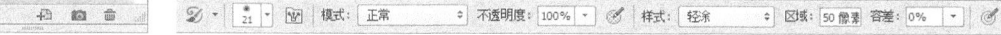

图4-54　　　　　　　　　　　　图4-55

用"历史记录艺术画笔"工具 在图像上涂抹，效果如图 4-56 所示，"历史记录"控制面板中的效果如图 4-57 所示。

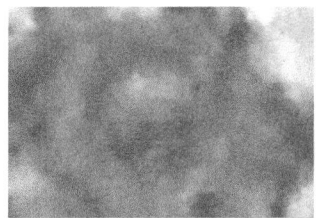

图 4-56

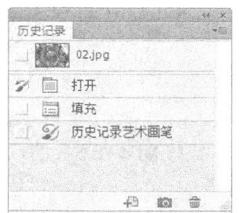

图 4-57

4.3 渐变工具和油漆桶工具

应用渐变工具可以创建多种颜色间的渐变效果，油漆桶工具可以改变图像的色彩，吸管工具可以吸取需要的色彩。

4.3.1 课堂案例——制作彩虹

【案例学习目标】学习使用填充工具和模糊滤镜制作彩虹图形。

【案例知识要点】使用矩形选框工具和填充命令绘制色块，使用渐变工具、动感模糊命令、色相/饱和度命令和橡皮擦工具绘制彩虹图形，效果如图 4-58 所示。

【效果所在位置】光盘/Ch04/效果/制作彩虹.psd。

图 4-58

（1）按 Ctrl+O 组合键，打开光盘中的"Ch04 > 素材 > 制作彩虹 > 01、02、03"文件，选择"移动"工具 ，分别将 02、03 图片拖曳到 01 图像窗口中适当的位置，效果如图 4-59 所示，在"图层"控制面板中分别生成新图层并将其命名为"卡通房子"、"花边"。

（2）新建图层并将其命名为"彩虹"。选择"渐变"工具，单击属性栏中的"点按可编辑渐变"按钮，弹出"渐变编辑器"对话框，在"预设"选项组中选择"透明彩虹渐变"选项，在色带上将"色标"的位置调整为 70、72、76、81、86、90，将"不透明度色标"的位置设为 58、66、84、86、91、96，如图 4-60 所示，单击"确定"按钮。选中属性栏中的"径向渐变"按钮，按住 Shift 键的同时，在图像窗口中从下至上拖曳渐变色，编辑状态如图 4-61 所示，松开鼠标后效果如图 4-62 所示。

图 4-59

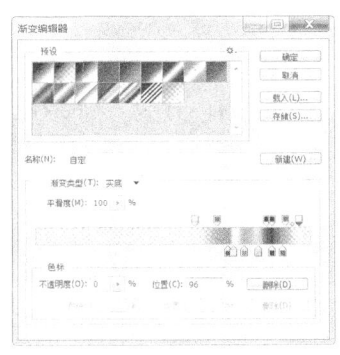

图 4-60

图 4-61

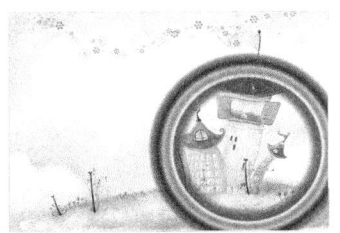

图 4-62

（3）选择"滤镜 > 模糊 > 动感模糊"命令，在弹出的对话框中进行设置，如图 4-63 所示，单击"确定"按钮，效果如图 4-64 所示。

（4）选择"橡皮擦"工具 ，在属性栏中单击"画笔"选项右侧的按钮 ，弹出画笔选择面板，在面板中选择需要的画笔形状，将"大小"选项设为 1 000 像素，如图 4-65 所示，在属性栏中将画笔的"不透明度"选项设为 80%，在彩虹上涂抹，擦除部分图像，效果如图 4-66 所示。

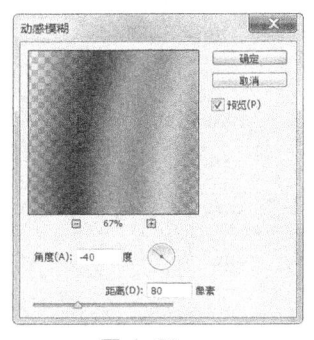

图 4-63

图 4-64

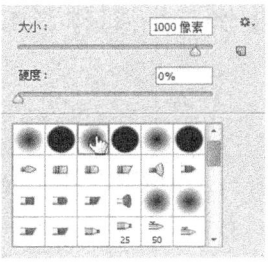

图 4-65

图 4-66

（5）选择"图像 > 调整 > 色相/饱和度"命令，在弹出的对话框中进行设置，如图 4-67 所示，单击"确定"按钮，效果如图 4-68 所示。

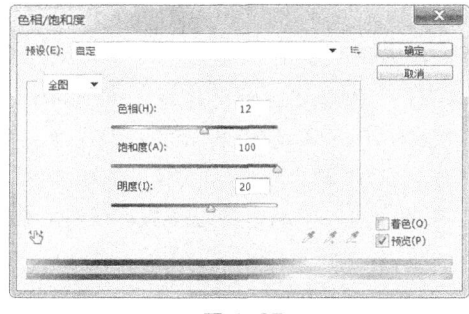

图 4-67

图 4-68

（6）在"图层"控制面板中，将"彩虹"图层拖曳到"卡通房子"图层的下方，如图 4-69 所示，图像效果如图 4-70 所示。选择"橡皮擦"工具 ，再次擦除不需要的图像，如图 4-71 所示。

（7）按 Ctrl + O 组合键，打开光盘中的"Ch04 > 素材 > 制作彩虹 > 04"文件，选择"移动"工具 ，将 04 图形拖曳到图像窗口的适当位置，效果如图 4-72 所示，在"图层"控制面板中生成新图层并将其命名为"文字"。彩虹效果制作完成，如图 4-73 所示。

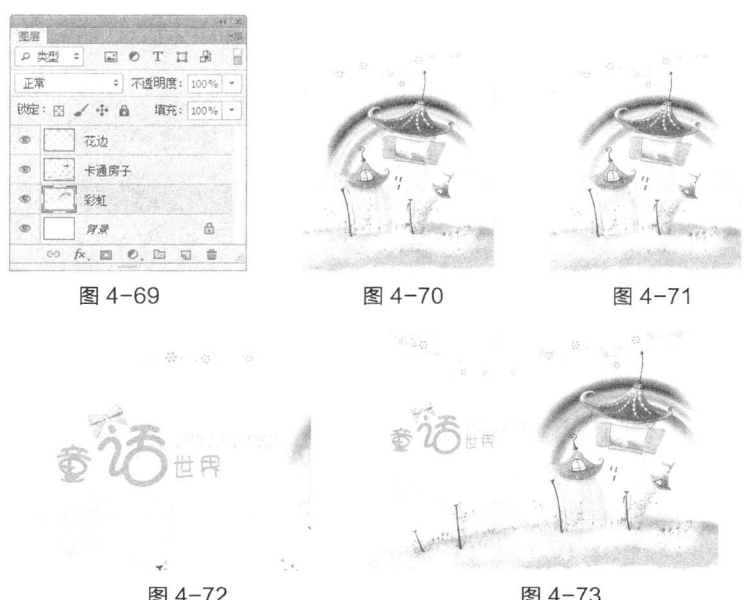

图 4-69   图 4-70   图 4-71

图 4-72   图 4-73

4.3.2　油漆桶工具

油漆桶工具可以在图像或选区中，对指定色差范围内的色彩区域进行色彩或图案填充。选择"油漆桶"工具，或反复按 Shift+G 组合键，其属性栏状态如图 4-74 所示。

图 4-74

前景：在其下拉列表中选择填充的是前景色或是图案。：用于选择定义好的图案。模式：用于选择着色的模式。不透明度：用于设定不透明度。容差：用于设定色差的范围，数值越小，容差越小，填充的区域也越小。消除锯齿：用于消除边缘锯齿。连续的：用于设定填充方式。所有图层：用于选择是否对所有可见层进行填充。

选择"油漆桶"工具，在其属性栏中对"容差"选项进行不同的设定，如图 4-75、图 4-76 所示，用油漆桶工具在图像中填充颜色，不同的填充效果如图 4-77、图 4-78 所示。

图 4-75

图 4-76

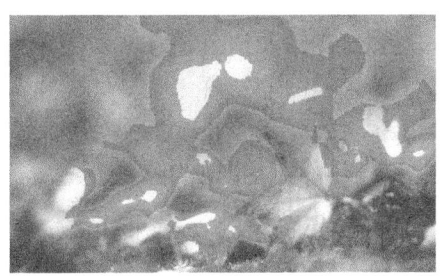

图 4-77   图 4-78

在油漆桶工具属性栏中设置图案，如图 4-79 所示，用油漆桶工具在图像中填充图案，效果如图 4-80 所示。

图 4-79　　　　　　　　　　　　　　　　　　　图 4-80

4.3.3　吸管工具

选择"吸管"工具 （按 I 键或反复按 Shift+I 组合键），属性栏中的设置如图 4-81 所示。

选择"吸管"工具 ，用鼠标在图像中需要的位置单击，当前的前景色将变为吸管吸取的颜色，在"信息"控制面板中将观察到吸取颜色的色彩信息，效果如图 4-82 所示。

图 4-81　　　　　　　　　　　　　　　　　　　图 4-82

4.3.4　渐变工具

渐变工具用于在图像或图层中形成一种色彩渐变的图像效果。

选择"渐变"工具 ，或反复按 Shift+G 组合键，其属性栏状态如图 4-83 所示。

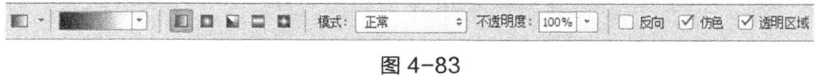

图 4-83

渐变工具包括线性渐变工具、径向渐变工具、角度渐变工具、对称渐变工具、菱形渐变工具。

 ：用于选择和编辑渐变的色彩。

 ：用于选择各类型的渐变工具。模式：用于选择着色的模式。不透明度：用于设定不透明度。反向：用于反向产生色彩渐变的效果。仿色：用于使渐变更平滑。透明区域：用于产生不透明度。

如果自定义渐变形式和色彩，可单击"点按可编辑渐变"按钮 ，在弹出的"渐变编辑器"对话框中进行设置，如图 4-84 所示。

在"渐变编辑器"对话框中，单击颜色编辑框下方的

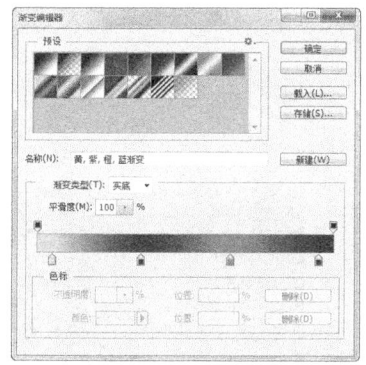

图 4-84

适当位置，可以增加颜色色标，如图 4-85 所示。颜色可以进行调整，可以在对话框下方的"颜色"选项中选择颜色，或双击刚建立的颜色色标，弹出"拾色器（色标颜色）"对话框，如图 4-86 所示，在其中选择适合的颜色，单击"确定"按钮，颜色即可改变。颜色的位置也可以进行调整，在"位置"选项的数值框中输入数值或用鼠标直接拖曳颜色色标，都可以调整颜色的位置。

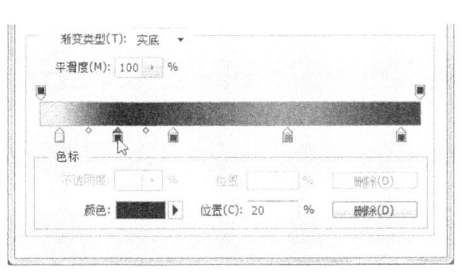

图 4-85

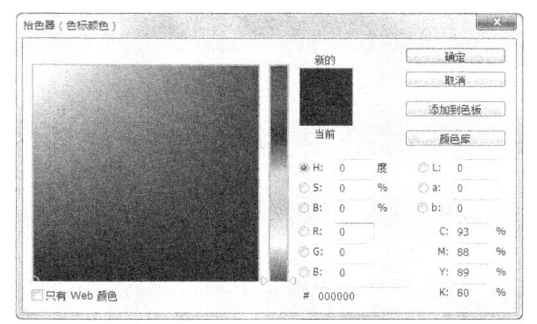

图 4-86

任意选择一个颜色色标，如图 4-87 所示，单击对话框下方的"删除"按钮 删除(D) ，或按 Delete 键，可以将颜色色标删除，如图 4-88 所示。

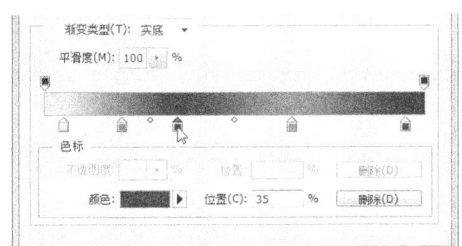

图 4-87

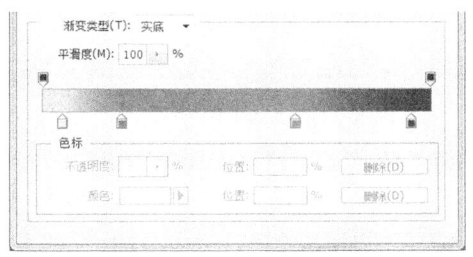

图 4-88

在对话框中单击颜色编辑框左上方的黑色色标，如图 4-89 所示，调整"不透明度"选项的数值，可以使开始的颜色到结束的颜色显示为半透明的效果，如图 4-90 所示。

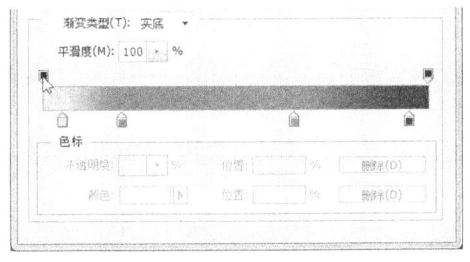

图 4-89

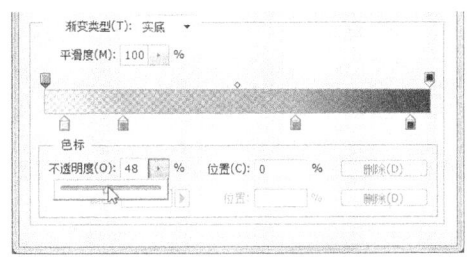

图 4-90

在对话框中单击颜色编辑框的上方，出现新的色标，如图 4-91 所示，调整"不透明度"选项的数值，可以使新色标的颜色向两边的颜色出现过渡式的半透明效果，如图 4-92 所示。如果想删除新的色标，单击对话框下方的"删除"按钮 删除(D) ，或按 Delete 键，即可将其删除。

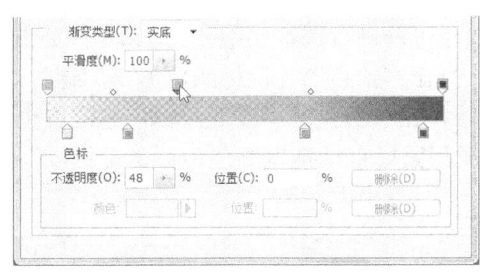

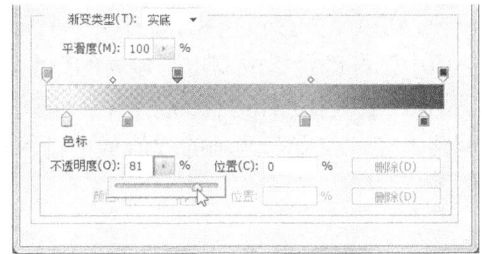

图 4-91 图 4-92

4.4 填充命令与描边命令

应用填充命令和定义图案命令可以为图像添加颜色和定义好的图案效果，应用描边命令可以为图像描边。

4.4.1 课堂案例——制作新婚卡片

【案例学习目标】应用填充命令和定义图案命令制作卡片，使用填充和描边命令制作图形。

【案例知识要点】使用自定形状工具绘制图形，使用定义图案命令定义图案，使用填充命令为选区填充颜色，效果如图4-93所示。

【效果所在位置】光盘/Ch04/效果/制作新婚卡片.psd。

图 4-93

（1）按 Ctrl＋O 组合键，打开光盘中的 "Ch04 > 素材 > 制作新婚卡片 > 02" 文件，如图 4-94 所示。

（2）新建图层生成 "图层 1"。将前景色设为粉红色（其 R、G、B 的值分别为 255、228、242）。选择 "自定形状" 工具 ，单击属性栏中的 "形状" 选项，弹出 "形状" 面板，在面板中选中需要的图形，如图 4-95 所示。在属性栏中的 "选择工具模式" 选项中选择 "像素"，按住 Shift 键的同时，在图像窗口中拖曳鼠标绘制图形，效果如图 4-96 所示。

图 4-94 图 4-95 图 4-96

（3）按住 Alt 键的同时，拖曳图像到适当的位置，复制图像。按 Ctrl+T 组合键，在图形周围出现变换框，将鼠标光标放在变换框的控制手柄外边，光标变为旋转图标 ，拖曳鼠标将图形旋转到适当的角度，并调整其大小及位置，按 Enter 键确认操作，效果如图 4-97 所示。用相同方法绘制另一个心形，效果如图 4-98 所示。

（4）在 "图层" 控制面板中，选择 "图层 1" 图层，按住 Shift 键的同时，单击 "图层 1 副本 2" 图层，将两个图层之间的图层同时选取。按 Ctrl+E 组合键，合并图层并将其命名为 "图案"，如图 4-99 所示。单击 "背景" 图层左侧的眼睛图标 ，将 "背景" 图层隐藏，如图 4-100 所示。

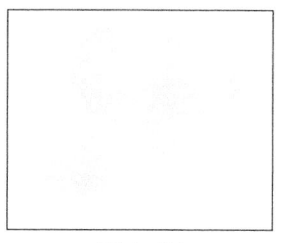

<table>
<tr><td>图 4-97</td><td>图 4-98</td><td>图 4-99</td><td>图 4-100</td></tr>
</table>

（5）选择"矩形选框"工具 ⬚ ，在图像窗口中绘制矩形选区，如图 4-101 所示。选择"编辑 > 定义图案"命令，弹出"图案名称"对话框，设置如图 4-102 所示，单击"确定"按钮。按 Delete 键，删除选区中的图像。按 Ctrl+D 组合键，取消选区。单击"背景"图层左侧的眼睛图标 ◉ ，显示出隐藏的图层。

<table>
<tr><td>图 4-101</td><td>图 4-102</td></tr>
</table>

（6）单击"图层"控制面板下方的"创建新的填充或调整图层"按钮 ◉ ，在弹出的菜单中选择"图案"命令，弹出"图案填充"对话框，设置如图 4-103 所示，单击"确定"按钮，图像效果如图 4-104 所示。

（7）按 Ctrl + O 组合键，打开光盘中的"Ch04 > 素材 > 制作新婚卡片 > 02、03"文件，选择"移动"工具 ⊹ ，分别将 02、03 文字拖曳到图像窗口的适当位置，效果如图 4-105 所示，在"图层"控制面板中分别生成新图层并将其命名为"装饰"、"文字"。新婚卡片制作完成。

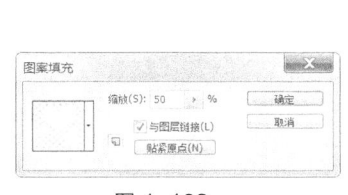

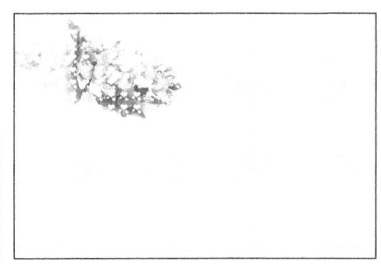

<table>
<tr><td>图 4-103</td><td>图 4-104</td><td>图 4-105</td></tr>
</table>

4.4.2 填充命令

填充命令可以对选定的区域进行填色。

选择"编辑 > 填充"命令，弹出"填充"对话框，如图 4-106 所示。使用：用于选择填充方式，包括使用前景色、背景色、颜色、内容识别、图案、历史记录、黑色、50%灰色、白色进行填充。模式：用于设置填充模式。不透明度：用于调整不透明度。

填充颜色：在图片上绘制选区，选择"编辑 > 填充"命令，弹出"填充"对话框，进行设置后效果如图 4-107 所示，单击"确定"按钮，填充的效果如图 4-108 所示。

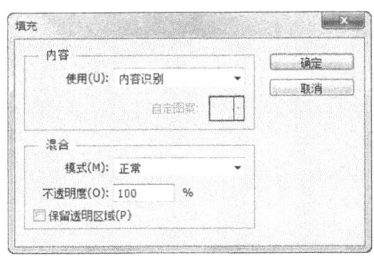
图 4-106

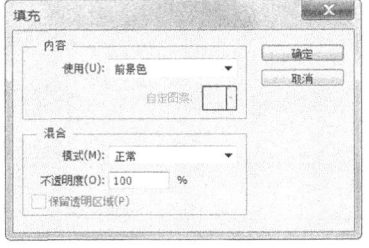
图 4-107

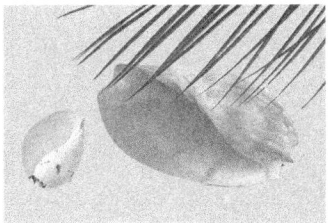
图 4-108

多学一招　　按 Alt+Backspace 组合键，将使用前景色填充选区或图层。按 Ctrl+Backspace 组合键，将使用背景色填充选区或图层。按 Delete 键，将删除选区中的图像，露出背景色或下面的图像。

4.4.3　定义图案

定义图案命令可以将选中的图像定义为图案，并用此图案进行填充。

在图像上绘制出要定义为图案的选区，如图 4-109 所示。隐藏除图案所在图层外的所有图层。选择"编辑 > 定义图案"命令，弹出"图案名称"对话框，如图 4-110 所示，单击"确定"按钮，图案定义完成。按 Ctrl+D 组合键，取消选区。

图 4-109

图 4-110

选择"编辑 > 填充"命令，弹出"填充"对话框，在"自定图案"选择框中选择新定义的图案，如图 4-111 所示，单击"确定"按钮，图案填充的效果如图 4-112 所示。

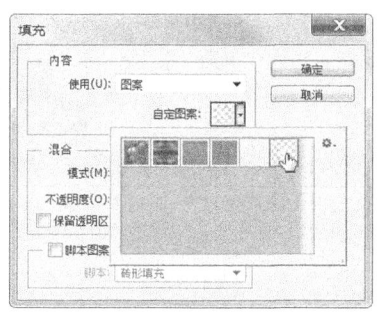
图 4-111

图 4-112

在"填充"对话框的"模式"选项中选择不同的填充模式，如图 4-113 所示，单击"确定"按钮，填充的效果如图 4-114 所示。

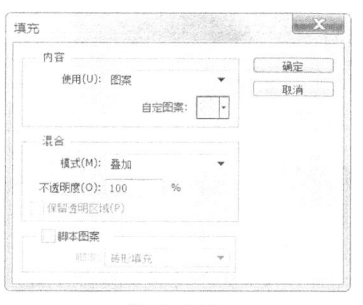

图 4-113

图 4-114

4.4.4 描边命令

描边命令可以将选定区域的边缘用前景色描绘出来。

选择"编辑 > 描边"命令，弹出"描边"对话框，如图 4-115 所示。

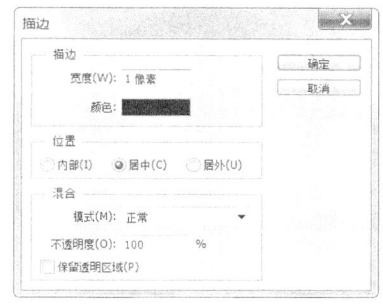

图 4-115

描边：用于设定边线的宽度和边线的颜色。位置：用于设定所描边线相对于区域边缘的位置，包括内部、居中和居外 3 个选项。混合：用于设置描边模式和不透明度。

选中要描边的图形，生成选区，效果如图 4-116 所示。选择"编辑 > 描边"命令，弹出"描边"对话框，如图 4-117 所示进行设定，单击"确定"按钮，按 Ctrl+D 组合键，取消选区，文字描边后的效果如图 4-118 所示。

图 4-116

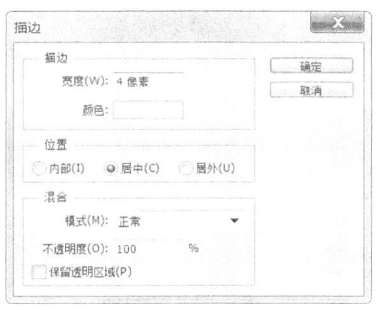

图 4-117

图 4-118

如果在"描边"对话框中，将"模式"选项设置为"叠加"，如图 4-119 所示，单击"确定"按钮，按 Ctrl+D 组合键，取消选区，文字描边的效果如图 4-120 所示。

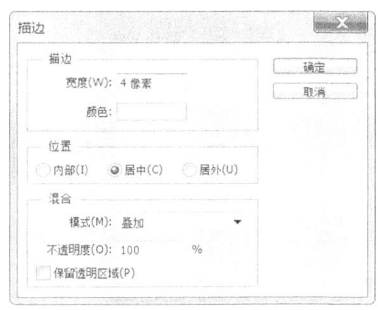

图 4-119

图 4-120

4.5　课堂练习——制作水果油画

【练习知识要点】使用历史记录艺术画笔工具制作涂抹效果，使用色相/饱和度命令调整图片颜色，使用去色命令将图片去色，使用浮雕效果滤镜为图片添加浮雕效果，使用横排文字工具添加文字。

【素材所在位置】光盘/Ch04/素材/制作水果油画/01。

【效果所在位置】光盘/Ch04/效果/制作水果油画.psd，效果如图 4-121 所示。

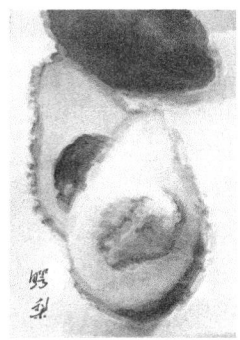

图 4-121

4.6　课后习题——制作电视机

【习题知识要点】使用定义图案命令和不透明度命令制作背景纹理，使用圆角矩形工具、矩形工具、椭圆工具和图层样式命令制作按钮图形，使用椭圆工具、蒙版按钮和渐变工具制作高光图形，使用横排文字工具和图层样式命令添加文字。

【素材所在位置】光盘/Ch04/素材/制作电视机/01。

【效果所在位置】光盘/Ch04/效果/制作电视机.psd，效果如图 4-122 所示。

图 4-122

PART 5

第 5 章
修饰图像

本章介绍

　　本章将主要介绍 Photoshop CS6 修饰图像的方法与技巧。通过本章的学习，要了解和掌握修饰图像的基本方法与操作技巧，应用相关工具快速地仿制图像、修复污点、消除红眼，把有缺陷的图像修复完整。

学习目标

- 掌握修复与修补工具的运用方法。
- 掌握图案图章工具、颜色替换工具的使用技巧。
- 掌握仿制图章工具、红眼工具、模糊工具污点修复画笔工具的使用技巧。
- 掌握锐化工具、加深工具、减淡工具的使用技巧。
- 掌握海绵工具、涂抹工具、橡皮擦工具的使用技巧。

技能目标

- 掌握"风景插画"的修复方法和技巧。
- 掌握"人物照片"的修复方法和技巧。
- 掌握"装饰画"的制作方法。
- 掌握"祝福文字"的制作方法。

5.1 修复与修补工具

修图工具用于对图像的细微部分进行修整，是在处理图像时不可缺少的工具。

5.1.1 课堂案例——修复风景插画

【案例学习目标】学习使用修图工具修复图像。

【案例知识要点】使用修补工具修复图像，如图5-1所示。

【效果所在位置】光盘/Ch05/效果/修复风景插画.psd。

（1）按Ctrl+O组合键，打开光盘中的"Ch05 > 素材 > 修复风景插画 > 01"文件，如图5-2所示。

（2）选择"修补"工具 ，在属性栏中的设置如图5-3所示，在图像窗口中拖曳鼠标圈选白色区域，生成选区，如图5-4所示。在选区中单击并按住鼠标不放，将选区拖曳到左下方适当的位置，如

图5-1

图5-5所示，松开鼠标，选区中的白色图像被新放置的选区位置的图像所修补。按Ctrl+D组合键，取消选区，效果如图5-6所示。

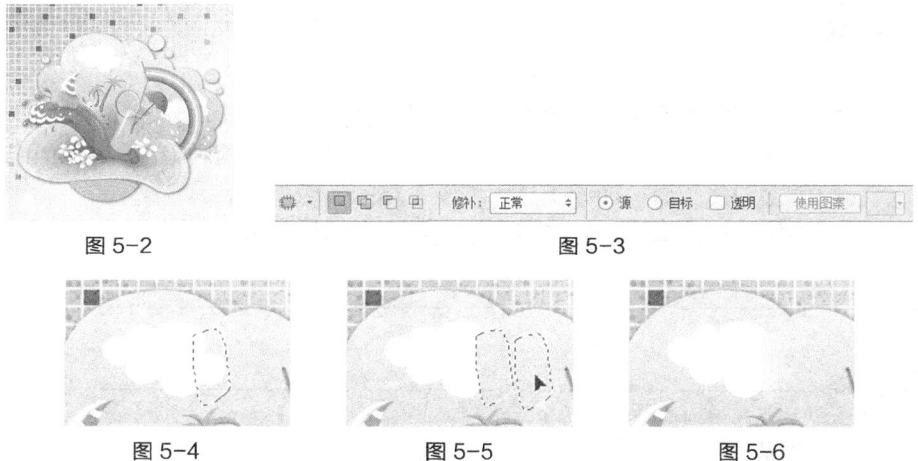

图5-2   图5-3

图5-4   图5-5   图5-6

（3）再次选择"修补"工具 ，在图像窗口中拖曳鼠标圈选白色区域，如图5-7所示。在选区中单击并按住鼠标不放，将选区拖曳到窗口中无白色的位置，如图5-8所示，释放鼠标，选区中的白色图像被新放置的选区位置的的图像所修补。按Ctrl+D组合键，取消选区，效果如图5-9所示。

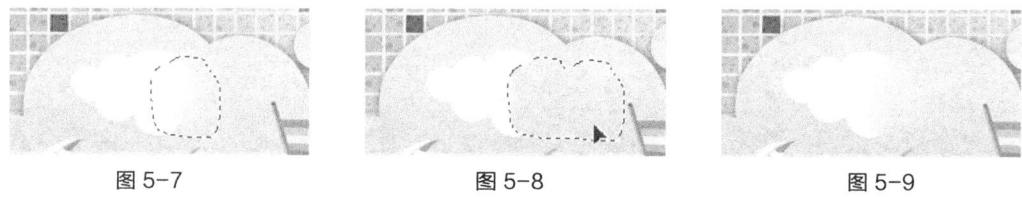

图5-7   图5-8   图5-9

（4）用相同的方法去除图像窗口中的其他白色部分，效果如图5-10所示。按Ctrl+O组合键，打开光盘中的"Ch05 > 素材 > 修复风景插画 > 02"文件。选择"移动"工具 ，将02图片拖曳到01图像窗口中适当的位置，效果如图5-11所示，风景插画修复完成。

图 5-10   图 5-11

5.1.2　修补工具

修补工具可以用图像中的其他区域来修补当前选中的需要修补的区域，也可以使用图案来修补区域。

选择"修补"工具 ，或反复按 Shift+J 组合键，其属性栏状态如图 5-12 所示。

图 5-12

新选区 ：去除旧选区，绘制新选区。添加到选区 ：在原有选区的上面再增加新的选区。从选区减去 ：在原有选区上减去新选区的部分。与选区交叉 ：选择新旧选区重叠的部分。

用"修补"工具 在图像中绘制选区，如图 5-13 所示。选择修补工具属性栏中的"源"选项，在选区中单击并按住鼠标不放，移动鼠标将选区中的图像拖曳到需要的位置，如图 5-14 所示。释放鼠标，选区中的图像被新放置的选区位置的图像所修补，效果如图 5-15 所示。

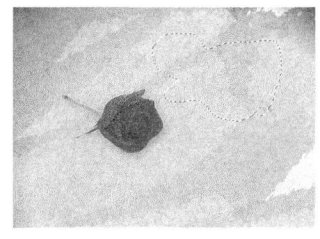

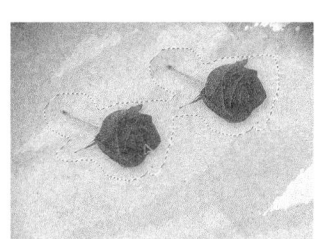

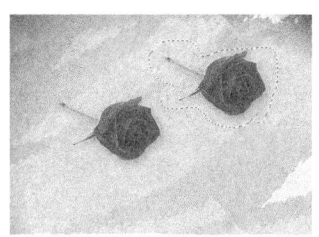

图 5-13   图 5-14   图 5-15

按 Ctrl+D 组合键，取消选区，修补的效果如图 5-16 所示。选择修补工具属性栏中的"目标"选项，用"修补"工具 圈选图像中的区域，如图 5-17 所示，再将选区拖曳到要修补的图像区域，如图 5-18 所示，圈选区域中的图像修补了现在的图像，如图 5-19 所示。按 Ctrl+D 组合键，取消选区，修补效果如图 5-20 所示。

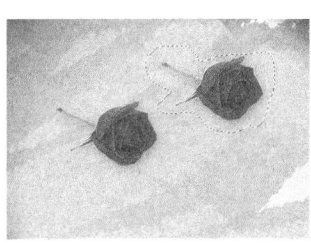

图 5-16   图 5-17   图 5-18

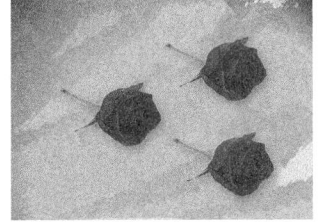

图 5-19　　　　　　　　　　　　图 5-20

5.1.3　修复画笔工具

选择"修复画笔"工具，或反复按 Shift+J 组合键，属性栏状态如图 5-21 所示。

图 5-21

模式：在其弹出菜单中可以选择复制像素或填充图案与底图的混合模式。源：选择"取样"选项后，按住 Alt 键，鼠标光标变为圆形十字图标，单击定下样本的取样点，释放鼠标，在图像中要修复的位置单击并按住鼠标不放，拖曳鼠标复制出取样点的图像；选择"图案"选项后，在"图案"面板中选择图案或自定义图案来填充图像。对齐：勾选此复选框，下一次的复制位置会和上次的完全重合。图像不会因为重新复制而出现错位。

设置修复画笔：可以选择修复画笔的大小。单击"画笔"选项右侧的按钮，在弹出的"画笔"面板中，可以设置画笔的直径、硬度、间距、角度、圆度和压力大小，如图 5-22 所示。

使用修复画笔工具："修复画笔"工具可以将取样点的像素信息非常自然地复制到图像的破损位置，并保持图像的亮度、饱和度、纹理等属性。使用"修复画笔"工具修复照片的过程如图 5-23~图 5-25 所示。

图 5-22

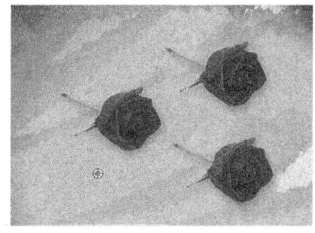

图 5-23　　　　　　　　　　图 5-24　　　　　　　　　　图 5-25

5.1.4　图案图章工具

图案图章工具可以以预先定义的图案为复制对象进行复制。选择"图案图章"工具，或反复按 Shift+S 组合键，其属性栏状态如图 5-26 所示。

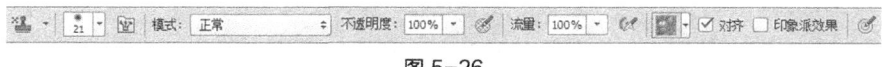

图 5-26

在要定义为图案的图像上绘制矩形选区，如图 5-27 所示。选择"编辑 > 定义图案"命令，弹出"图案名称"对话框，如图 5-28 所示，单击"确定"按钮，定义选区中的图像为图案。

| 图 5-27 | 图 5-28 |

在图案图章工具属性栏中选择定义好的图案，如图 5-29 所示，按 Ctrl+D 组合键，取消图像中的选区。选择"图案图章"工具 ，在合适的位置单击并按住鼠标不放，拖曳鼠标复制出定义好的图案，效果如图 5-30 所示。

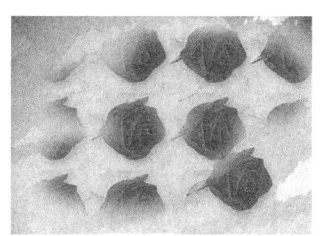

| 图 5-29 | 图 5-30 |

知识提示　在图像上绘制选区定义图案时，只能通过绘制矩形选区来定义图像。

5.1.5　颜色替换工具

颜色替换工具能够简化图像中特定颜色的替换。可以使用校正颜色在目标颜色上绘画。颜色替换工具不适用于"位图"、"索引"或"多通道"颜色模式的图像。

选择"颜色替换"工具 ，其属性栏状态如图 5-31 所示。

图 5-31

原始图像的效果如图 5-32 所示，调出"颜色"控制面板和"色板"控制面板，在"颜色"控制面板中设置前景色，如图 5-33 所示，在"色板"控制面板中单击"创建前景色的新色板"按钮 ，将设置的前景色存放在控制面板中，如图 5-34 所示。

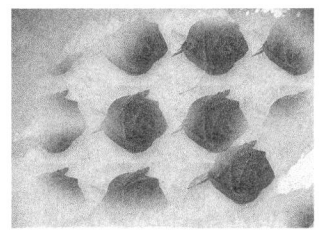
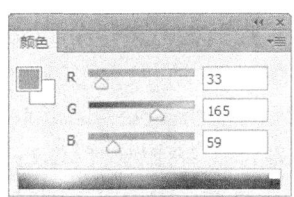
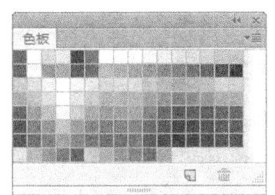

| 图 5-32 | 图 5-33 | 图 5-34 |

选择"颜色替换"工具 ，在属性栏中进行设置，如图 5-35 所示，在图像上需要上色

的区域直接涂抹，进行上色，效果如图 5-36 所示。

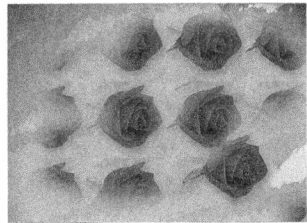

图 5-35 　　　　　　　　　　　　　　　图 5-36

5.1.6　课堂案例——修复人物照片

【案例学习目标】学习利用多种修图工具修复人物照片。

【案例知识要点】使用缩放命令调整图像大小，使用红眼工具去除人物红眼，使用仿制图章工具修复人物图像上的斑纹，使用模糊工具模糊图像，使用污点修复画笔工具修复人物脖子上的斑纹，效果如图 5-37 所示。

【效果所在位置】光盘/Ch05/效果/修复人物照片.psd。

1．修复人物红眼

（1）按 Ctrl + O 组合键，打开光盘中的"Ch05 > 素材 > 修复人物照片 > 01"文件，如图 5-38 所示。选择"缩放"工具 ，在图像窗口中鼠标光标变为放大工具图标 ，单击鼠标将图像放大，效果如图 5-39 所示。

图 5-37

（2）选择"红眼"工具 ，属性栏中的设置为默认值，在人物眼睛上的红色区域单击鼠标，去除红眼，效果如图 5-40 所示。

图 5-38 　　　　　　　图 5-39 　　　　　　　图 5-40

2．修复人物脸部斑纹

（1）选择"仿制图章"工具 ，在属性栏中单击"画笔"选项右侧的按钮 ，弹出画笔选择面板，在面板中选择需要的画笔形状，将"大小"选项设为 35 像素，如图 5-41 所示。将仿制图章工具放在脸部需要取样的位置，按住 Alt 键，鼠标光标变为圆形十字图标 ，如图 5-42 所示，单击鼠标确定取样点。将鼠标光标放置在需要修复的斑纹上，如图 5-43 所示，单击鼠标去掉斑纹，效果如图 5-44 所示。用相同的方法，去除人物脸部的所有斑纹，效果如图 5-45 所示。

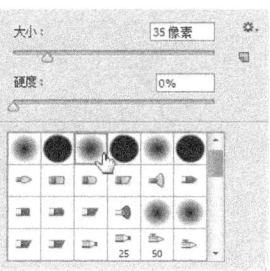

图 5-41

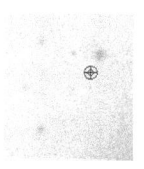

| 图 5-42 | 图 5-43 | 图 5-44 | 图 5-45 |

（2）选择"模糊"工具 ，在属性栏中将"强度"选项设为 100%，如图 5-46 所示。单击"画笔"选项右侧的按钮 ，弹出画笔选择面板，在面板中选择需要的画笔形状，将"大小"选项设为 200 像素，如图 5-47 所示。在人物脸部涂抹，让脸部图像变得自然柔和，效果如图 5-48 所示。

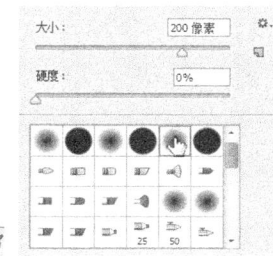

| 图 5-46 | 图 5-47 | 图 5-48 |

（3）选择"缩放"工具 ，在图像窗口中单击鼠标将图像放大，效果如图 5-49 所示。选择"污点修复画笔"工具 ，单击"画笔"选项右侧的按钮 ，弹出画笔选择面板，在面板中进行设置，如图 5-50 所示。用鼠标在斑纹上单击，如图 5-51 所示，斑纹被清除，如图 5-52 所示。用相同的方法清除脖子上的其他斑纹。人物照片效果修复完成，如图 5-53 所示。

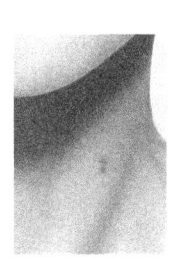
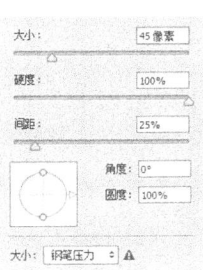
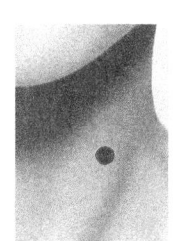
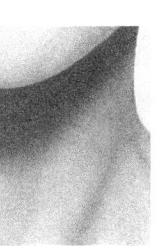

| 图 5-49 | 图 5-50 | 图 5-51 | 图 5-52 | 图 5-53 |

5.1.7 仿制图章工具

仿制图章工具可以以指定的像素点为复制基准点，将其周围的图像复制到其他地方。选择"仿制图章"工具 ，或反复按 Shift+S 组合键，其属性栏状态如图 5-54 所示。

图 5-54

画笔：用于选择画笔。模式：用于选择混合模式。不透明度：用于设定不透明度。流量：

用于设定扩散的速度。对齐：用于控制是否在复制时使用对齐功能。

选择"仿制图章"工具 ，将"仿制图章"工具 放在图像中需要复制的位置，按住 Alt 键，鼠标光标变为圆形十字图标 ，单击定下取样点，释放鼠标，在合适的位置单击，可仿制出取样点的图像，用相同的方法可多次仿制，原图像与修改后的图像效果如图 5-55 和图 5-56 所示。

图 5-55  图 5-56

5.1.8 红眼工具

红眼工具可去除用闪光灯拍摄的人物照片中的红眼，也可以去除用闪光灯拍摄的照片中的白色或绿色反光。

选择"红眼"工具 ，或反复按 Shift+J 组合键，其属性栏状态如图 5-57 所示。

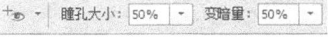

图 5-57

瞳孔大小：用于设置瞳孔的大小。变暗量：用于设置瞳孔的暗度。

5.1.9 模糊工具

模糊工具可以使图像的色彩变模糊。

选择"模糊"工具 ，其属性栏状态如图 5-58 所示。

图 5-58

画笔：用于选择画笔的形状。模式：用于设定模式。强度：用于设定压力的大小。

对所有图层取样：用于确定模糊工具是否对所有可见层起作用。

选择"模糊"工具 ，在属性栏中如图 5-59 所示进行设定，在图像中单击并按住鼠标不放，拖曳鼠标使图像产生模糊的效果。原图像和模糊后的图像效果如图 5-60 和图 5-61 所示。

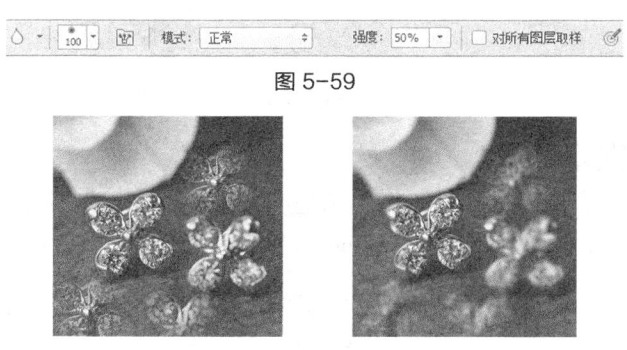

图 5-59

图 5-60 图 5-61

5.1.10 污点修复画笔工具

污点修复画笔工具工作方式与修复画笔工具相似，使用图像中的样本像素进行绘画，并将样本像素的纹理、光照、透明度和阴影与所修复的像素相匹配。污点修复画笔工具不需要制定样本点，将自动从所修复区域的周围取样。

选择"污点修复画笔"工具，或反复按 Shift+J 组合键，其属性栏状态如图 5-62 所示。

图 5-62

原始图像如图 5-63 所示，选择"污点修复画笔"工具，在"污点修复画笔"工具属性栏中，如图 5-64 所示进行设定，在要修复的污点图像上拖曳鼠标，如图 5-65 所示，释放鼠标，污点被去除，效果如图 5-66 所示。

图 5-63   图 5-64

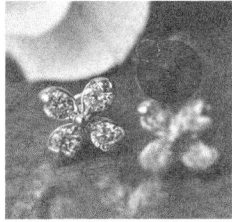   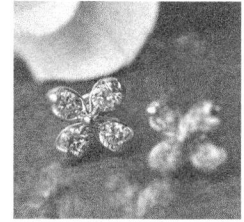

图 5-65   图 5-66

5.2 修饰工具

修饰工具用于对图像进行修饰，使图像产生不同的变化效果。

5.2.1 课堂案例——制作装饰画

【案例学习目标】使用多种修饰工具调整图像颜色。

【案例知识要点】使用加深工具、减淡工具、锐化工具和模糊工具制作图像，效果如图 5-67 所示。

【效果所在位置】光盘/Ch05/效果/制作装饰画.psd。

（1）按 Ctrl + O 组合键，打开光盘中的"Ch05 > 素材 > 制作装饰画 > 01、02"文件。选择"移动"工具，将 02 图片拖曳到 01 图像窗口中适当的位置，如图 5-68 所示，在"图层"控制面板中生成新的图层并将其命名为"小熊"。

（2）选择"减淡"工具，在属性栏中单击"画笔"选项右侧的

图 5-67

按钮 ，弹出画笔选择面板，在面板中选择需要的画笔形状，将"大小"选项设为 60 像素，如图 5-69 所示。在小熊图像中适当的位置拖曳鼠标，效果如图 5-70 所示。

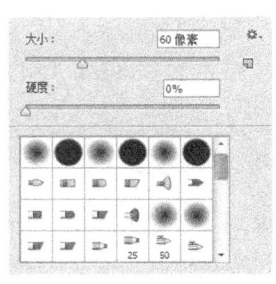

图 5-68   图 5-69   图 5-70

（3）选择"加深"工具 ，在属性栏中单击"画笔"选项右侧的按钮 ，弹出画笔选择面板，在面板中选择需要的画笔形状，将"大小"选项设为 45 像素，如图 5-71 所示。在小熊图像中适当的位置拖曳鼠标，效果如图 5-72 所示。

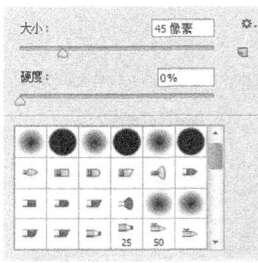

图 5-71   图 5-72

（4）选择"锐化"工具 ，在属性栏中单击"画笔"选项右侧的按钮 ，弹出画笔选择面板，在面板中选择需要的画笔形状，将"大小"选项设为 60 像素，如图 5-73 所示。在小熊图像中适当的位置拖曳鼠标，效果如图 5-74 所示。

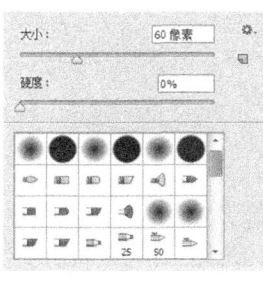

图 5-73   图 5-74

（5）选择"模糊"工具 ，在属性栏中单击"画笔"选项右侧的按钮 ，弹出画笔选择面板，在面板中选择需要的画笔形状，将"大小"选项设为 20 像素，如图 5-75 所示。在小熊图像中适当的位置拖曳鼠标，效果如图 5-76 所示。

（6）按 Ctrl + O 组合键，打开光盘中的"Ch05 > 素材 > 制作装饰画 > 03"文件，选择"移动"工具 ，将文字拖曳到图像窗口的左上方，如图 5-77 所示，在"图层"控制面板中生成新的图层并将其命名为"文字"。装饰画效果制作完成。

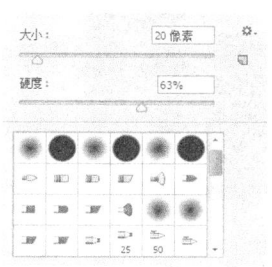

图 5-75   图 5-76   图 5-77

5.2.2 锐化工具

锐化工具可以使图像的色彩感变强烈。

选择"锐化"工具 △ ，其属性栏状态如图 5-78 所示。其属性栏中的内容与模糊工具属性栏的选项内容类似。

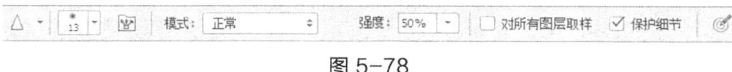

图 5-78

选择"锐化"工具 △ ，在锐化工具属性栏中，如图 5-79 所示进行设定，在图像中的文字上单击并按住鼠标不放，拖曳鼠标使文字图像产生锐化的效果。原图像和锐化后的图像效果如图 5-80 和图 5-81 所示。

图 5-79

图 5-80   图 5-81

5.2.3 加深工具

加深工具可以使图像的区域变暗。

选择"加深"工具 ，或反复按 Shift+O 组合键，其属性栏状态如图 5-82 所示。其属性栏中的内容与减淡工具属性栏选项内容的作用正好相反。

图 5-82

选择"加深"工具 ，在加深工具属性栏中，如图 5-83 所示进行设定，在图像中的文字上单击并按住鼠标不放，拖曳鼠标使文字图像产生加深的效果。原图像和加深后的图像效果如图 5-84 和图 5-85 所示。

图 5-83

图 5-84

图 5-85

5.2.4 减淡工具

减淡工具可以使图像的亮度提高。

选择"减淡"工具 🔍，或反复按 Shift+O 组合键，其属性栏状态如图 5-86 所示。

图 5-86

画笔：用于选择画笔的形状。范围：用于设定图像中所要提高亮度的区域。曝光度：用于设定曝光的强度。

选择"减淡"工具 🔍，在减淡工具属性栏中，如图 5-87 所示进行设定，在图像中的文字上单击并按住鼠标不放，拖曳鼠标使文字图像产生减淡的效果。原图像和减淡后的图像效果如图 5-88 和图 5-89 所示。

图 5-87

图 5-88   图 5-89

5.2.5 海绵工具

选择"海绵"工具 🔘，或反复按 Shift+O 组合键，其属性栏状态如图 5-90 所示。

图 5-90

画笔：用于选择画笔的形状。模式：用于设定饱和度处理方式。流量：用于设定扩散的速度。

选择"海绵"工具 🔘，在海绵工具属性栏中，如图 5-91 所示进行设定，在图像中的文字上单击并按住鼠标不放，拖曳鼠标使文字图像增加色彩饱和度。原图像和使用海绵工具后的图像效果如图 5-92、图 5-93 所示。

图 5-91

图 5-92   图 5-93

5.2.6　涂抹工具

涂抹工具：选择"涂抹"工具 ，其属性栏状态如图 5-94 所示。其属性栏中的内容与模糊工具属性栏的选项内容类似，增加的"手指绘画"复选框，用于设定是否按前景色进行涂抹。

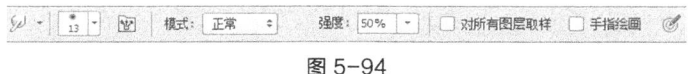

图 5-94

使用涂抹工具：选择"涂抹"工具 ，在涂抹工具属性栏中，如图 5-95 所示进行设定，在图像中的文字边缘单击并按住鼠标不放，拖曳鼠标使文字边缘产生涂抹效果。原图像和涂抹后的图像效果如图 5-96 和图 5-97 所示。

图 5-95

图 5-96   图 5-97

5.3　橡皮擦工具

擦除工具包括橡皮擦工具、背景橡皮擦工具和魔术橡皮擦工具，应用擦除工具可以擦除指定图像的颜色，还可以擦除颜色相近区域中的图像。

5.3.1　课堂案例——制作祝福文字

【案例学习目标】学习使用绘图工具绘制图形，使用擦除工具擦除多余的图像。

【案例知识要点】使用直线工具绘制线条，使用横排文字工具添加文字，使用橡皮擦工具擦除不需要的图像，使用自定形状工具制作装饰图形，使用矩形选框工具绘制装饰线条，如图 5-98 所示。

【效果所在位置】光盘/Ch05/效果/制作祝福文字.psd。

（1）按 Ctrl + O 组合键，打开光盘中的"Ch05 > 素材 > 制作祝福

图 5-98

文字 > 01"文件，如图 5-99 所示。

（2）将前景色设为白色。选择"横排文字"工具 T ，在图像窗口中鼠标光标变为 I 图标，单击鼠标，此时出现一个文字的插入点，输入需要的文字，并分别选取文字，在属性栏中选择合适的字体并设置大小，文字效果如图 5-100 所示，在控制面板中生成新的文字图层，如图 5-101 所示。

（3）选择"温馨祝福"文字图层，单击鼠标右键，在弹出的菜单中选择"栅格化文字"命令。选择"橡皮擦"工具 ⬜ ，在属性栏中单击"画笔"选项右侧的按钮 ，在弹出的"画笔"选择面板中选择需要的画笔形状，将"大小"选项设为 45px。在文字上拖曳鼠标，擦除不需要的图像，效果如图 5-102 所示。

图 5-99 　　　　　 图 5-100 　　　　　 图 5-101 　　　　　 图 5-102

（4）新建图层并将其命名为"线条"。选择"直线"工具 ／ ，在属性栏中将"粗细"选项设为23px，在属性栏中的"选择工具模式"选项中选择"像素"，在图像窗口中适当的位置绘制直线，如图5-103所示。选择"移动"工具 ⊹ ，按住 Alt 键的同时分别拖曳直线到适当的位置，复制图像，效果如图5-104所示，在"图层"控制面板中生成新的副本图层。

（5）按住 Shift 键的同时，选择"线条"图层，将两个图层之间的图层同时选取。按 Ctrl+E 组合键，合并图层并将其命名为"线条"。选择"直线"工具 ／ ，适当调整属性栏中的"粗细"选项，在图像窗口中绘制线条，效果如图5-105所示。

图 5-103 　　　　　　　 图 5-104 　　　　　　　 图 5-105

（6）新建图层并将其命名为"心形"。选择"自定形状"工具 ⬚ ，单击属性栏中的"形状"选项，弹出"形状"面板，在面板中选中需要的图形，如图5-106所示。在属性栏中的"选择工具模式"选项中选择"路径"，按住 Shift 键的同时，在图像窗口中拖曳鼠标绘制图形，效果如图5-107所示。

（7）按 Ctrl+Enter 组合键，将路径转换为选区。选择"编辑 > 描边"命令，在弹出的对话框中进行设置，如图5-108所示，单击"确定"按钮，按 Ctrl+D 组合键，取消选区，效果如图5-109所示。

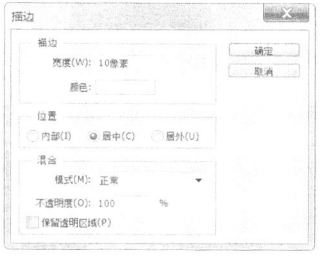

图 5-106   图 5-107   图 5-108   图 5-109

（8）按 Ctrl+T 组合键，在图形周围出现变换框，将光标放置在变换框的外边，当光标变为旋转图标↰，拖曳鼠标将图形旋转到适当的角度，按 Enter 键确定操作，效果如图5-110所示。

图 5-110   图 5-111

（9）选择"移动"工具 ，按住 Alt 键的同时，拖曳图像到适当的位置，复制图像，调整图像大小并将其旋转到适当的角度，效果如图5-111所示。

（10）新建图层并将其命名为"心形1"。选择"自定形状"工具 ，在属性栏中的"选择工具模式"选项中选择"像素"，按住 Shift 键的同时，在图像窗口中拖曳鼠标绘制图形，按 Ctrl+T 组合键，将图像旋转到适当的角度，效果如图5-112所示。

（11）选择"移动"工具 ，按住 Alt 键的同时，拖曳图像到适当的位置，复制图像，并调整其大小，效果如图5-113所示。

（12）选择"横排文字"工具 ，在属性栏中选择合适的字体并设置大小，在图像窗口中输入需要的文字，如图 5-114 所示，在"图层"控制面板中生成新的文字图层。

图 5-112   图 5-113   图 5-114

（13）将"心形1 副本"图层拖曳到"图层"控制面板下方的"创建新图层"按钮 上进行复制，生成新的副本图层。选择"移动"工具 ，拖曳复制的图像到适当的位置，并将其旋转到适当的角度，效果如图5-115所示。

（14）选择"横排文字"工具 ，在属性栏中选择合适的字体并设置大小，输入需要的文字，如图 5-116 所示，在"图层"控制面板中生成新的文字图层。选取需要的文字，按住 Alt 键的同时，拖曳文字到适当的位置，复制文字，效果如图 5-117 所示。

图 5-115   图 5-116   图 5-117

（15）在"图层"控制面板上方，将"文字"图层的"填充"选项设为 50%，如图 5-118 所示，按 Enter 键，图像效果如图 5-119 所示。

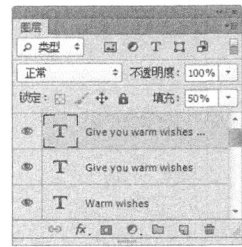

图 5-118　　　　　　　　　　　　　图 5-119

（16）使用相同的方法复制文字，在"图层"控制面板上方，将文字图层的"填充"选项设为 25%，如图 5-120 所示，图像窗口中的效果如图 5-121 所示。

图 5-120　　　　　　　　　　　　　图 5-121

（17）将前景色设为紫色（其 R、G、B 的值分别为 162、26、86）。选择"横排文字"工具 T，在适当的位置分别输入需要的文字，选取文字，在属性栏中选择合适的字体并设置大小，如图 5-122 所示，在"图层"控制面板中分别生成新的文字图层。

（18）选中"GIVE YOU…"文字图层，单击"图层"控制面板下方的"添加图层样式"按钮 fx，在弹出的菜单中选择"渐变叠加"命令，弹出"图层样式"对话框，单击渐变选项右侧的"点按可编辑渐变"按钮，弹出"渐变编辑器"对话框，在"位置"选项中分别输入 46、50、77 三个位置点，分别设置三个位置点颜色的 RGB 值为 46（143、15、69），50（214、86、132），77（143、15、69），如图 5-123 所示，单击"确定"按钮，返回到"图层样式"对话框，其他选项的设置如图 5-124 所示，单击"确定"按钮，效果如图 5-125 所示。祝福文字制作完成，如图 5-126 所示。

图 5-122　　　　　　　　　　　　　图 5-123

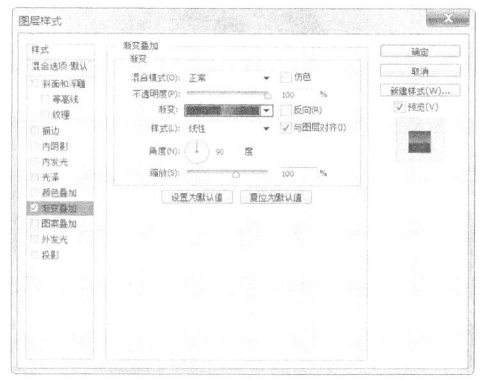
图 5-124

图 5-125

图 5-126

5.3.2 橡皮擦工具

橡皮擦工具可以用背景色擦除背景图像或用透明色擦除图层中的图像。

选择"橡皮擦"工具 ，或反复按 Shift+E 组合键，其属性栏状态如图 5-127 所示。

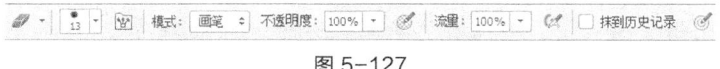
图 5-127

画笔：用于选择橡皮擦的形状和大小。模式：用于选择擦除的笔触方式。不透明度：用于设定不透明度。流量：用于设定扩散的速度。抹到历史记录：用于确定以"历史"控制面板中确定的图像状态来擦除图像。

使用橡皮擦工具：选择"橡皮擦"工具 ，在图像中单击并按住鼠标拖曳，可以擦除图像。用背景色的白色擦除图像后效果如图 5-128 所示。用透明色擦除图像后效果如图 5-129 所示。

图 5-128

图 5-129

5.3.3 背景色橡皮擦工具

背景色橡皮擦工具可以用来擦除指定的颜色，指定的颜色显示为背景色。选择"背景橡皮擦"工具 ，或反复按 Shift+E 组合键，其属性栏状态如图 5-130 所示。

图 5-130

画笔：用于选择橡皮擦的形状和大小。限制：用于选择擦除界限。容差：用于设定容差值。保护前景色：用于保护前景色不被擦除。

使用背景色橡皮擦工具：选择"背景橡皮擦"工具 ，在背景色橡皮擦工具属性栏中，如图 5-131 所示进行设定，在图像中使用背景色橡皮擦工具擦除图像，擦除前后的对比效果如图 5-132 和图 5-133 所示。

图 5-131

图 5-132   图 5-133

5.3.4　魔术橡皮擦工具

魔术橡皮擦工具：魔术橡皮擦工具可以自动擦除颜色相近区域中的图像。选择"魔术橡皮擦"工具，或反复按 Shift+E 组合键，其属性栏状态如图 5-134 所示。

图 5-134

容差：用于设定容差值，容差值的大小决定"魔术橡皮擦"工具擦除图像的面积。消除锯齿：用于消除锯齿。连续：作用于当前层。对所有图层取样：作用于所有层。不透明度：用于设定不透明度。

使用魔术橡皮擦工具：选择"魔术橡皮擦"工具，魔术橡皮擦工具属性栏中的选项为默认值，用"魔术橡皮擦"工具擦除图像，效果如图 5-135 所示。

图 5-135

5.4　课堂练习——清除照片中的涂鸦

【练习知识要点】使用修复画笔工具清除杂物。

【素材所在位置】光盘/Ch05/素材/清除照片中的涂鸦/01。

【效果所在位置】光盘/Ch05/效果/清除照片中的涂鸦.psd，效果如图 5-136 所示。

图 5-136

5.5 课后习题——花中梦精灵

【习题知识要点】使用红眼工具去除孩子的红眼。使用加深工具和减淡工具改变花图形的颜色。

【素材所在位置】光盘/Ch05/素材/花中梦精灵/01~03。

【效果所在位置】光盘/Ch05/效果/花中梦精灵.psd，效果如图 5-137 所示。

图 5-137

PART 6

第6章
编辑图像

本章介绍

本章将主要介绍 Photoshop CS6 编辑图像的基础方法，包括应用图像编辑工具、调整图像的尺寸、移动或复制选区中的图像、裁剪图像、变换图像等。通过本章的学习，可以了解并掌握图像的编辑方法和应用技巧，快速地应用命令对图像进行适当的编辑与调整。

学习目标

- 掌握注释类工具的使用方法。
- 掌握标尺工具的使用方法。
- 掌握抓手工具的使用方法。
- 掌握选区中图像的移动、复制、删除、变换的使用方法。
- 掌握图像的裁切和变换的使用方法。

技能目标

- 掌握"油画展示效果"的制作方法。
- 掌握"科技效果图"的制作方法。
- 掌握"书籍立体效果图"的制作方法。

6.1 图像编辑工具

使用图像编辑工具对图像进行编辑和整理，可以提高用户编辑和处理图像的效率。

6.1.1 课堂案例——制作油画展示效果

【案例学习目标】学习使用图像编辑工具对图像进行裁剪。

【案例知识要点】使用标尺工具、任意角度命令、裁剪工具制作风景照片，使用注释工具为图像添加注释，效果如图 6-1 所示。

图6-1

【效果所在位置】光盘/Ch06/效果/制作油画展示效果.psd。

（1）按 Ctrl+O 组合键，打开光盘中的"Ch06 > 素材 > 制作油画展示效果 > 03"文件，如图 6-2 所示。选择"标尺"工具 ，在图像窗口的左侧单击鼠标确定测量的起点，向右拖曳鼠标出现测量的线段，再次单击鼠标，确定测量的终点，如图 6-3 所示。

（2）选择"图像 > 图像旋转 > 任意角度"命令，在弹出的"旋转画布"对话框中进行设置，如图 6-4 所示，单击"确定"按钮，效果如图 6-5 所示。

图6-2

图6-3

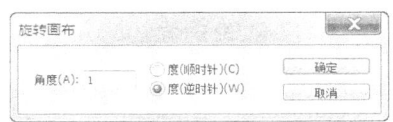

图6-4

图6-5

（3）选择"裁剪"工具 ，在图像窗口中拖曳鼠标，绘制矩形裁切框，如图 6-6 所示，按 Enter 键确认操作，效果如图 6-7 所示。

图6-6

图6-7

（4）按 Ctrl+O 组合键，打开光盘中的"Ch06 > 素材 > 制作油画展示效果 > 01"文件，选择"移动"工具  ，将 03 图形拖曳到 01 图像窗口中，并调整其大小和位置，效果如图 6-8 所示。在"图层"控制面板中生成新的图层并将其命名为"油画"。

（5）按 Ctrl+O 组合键，打开光盘中的"Ch06 > 素材 > 制作油画展示效果 > 02"文件，选择"移动"工具  ，将 02 图形拖曳到 01 图像窗口中，并调整其大小和位置，效果如图 6-9 所示。在"图层"控制面板中生成新的图层并将其命名为"画框"。

图 6-8   图 6-9

（6）将前景色设为米色（其 R、G、B 的值分别为 200、178、139）。选择"横排文字"工具 ，在属性栏中选择合适的字体并设置大小，输入需要的文字，效果如图 6-10 所示。在"图层"控制面板中生成新的文字图层。

（7）按 Ctrl+T 组合键，文字周围出现变换框，将鼠标光标放在变换框控制手柄的附近，光标变为旋转图标 ，拖曳鼠标将文字旋转到适当的角度，按 Enter 键确定操作，效果如图 6-11 所示。

图 6-10   图 6-11

（8）选择"注释"工具 ，在图像窗口中单击鼠标，弹出"注释"控制面板，在面板中输入文字，如图 6-12 所示。快乐油画展示效果制作完成，效果如图 6-13 所示。

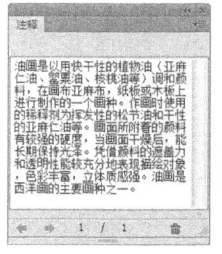 

图 6-12   图 6-13

6.1.2　注释类工具

注释类工具可以为图像增加文字注释。

注释工具：选择"注释"工具 ，或反复按 Shift+I 组合键，其属性栏状态如图 6-14 所示。

图 6-14

作者：用于输入作者姓名。颜色：用于设置注释窗口的颜色。清除全部：用于清除所有注释。显示或隐藏注释面板按钮 ：用于打开注释面板，编辑注释文字。

6.1.3　标尺工具

标尺工具可以在图像中测量任意两点之间的距离，并可以用来测量角度。选择"标尺"工具 ，或反复按 Shift+I 组合键，其属性栏状态如图 6-15 所示。

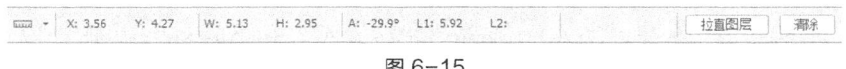
图 6-15

6.1.4　抓手工具

选择"抓手"工具 ，在图像中鼠标光标变为抓手 ，在放大的图像中拖曳鼠标，可以观察图像的每个部分，效果如图 6-16 所示。直接用鼠标拖曳图像周围的垂直和水平滚动条，也可观察图像的每个部分，效果如图 6-17 所示。

图 6-16

图 6-17

多学一招　　　如果正在使用其他的工具进行工作，按住 Spacebar 键，可以快速切换到"抓手"工具 。

6.2　编辑选区中的图像

在 Photoshop CS6 中，可以非常便捷地移动、复制和删除选区中的图像。

6.2.1　课堂案例——制作科技效果图

【案例学习目标】学习使用移动工具移动、复制图像。

【案例知识要点】使用移动工具和复制命令制作装饰图形，使用橡皮擦工具擦除不需要的图像，如图 6-18 所示。

【效果所在位置】光盘/Ch06/效果/制作科技效果图.psd。

（1）按 Ctrl+O 组合键，打开光盘中的"Ch06 > 素材 > 制作科技效果图 > 01"文件，如图 6-19 所示。

（2）新建图层生成"图层 1"。将前景色设为白色。选择"圆角矩形"工具 ，在属性栏中的"选择工具模式"选项

图 6-18

中选择"像素"，将"半径"选项设为 20px，在图像窗口中绘制圆角矩形，如图 6-20 所示。

图 6-19　　　　　　　　　　　　　　图 6-20

（3）按 Ctrl+Alt+T 组合键，在图形周围出现变换框，水平向右拖曳图像到适当的位置，按 Enter 键，复制矩形，效果如图 6-21 所示。再按 6 次 Ctrl+Alt+Shift+T 组合键，复制 6 个图形，效果如图 6-22 所示。

图 6-21　　　　　　　　　　　　　　图 6-22

（4）选中"图层 1 副本"图层，按住 Shift 键的同时，单击"图层 1 副本 6"图层，将两个图层间的所有图层同时选取。选择"移动"工具，按住 Alt 键的同时，在图像窗口中垂直向下拖曳鼠标复制图形，效果如图 6-23 所示。用相同的方法选中"图层 副本 2"到"图层 副本 5"之间的所有图层，复制图形，效果如图 6-24 所示。

图 6-23　　　　　　　　　　　　　　图 6-24

（5）选中"图层 1"图层，按住 Shift 键的同时，单击"图层 1 副本 7"图层，将两个图层间的所有图层同时选取，如图 6-25 所示。按 Ctrl+E 组合键，合并图层并将其命名为"色块"。在"图层"控制面板上方，将"色块"图层的"不透明度"选项设为 47%，如图 6-26 所示，图像效果如图 6-27 所示。

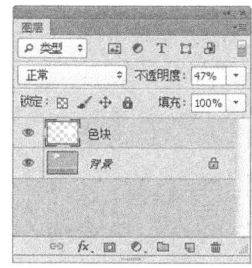

图 6-25　　　　　　　　图 6-26　　　　　　　　　　图 6-27

（6）单击"图层"控制面板下方的"添加图层样式"按钮 fx，在弹出的菜单中选择"投影"命令，弹出对话框，将投影颜色设为白色，其他选项的设置如图 6-28 所示，单击"确定"按钮，效果如图 6-29 所示。

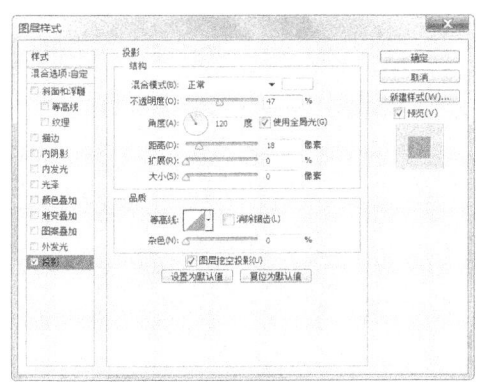

图 6-28   图 6-29

（7）按 Ctrl+O 组合键，打开光盘中的"Ch06 > 素材 > 制作科技效果图 > 02、03"文件，选择"移动"工具 ，分别将图片拖曳到图像窗口中适当的位置，如图 6-30 所示，在"图层"控制面板中分别生成新的图层并将其命名为"楼"、"盒子"。

（8）将前景色设为黑色。选择"横排文字"工具 T，在图像窗口中适当的位置分别输入需要的文字，并选取文字，在属性栏中选择合适的字体并设置大小，如图 6-31 所示，在"图层"控制面板中分别生成新的文字图层。

图 6-30   图 6-31

（9）选择"横排文字"工具 T，选取"Technology..."文字图层，选择"窗口 > 字符"命令，弹出"字符"面板，选项的设置如图 6-32 所示，效果如图 6-33 所示。

图 6-32   图 6-33

（10）选择"横排文字"工具 T ，分别选取需要的文字，设置文字填充色为白色和红色（其 R、G、B 的值分别为 207、54、40），文字效果如图 6-34 所示。科技效果图制作完成，效果如图 6-35 所示。

图 6-34   图 6-35

6.2.2　选区中图像的移动

可以应用移动工具将图层中的整幅图像或选定区域中的图像移动到指定位置。

在同一文件中移动图像：绘制选区后的图像如图 6-36 所示。选择"移动"工具 ⊕ ，将光标置于选区中，光标变为 图标，拖曳鼠标移动选区中的图像，效果如图 6-37 所示。

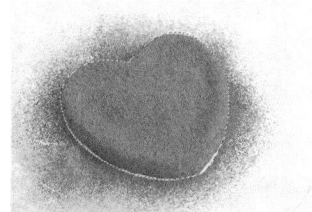

图 6-36   图 6-37

在不同文件中移动图像：选择"移动"工具 ⊕ ，将光标置于选区中，拖曳鼠标将选区中的图像移动到新的文件中，如图 6-38 所示，松开鼠标，效果如图 6-39 所示。

图 6-38   图 6-39

6.2.3　选区中图像的复制

可以应用菜单命令或快捷键将需要的图像复制出一个或多个。

要在操作过程中随时按需要复制图像，就必须掌握复制图像的方法。在复制图像前，要选择将复制的图像区域，如果不选择图像区域，将不能复制图像。

使用移动工具复制图像：绘制选区后的图像如图 6-40 所
示。选择"移动"工具 ，将鼠标放在选区中，鼠标光标变
为 图标，如图 6-41 所示，按住 Alt 键，鼠标光标变为 图
标，如图 6-42 所示，单击鼠标并按住不放，拖曳选区中的图
像到适当的位置，释放鼠标和 Alt 键，图像复制完成，效果如
图 6-43 所示。

图 6-40

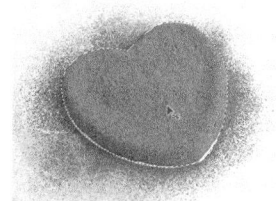

图 6-41

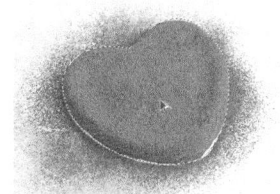

图 6-42

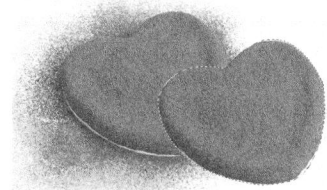

图 6-43

使用菜单命令复制图像：使用"椭圆选框"工具 选中要复制的图像区域，如图 6-44
所示，选择"编辑 > 拷贝"命令或按 Ctrl+ C 组合键，将选区中的图像复制，这时屏幕上的
图像并没有变化，但系统已将拷贝的图像复制到剪贴板中。

选择"编辑 > 粘贴"命令或按 Ctrl+V 组合键，将剪贴板中的图像粘贴在图像的新图层
中，复制的图像在原图的上方，如图 6-45 所示，使用"移动"工具 可以移动复制出的图
像，效果如图 6-46 所示。

图 6-44

图 6-45

图 6-46

6.2.4　选区中图像的删除

在删除图像前，需要选择要删除的图像区域，如果不选择图像区域，将不能删除图像。

使用菜单命令删除图像：在需要删除的图像上绘制选区，如图 6-47 所示，选择"编辑 >
清除"命令，将选区中的图像删除，按 Ctrl+D 组合键，取消选区，效果如图 6-48 所示。

知识提示

删除后的图像区域由背景色填充。如果在某一图层中，删除后的图像区域
将显示下面一层的图像。

使用快捷键删除图像：在需要删除的图像上绘制选区，按 Delete 键或 Backspace 键，可以
将选区中的图像删除。按 Alt+Delete 组合键或 Alt+Backspace 组合键，也可将选区中的图像删
除，删除后的图像区域由前景色填充。

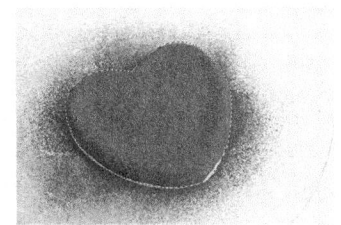

图 6-47 图 6-48

6.2.5 选区中图像的变换

使用菜单命令变换图像的选区：在操作过程中可以根据设计和制作需要变换已经绘制好的选区。在图像中绘制选区后，选择"编辑 > 自由变换"或"变换"命令，可以对图像的选区进行各种变换。"变换"命令的下拉菜单如图 6-49 所示。

在图像中绘制选区，如图 6-50 所示。选择"缩放"命令，拖曳控制手柄，可以对图像选区自由地缩放，如图 6-51 所示。选择"旋转"命令，旋转控制手柄，可以对图像选区自由地旋转，如图 6-52 所示。

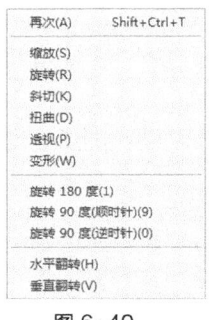

图 6-49 图 6-50 图 6-51 图 6-52

选择"斜切"命令，拖曳控制手柄，可以对图像选区进行斜切调整，如图 6-53 所示。选择"扭曲"命令，拖曳控制手柄，可以对图像选区进行扭曲调整，如图 6-54 所示。选择"透视"命令，拖曳控制手柄，可以对图像选区进行透视调整，如图 6-55 所示。选择"旋转 180 度"命令，可以将图像选区旋转 180 度，如图 6-56 所示。

图 6-53 图 6-54 图 6-55 图 6-56

选择"旋转 90 度（顺时针）"命令，可以将图像选区顺时针旋转 90°，如图 6-57 所示。选择"旋转 90 度（逆时针）"命令，可以将图像选区逆时针旋转 90°，如图 6-58 所示。选择"水平翻转"命令，可以将图像水平翻转，如图 6-59 所示。选择"垂直翻转"命令，可以将图像垂直翻转，如图 6-60 所示。

图 6-57　　　　　　　图 6-58　　　　　　　图 6-59　　　　　　　图 6-60

使用快捷键变换图像的选区：在图像中绘制选区，按 Ctrl+T 组合键，选区周围出现控制手柄，拖曳控制手柄，可以对图像选区自由地缩放。按住 Shift 键的同时，拖曳控制手柄，可以等比例缩放图像选区。

如果在变换后仍要保留原图像的内容，按 Ctrl+Alt+T 组合键，选区周围出现控制手柄，向选区外拖曳选区中的图像，会复制出新的图像，原图像的内容将被保留，效果如图 6-61 所示。

按 Ctrl+T 组合键，选区周围出现控制手柄，将鼠标放在控制手柄外边，鼠标光标变为↰图标，旋转控制手柄可以将图像旋转，效果如图 6-62 所示。如果旋转之前改变旋转中心的位置，旋转图像的效果将随之改变，如图 6-63 所示。

　　　图 6-61　　　　　　　　　　图 6-62　　　　　　　　　　图 6-63

按住 Ctrl 键的同时，任意拖曳变换框的 4 个控制手柄，可以使图像任意变形，效果如图 6-64 所示。按住 Alt 键的同时，任意拖曳变换框的 4 个控制手柄，可以使图像对称变形，效果如图 6-65 所示。

按住 Ctrl+Shift 组合键，拖曳变换框中间的控制手柄，可以使图像斜切变形，效果如图 6-66 所示。按住 Ctrl+Shift+Alt 组合键，任意拖曳变换框的 4 个控制手柄，可以使图像透视变形，效果如图 6-67 所示。按住 Shift+Ctrl+T 组合键，可以再次应用上一次使用过的变换命令。

图 6-64　　　　　　　图 6-65　　　　　　　图 6-66　　　　　　　图 6-67

6.3　图像的裁切和变换

通过图像的裁切和图像的变换，可以设计制作出丰富多变的图像效果。

6.3.1　课堂案例——制作书籍立体效果图

【案例学习目标】通过使用图像的变换命令和渐变工具制作包装立体图。

【案例知识要点】使用扭曲命令扭曲变形图形，使用渐变工具为图像添加渐变效果，如图 6-68 所示。

【效果所在位置】光盘/Ch06/效果/制作书籍立体效果图.psd。

图 6-68

（1）按 Ctrl+O 组合键，打开光盘中的"Ch06 > 素材 > 制作书籍立体效果图 > 01、02"文件，图像效果如图 6-69 和图 6-70 所示。

　　　图 6-69　　　　　　　　图 6-70

（2）选择"矩形选框"工具 ，在图像窗口中绘制选区，如图 6-71 所示。选择"移动"工具 ，将选区中的图像拖曳到 01 图像窗口中，效果如图 6-72 所示，在"图层"控制面板中生成"图层 1"。

　　　图 6-71　　　　　　　　图 6-72

（3）按 Ctrl+T 组合键，在图像周围出现变换框，按住 Alt+Shift 组合键的同时，拖曳右上角的控制手柄等比例缩小图形，如图 6-73 所示。在变换框中单击鼠标右键，在弹出的菜单中选择"扭曲"命令，分别拖曳右上角和右下角的控制手柄到适当的位置，按 Enter 键确认操作，效果如图 6-74 所示。

　　　图 6-73　　　　　　　　图 6-74

（4）选择"矩形选框"工具 ，在图像窗口中绘制选区，如图 6-75 所示。选择"移动"

工具 ，将选区中的图像拖曳到 01 图像窗口中，如图 6-76 所示，在"图层"控制面板中生成"图层 2"。

图 6-75　　　　　　　　　图 6-76

（5）按 Ctrl+T 组合键，在图像周围出现变换框，等比例缩小图形并拖曳左上角和左下角的控制手柄扭曲图形，按 Enter 键确认操作，效果如图 6-77 所示。按住 Ctrl 键的同时，单击"图层 2"图层的缩览图，在图形周围生成选区，如图 6-78 所示。

图 6-77　　　　　　　　　　　　图 6-78

（6）新建图层生成"图层 3"。选择"渐变"工具 ，单击属性栏中的"点按可编辑渐变"按钮 ，弹出"渐变编辑器"对话框，在"预设"选项组中选择"前景色到背景色渐变"选项，如图 6-79 所示，单击"确定"按钮。选中属性栏中的"线性渐变"按钮，按住 Shift 键的同时，在图像窗口中从下至上拖曳渐变色，效果如图 6-80 所示。按 Ctrl+D 组合键，取消选区。

图 6-79　　　　　　　　　　　图 6-80

（7）在"图层"控制面板上方将"图层 3"图层的"不透明度"选项设为 30%，如图 6-81 所示，图像效果如图 6-82 所示。按住 Shift 键的同时，选中"图层 1"，将"图层 1"、"图层 2"和"图层 3"3 个图层同时选取，按 Ctrl+E 组合键，合并图层并将其命名为"封面"，如图 6-83 所示。

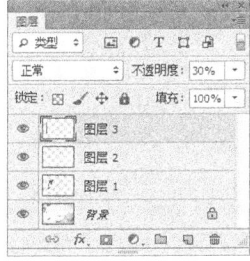

图 6-81　　　　　　　　图 6-82　　　　　　　　图 6-83

（8）单击"图层"控制面板下方的"添加图层样式"按钮 fx.，在弹出的菜单中选择"投影"命令，在弹出的对话框中进行设置，如图 6-84 所示，单击"确定"按钮，效果如图 6-85 所示。

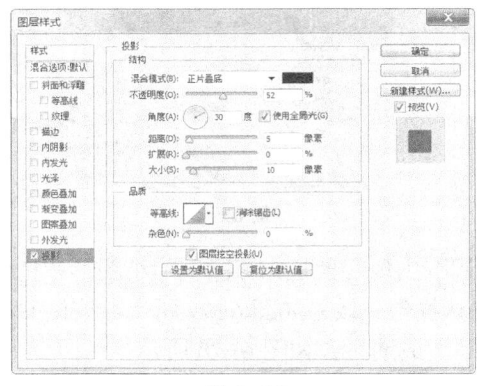

图 6-84   图 6-85

（9）选择"移动"工具 ，按住 Alt 键的同时，拖曳图形到适当的位置，复制图形，如图 6-86 所示。按 Ctrl+T 组合键，在图像周围生成变换框，拖曳控制手柄调整图形的大小及位置，按 Enter 键确认操作，效果如图 6-87 所示。用相同的方法复制封面图形并调整其大小和位置，如图 6-88 所示。

图 6-86   图 6-87   图 6-88

（10）将前景色设为红色（其 R、G、B 的值分别为 214、5、65）。选择"横排文字"工具 ，在页面中输入需要的文字，按 Ctrl+T 组合键，弹出"字符"面板，设置如图 6-89 所示，按 Enter 键，效果如图 6-90 所示，在"图层"控制面板中分别生成新的文字图层。

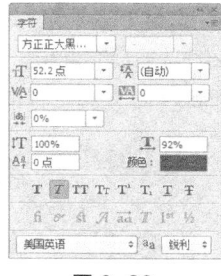   

图 6-89   图 6-90

（11）单击"图层"控制面板下方的"添加图层样式"按钮 fx.，在弹出的菜单中选择"投影"命令，在弹出的对话框中进行设置，如图 6-91 所示；选择"描边"选项，弹出相应的对话框，选项的设置如图 6-92 所示，单击"确定"按钮，效果如图 6-93 所示。

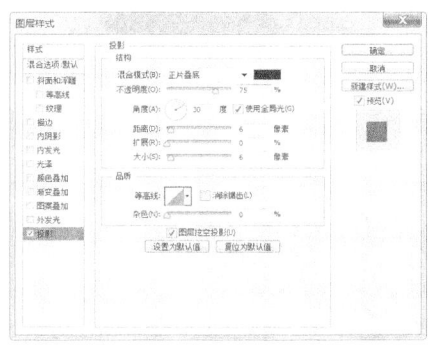
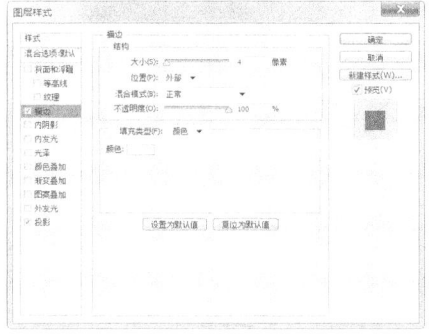

图 6-91   图 6-92   图 6-93

（12）选择"文字 ＞ 栅格化文字图层"命令，图层效果如图 6-94 所示。按 Ctrl+T 组合键，在图像周围出现变换框，在变换框中单击鼠标右键，在弹出的菜单中选择"扭曲"命令，拖曳右上角和右下角的控制手柄到适当的位置，按 Enter 键确认操作，效果如图 6-95 所示。

图 6-94   图 6-95

（13）将前景色设为黑色。选择"横排文字"工具 T，在页面中输入需要的文字，按 Ctrl+T 组合键，弹出"字符"面板，设置如图 6-96 所示，按 Enter 键，效果如图 6-97 所示，在"图层"控制面板中分别生成新的文字图层。

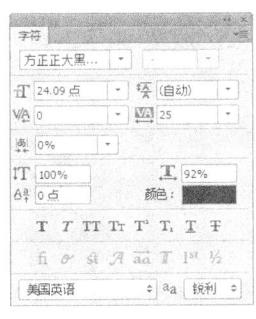

图 6-96   图 6-97

（14）单击"图层"控制面板下方的"添加图层样式"按钮 fx，在弹出的菜单中选择"描边"命令，在弹出的对话框中进行设置，如图 6-98 所示，单击"确定"按钮，效果如图 6-99 所示。

（15）选择"文字 ＞ 栅格化文字图层"命令，图层效果如图 6-100 所示。按 Ctrl+T 组合键，在图像周围出现变换框，在变换框中单击鼠标右键，在弹出的菜单中选择"扭曲"命令，拖曳右上角和右下角的控制手柄到适当的位置，按 Enter 键确认操作，效果如图 6-101 所示。书籍立体效果图制作完成。

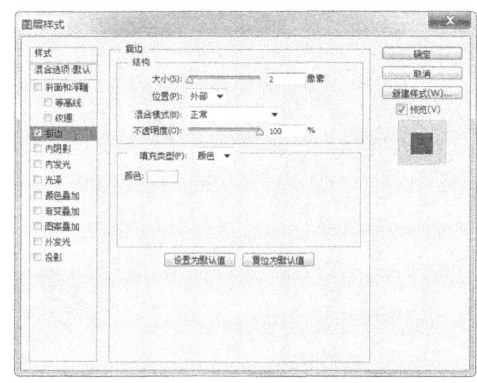

图 6-98

图 6-99

图 6-100

图 6-101

6.3.2　图像的裁切

如果图像中含有大面积的纯色区域或透明区域，可以应用裁切命令进行操作。原始图像效果如图 6-102 所示，选择"图像 > 裁切"命令，弹出"裁切"对话框，在对话框中进行设置，如图 6-103 所示，单击"确定"按钮，效果如图 6-104 所示。

透明像素：如果当前图像的多余区域是透明的，则选择此选项。左上角像素颜色：根据图像左上角的像素颜色，来确定裁切的颜色范围。右下角像素颜色：根据图像右下角的像素颜色，来确定裁切的颜色范围。裁切：用于设置裁切的区域范围。

图 6-102

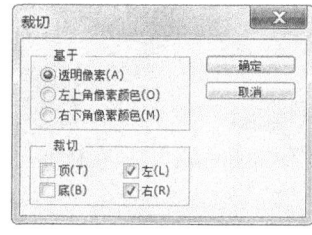

图 6-103

图 6-104

6.3.3　图像的变换

图像的变换将对整个图像起作用。选择"图像 > 图像旋转"命令，其下拉菜单如图 6-105 所示。图像变换的多种效果，如图 6-106 所示。

选择"任意角度"命令，弹出"旋转画布"对话框，如图 6-107 所示进行设置，单击"确定"按钮，图像被旋转，效果如图 6-108 所示。任意旋转图像后，若旋转的图像为背景图层，旋转出的区域由背景色填充；若旋转的图像为普通图层，旋转出的区域显示为透明。

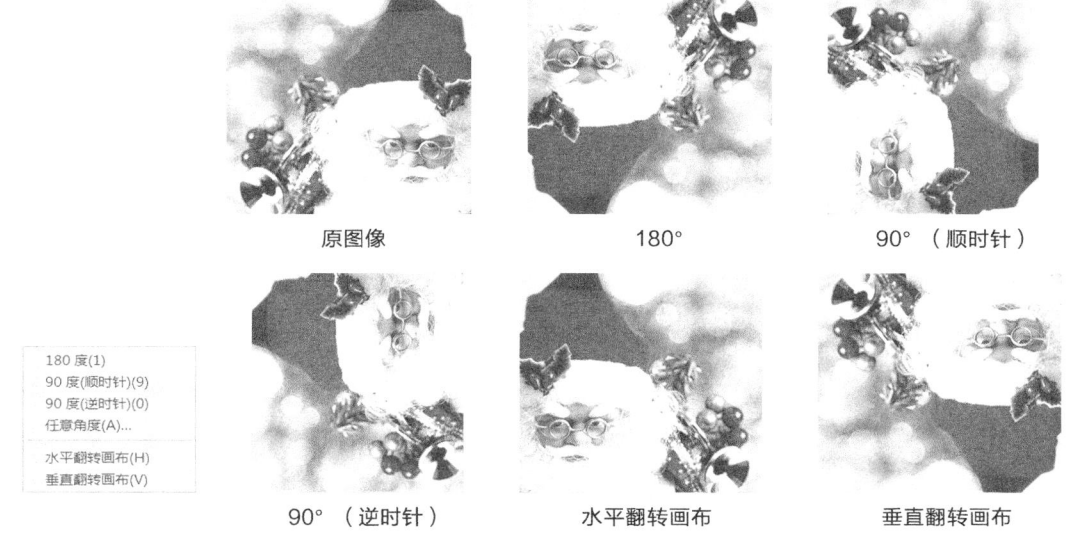

原图像　　　　　　　180°　　　　　90°（顺时针）

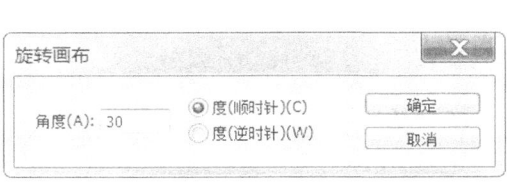

180 度(1)
90 度(顺时针)(9)
90 度(逆时针)(0)
任意角度(A)...

水平翻转画布(H)
垂直翻转画布(V)

90°（逆时针）　　　水平翻转画布　　　垂直翻转画布

图 6-105　　　　　　　　　　　　　图 6-106

旋转画布

角度(A)： 30　　　○ 度(顺时针)(C)　　　确定
　　　　　　　　　○ 度(逆时针)(W)　　　取消

图 6-107　　　　　　　　　　图 6-108

6.4　课堂练习——制作证件照

【练习知识要点】使用裁剪工具裁切照片。使用钢笔工具绘制人物轮廓。使用曲线命令调整背景的色调。使用定义图案命令定义图案。

【素材所在位置】光盘/Ch06/素材/制作证件照/01。

【效果所在位置】光盘/Ch06/效果/制作证件照.psd，效果如图 6-109 所示。

图 6-109

6.5 课后习题——制作趣味音乐

【习题知识要点】使用移动工具添加素材，使用图层的混合模式调整背景图案，使用变换命令改变图像的大小，使用选框工具和复制命令添加笑脸图形，使用横排文字工具添加文字。

【素材所在位置】光盘/Ch06/素材/制作趣味音乐/01~04。

【效果所在位置】光盘/Ch06/效果/制作趣味音乐/制作趣味音乐.psd，效果如图 6-110 所示。

图 6-110

PART 7

第 7 章
绘制图形及路径

本章介绍

　　本章将主要介绍路径的绘制、编辑方法以及图形的绘制与应用技巧。通过本章的学习，可以快速地绘制所需路径并对路径进行修改和编辑，还可应用绘图工具快速地绘制出系统自带的图形，提高了图像制作的效率。

学习目标

- 熟练掌握矩形工具、圆角矩形工具、椭圆工具的使用方法。
- 熟练掌握多边形工具、直线工具、自定形状工具的使用方法。
- 熟练掌握钢笔工具、自由钢笔工具、添加和删除锚点工具的使用方法。
- 熟练掌握添加、删除锚点工具和转换点工具的使用方法。
- 熟练掌握选区和路径的转换、路径控制面板、新建路径的使用方法。
- 熟练掌握复制、删除、重命名路径的使用方法。
- 熟练掌握路径和直接选择工具、填充路径、描边路径的使用方法。
- 了解创建 3D 图形和使用 3D 工具的方法。

技能目标

- 掌握"艺术插画"的制作方法。
- 掌握"咖啡卡"的制作方法。
- 掌握"美食宣传卡"的制作方法。

7.1　绘制图形

路径工具极大地加强了 Photoshop CS6 处理图像的功能，它可以用来绘制路径、剪切路径和填充区域。

7.1.1　课堂案例——制作艺术插画

【案例学习目标】学习使用不同的绘图工具绘制各种图形，并使用移动和复制命令调整图像的位置。

【案例知识要点】使用绘图工具绘制插画背景效果，使用投影命令为人物图片投影效果，使用圆角矩形工具、自定形状工具和创建剪贴蒙版命令绘制装饰图形，使用横排文字工具添加文字，效果如图 7-1 所示。

【效果所在位置】光盘/Ch07/效果/制作艺术插画.psd。

图 7-1

1．绘制背景图形

（1）按 Ctrl+N 组合键，新建一个文件，宽度为 13cm，高度为 15cm，分辨率为 300 像素/英寸，背景内容为白色，单击"确定"按钮。将前景色设为黄色（其 R、G、B 的值分别为 254、215、0），按 Alt+Delete 组合键，用前景色填充"背景"图层，效果如图 7-2 所示。

（2）新建图层并将其命名为"圆"。将前景色设为白色。选择"椭圆"工具 ⬭，在属性栏中的"选择工具模式"选项中选择"像素"，在图像窗口中拖曳鼠标绘制多个圆形，效果如图 7-3 所示。

图 7-2　　　　　　　　　　　图 7-3

（3）在"图层"控制面板上方，将"圆"图层的"填充"选项设为 30%，如图 7-4 所示，按 Enter 键，效果如图 7-5 所示。

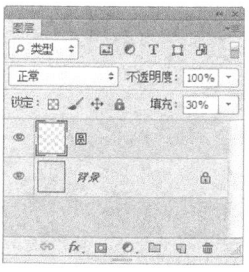　

图 7-4　　　　　　　　　　　图 7-5

（4）新建图层并将其命名为"矩形条"。选择"矩形"工具 ，在图像窗口中拖曳鼠标绘制多个矩形，效果如图7-6所示。新建图层并将其命名为"线条"。选择"直线"工具 ，在图像窗口中拖曳鼠标绘制多条直线，效果如图7-7所示。

图7-6　　　　　　　　　　图7-7

2．添加任务并绘制装饰图形

（1）按 Ctrl+O 组合键，打开光盘中的"Ch07 > 素材 > 制作艺术插画 > 01"文件，选择"移动"工具 ，将素材图片拖曳到图像窗口中适当的位置，效果如图7-8所示。在"图层"控制面板中生成新的图层并将其命名为"人物"。

（2）单击"图层"控制面板下方的"添加图层样式"按钮 ，在弹出的菜单中选择"投影"命令，在弹出的对话框中进行设置，如图7-9所示，单击"确定"按钮，效果如图7-10所示。

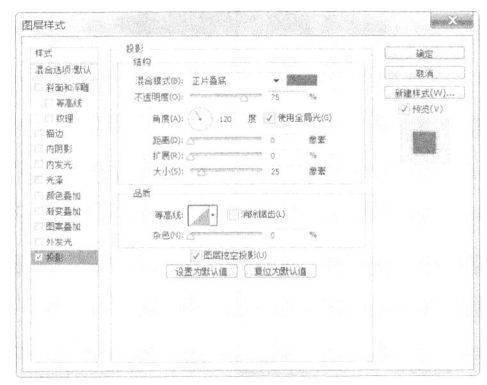

图7-8　　　　　　　　　　图7-9　　　　　　　　　　图7-10

（3）选择"移动"工具 ，选中"人物"图层，按住 Alt 键的同时，向下拖曳鼠标复制图像，在"图层"控制面板中生成新的图层并将其命名为"人物投影"。按 Ctrl+T 组合键，在图片的周围出现变换框，在变换框中单击鼠标右键，在弹出的菜单中选择"垂直翻转"命令，将图片垂直翻转，效果如图7-11所示。

（4）单击"图层"控制面板下方的"添加图层蒙版"按钮 ，为"人物投影"图层添加蒙版。将前景色设为黑色。选择"画笔"工具 ，在属性栏中单击"画笔"选项右侧的按钮 ，在弹出的面板中选择需要的画笔形状并进行设置，如图7-12所示。在图像窗口中拖曳鼠标擦除不需要的图像，效果如图7-13所示。

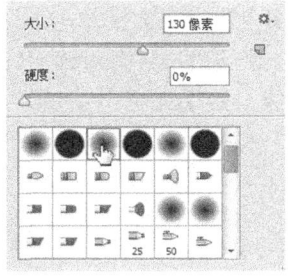

图 7-11   图 7-12   图 7-13

（5）单击"图层"控制面板下方的"创建新图层"按钮 ▫，生成新的图层并将其命名为"圆角矩形"。将前景色设为白色。选择"圆角矩形"工具 ▫，在图像窗口中拖曳鼠标绘制一个矩形，效果如图 7-14 所示。

（6）选择"移动"工具 ▸✛，按住 Alt+Shift 组合键的同时，垂直向下拖曳鼠标到适当的位置，复制一个圆角矩形，效果如图 7-15 所示。用相同的方法再复制一个圆角矩形，效果如图 7-16 所示。

（7）选择"移动"工具 ▸✛，按住 Shift 键的同时，在"图层"控制面板中将"圆角矩形"图层和副本图层同时选取，按 Ctrl+E 组合键，合并图层，如图 7-17 所示。

图 7-14   图 7-15   图 7-16   图 7-17

（8）单击"图层"控制面板下方的"添加图层样式"按钮 fx，在弹出的菜单中选择"投影"命令，弹出对话框，将投影颜色设为土黄色（其 R、G、B 的值分别为 208、178、0），其他选项的设置如图 7-18 所示，单击"确定"按钮，效果如图 7-19 所示。

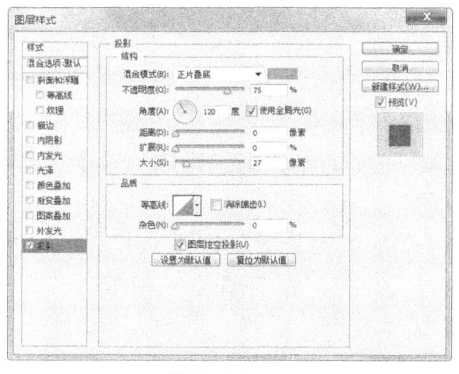

图 7-18   图 7-19

（9）新建图层并将其命名为"花"。将前景色设为蓝色（其 R、G、B 的值分别为 90、181、

212）。选择"自定形状"工具 ，单击属性栏中的"形状"选项，弹出"形状"面板，单击右上方的按钮 ✿,，在弹出的菜单中选择"装饰"选项，弹出提示对话框，单击"追加"按钮。在"形状"面板中选择需要的图形，如图 7-20 所示。按住 Shift 键的同时，拖曳鼠标绘制图形，效果如图 7-21 所示。

图 7-20　　　　　　　　　图 7-21

（10）按住 Alt 键的同时，将鼠标光标放在"花"图层和"圆角矩形"图层的中间，鼠标光标变为 ⬇□，如图 7-22 所示，单击鼠标，为花图层创建剪切蒙版，效果如图 7-23 所示。

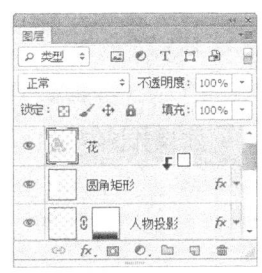

图 7-22　　　　　　　　　图 7-23

（11）新建图层并将其命名为"形状"。将前景色设为白色。选择"自定形状"工具 ，单击属性栏中的"形状"选项，弹出"形状"面板，单击右上方的按钮 ✿,，在弹出的菜单中选择"台词框"选项，弹出提示对话框，单击"追加"按钮。在"形状"面板中选择需要的图形，如图 7-24 所示，拖曳鼠标绘制图形，效果如图 7-25 所示。

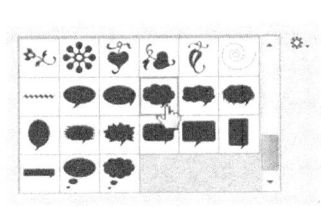

图 7-24　　　　　　　　　图 7-25

（12）将前景色设为洋红色（其 R、G、B 的值分别为 240、48、149）。选择"横排文字"工具 T，输入需要的文字并选取文字，在属性栏中选择合适的字体并设置文字大小，效果如图 7-26 所示，在"图层"控制面板中生成新的文字图层。按

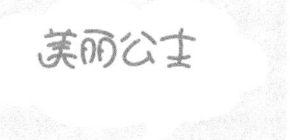

图 7-26

Ctrl+T 组合键，弹出"字符"面板，选项的设置如图 7-27 所示，按 Enter 键，效果如图 7-28 所示。

（13）将前景色设为黑色。选择"横排文字"工具 T，输入需要的文字并选取文字，在属性栏中选择合适的字体并设置文字大小，效果如图 7-29 所示，在"图层"控制面板中生成新的文字图层。

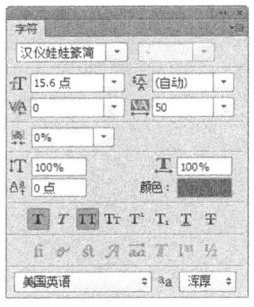

图 7-27　　　　　　　　　图 7-28　　　　　　　　　图 7-29

（14）单击"图层"控制面板下方的"创建新图层"按钮 □，生成新的图层并将其命名为"矩形"。将前景色设为白色。选择"矩形"工具 □，在图像窗口中绘制矩形，效果如图 7-30 所示。

（15）将前景色设为黑色。选择"横排文字"工具 T，分别输入需要文字并选取文字，在属性栏中分别选择合适的字体并设置文字的大小，效果如图 7-31 所示，在"图层"控制面板中生成新的文字图层。

图 7-30　　　　　　　　　　　图 7-31

（16）选中"Illustration of the world"文字图层，按 Ctrl+T 组合键，在弹出"字符"面板中进行设置，如图 7-32 所示，按 Enter 键，效果如图 7-33 所示。艺术插画制作完成。

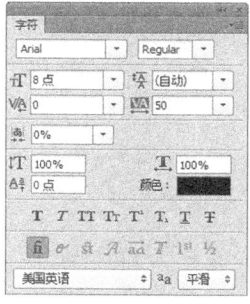

图 7-32　　　　　　　　　　图 7-33

7.1.2 矩形工具

选择"矩形"工具  ，或反复按 Shift+U 组合键，其属性栏状态如图 7-34 所示。

图 7-34

⬛ 形状 ：用于选择创建路径形状、创建工作路径或填充区域。

填充：⬛ 描边：/ 3点 ━━━ ：用于设置矩形的填充色、描边色、描边宽度和描边类型。

W: ⬚ ∞ H: ⬚ ：用于设置矩形的宽度和高度。

⬛ ▣ ▧ ：用于设置路径的组合方式、对齐方式和排列方式。

⚙ ：用于设定所绘制矩形的形状。

对齐边缘：用于设定边缘是否对齐。

原始图像效果如图 7-35 所示。在图像中绘制矩形，效果如图 7-36 所示，"图层"控制面板中的效果如图 7-37 所示。

图 7-35　　　　　　　　图 7-36　　　　　　　　图 7-37

7.1.3 圆角矩形工具

选择"圆角矩形"工具  ，或反复按 Shift+U 组合键，其属性栏如图 7-38 所示。其属性栏中的内容与"矩形"工具属性栏的选项内容类似，只增加了"半径"选项，用于设定圆角矩形的平滑程度，数值越大越平滑。

图 7-38

原始图像效果如图 7-39 所示。将半径选项设为 40px，在图像中绘制圆角矩形，效果如图 7-40 所示，"图层"控制面板中的效果如图 7-41 所示。

图 7-39　　　　　　　　图 7-40　　　　　　　　图 7-41

7.1.4　椭圆工具

选择"椭圆"工具 ，或反复按 Shift+U 组合键，其属性栏状态如图 7-42 所示。

图 7-42

原始图像效果如图 7-43 所示。在图像上绘制椭圆形，效果如图 7-44 所示，"图层"控制面板中的效果如图 7-45 所示。

图 7-43　　　　　　　　　　图 7-44　　　　　　　　　　图 7-45

7.1.5　多边形工具

选择"多边形"工具 ，或反复按 Shift+U 组合键，其属性栏状态如图 7-46 所示。其属性栏中的内容与矩形工具属性栏的选项内容类似，只增加了"边"选项，用于设定多边形的边数。

原始图像效果如图 7-47 所示。单击属性栏中的按钮 ，在弹出的面板中进行设置，如图 7-48 所示，在图像中绘制多边形，效果如图 7-49 所示，"图层"控制面板中的效果如图 7-50 所示。

图 7-46

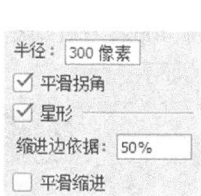

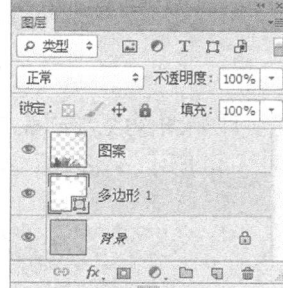

图 7-47　　　　　　图 7-48　　　　　　图 7-49　　　　　　图 7-50

7.1.6　直线工具

选择"直线"工具 ，或反复按 Shift+U 组合键，其属性栏状态如图 7-51 所示。其属性栏中的内容与矩形工具属性栏的选项内容类似，只增加了"粗细"选项，用于设定直线的宽度。

单击属性栏中的按钮 ，弹出"箭头"面板，如图 7-52 所示。

图 7-51

图 7-52

起点：用于选择箭头位于线段的始端。终点：用于选择箭头位于线段的末端。宽度：用于设定箭头宽度和线段宽度的比值。长度：用于设定箭头长度和线段长度的比值。凹度：用于设定箭头凹凸的形状。

原始图像效果如图 7-53 所示，在图像中绘制不同效果的直线，如图 7-54 所示，"图层"控制面板中的效果如图 7-55 所示。

图 7-53

图 7-54

图 7-55

多学一招

按住 Shift 键，应用直线工具绘制图形时，可以绘制水平或垂直的直线。

7.1.7　自定形状工具

选择"自定形状"工具 ，或反复按 Shift+U 组合键，其属性栏状态如图 7-56 所示。其属性栏中的内容与矩形工具属性栏的选项内容类似，只增加了"形状"选项，用于选择所需的形状。

单击"形状"选项右侧的按钮 ，弹出如图 7-57 所示的形状面板，面板中存储了可供选择的各种不规则形状。

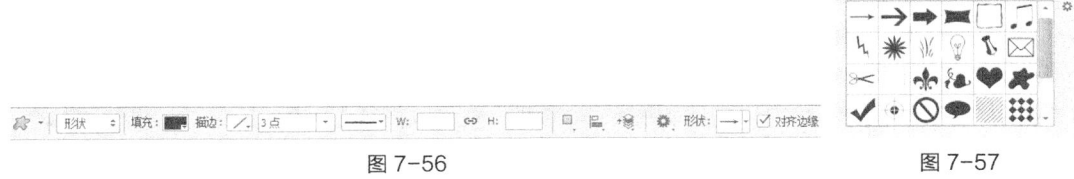

图 7-56

图 7-57

原始图像效果如图 7-58 所示。在图像中绘制形状图形，效果如图 7-59 所示，"图层"控制面板中的效果如图 7-60 所示。

106

图 7-58　　　　　　　图 7-59　　　　　　　图 7-60

可以应用定义自定形状命令来制作并定义形状。使用"钢笔"工具 在图像窗口中绘制路径并填充路径，效果如图 7-61 所示。选择"编辑 > 定义自定形状"命令，弹出"形状名称"对话框，在"名称"选项的文本框中输入自定形状的名称，如图 7-62 所示；单击"确定"按钮，在"形状"选项的面板中将会显示刚才定义的形状，如图 7-63 所示。

图 7-61　　　　　　　图 7-62　　　　　　　图 7-63

7.2　绘制和选取路径

路径对于 Photoshop CS6 高手来说确实是一个非常得力的助手。使用路径可以进行复杂图像的选取，还可以存储选取区域以备再次使用，更可以绘制线条平滑的优美图形。

7.2.1　课堂案例——制作咖啡卡

【案例学习目标】学习使用不同的绘制工具绘制并调整路径。

【案例知识要点】使用钢笔工具、添加锚点工具和转换点工具绘制路径，应用选区和路径的转换命令进行转换，应用图层样式命令为图像添加特殊效果，如图 7-64 所示。

【效果所在位置】光盘/Ch07/效果/制作咖啡卡.psd。

图 7-64

1．编辑图片并添加边框

（1）按 Ctrl + O 组合键，打开光盘中的"Ch07 > 素材 > 制作咖啡卡 > 01"文件，如图 7-65 所示。在"图层"控制面板中，将"背景"图层拖曳到控制面板下方的"创建新图层"按钮 上进行复制，生成新的副本图层，如图 7-66 所示。

（2）选择"滤镜 > 模糊 > 高斯模糊"命令，在弹出的对话框中进行设置，如图 7-67 所示，单击"确定"按钮，效果如图 7-68 所示。

图 7-65

图 7-66

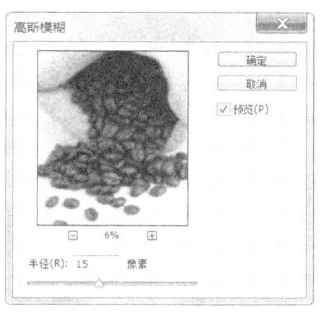

图 7-67

图 7-68

（3）单击"图层"控制面板下方的"添加图层蒙版"按钮 ，为副本图层添加蒙版，如图 7-69 所示。将前景色设为黑色。选择"画笔"工具 ，在属性栏中单击"画笔"选项右侧的按钮·，在弹出的面板中选择需要的画笔形状，将"大小"选项设为 700 像素，如图 7-70 所示，在图像窗口中拖曳鼠标擦除不需要的图像，效果如图 7-71 所示。

图 7-69

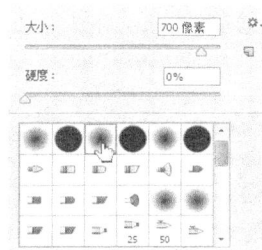

图 7-70

图 7-71

（4）新建图层并将其命名为"边框"。将前景色设为深褐色（其 R、G、B 的值分别为 44、26、11）。选择"圆角矩形"工具 ，在属性栏中将"选择工具模式"选项设为"路径"，将"半径"选项设为 100 像素，在图像窗口中绘制路径，效果如图 7-72 所示。选择"路径选择"工具 ，选取绘制的路径，效果如图 7-73 所示。

图 7-72

图 7-73

（5）选择"画笔"工具 ，单击属性栏中的"切换画笔面板"按钮 ，弹出"画笔"控制面板，选择需要的画笔形状，其他选项的设置如图 7-74 所示。在路径上单击鼠标右键，在弹出的菜单中选择"描边路径"命令，在弹出的对话框中进行设置，如图 7-75 所示，单击"确定"按钮，描边路径，效果如图 7-76 所示。

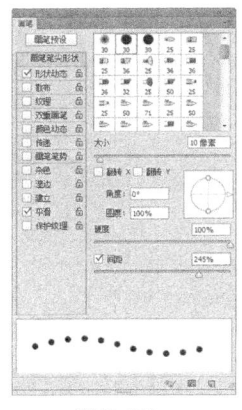

图 7-74 图 7-75 图 7-76

2．绘制路径并移动图像

（1）按 Ctrl＋O 组合键，打开光盘中的"Ch07＞ 素材 ＞ 制作咖啡卡 ＞ 02"文件，如图 7-77 所示。选择"钢笔"工具，在属性栏中的"选择工具模式"选项中选择"路径"，在图像窗口中沿着杯子轮廓单击鼠标绘制路径，如图 7-78 所示。

图 7-77 图 7-78

（2）选择"钢笔"工具，按住 Ctrl 键的同时，"钢笔"工具转换为"直接选择"工具，拖曳路径中的锚点来改变路径的弧度，再次拖曳锚点上的调节手柄改变线段的弧度，效果如图 7-79 所示。

（3）将鼠标光标移动到建立好的路径上，若当前该处没有锚点，则"钢笔"工具转换为"添加锚点"工具，如图 7-80 所示，在路径上单击鼠标添加一个锚点。

（4）选择"转换点"工具，按住 Alt 键的同时，拖曳手柄，可以任意改变调节手柄中的其中一个手柄，如图 7-81 所示。

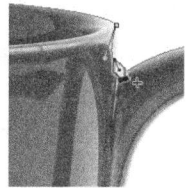

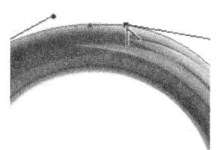

图 7-79 图 7-80 图 7-81

（5）用上述的路径工具，将路径调整得更贴近杯子的形状，图像效果如图 7-82 所示。单击"路径"控制面板下方的"将路径作为选区载入"按钮，将路径转换为选区，如图 7-83 所示。选择"移动"工具，将 02 文件选区中的图像拖曳到正在编辑的 01 文件中，如图 7-84

所示，在"图层"控制面板中生成新图层并将其命名为"咖啡杯"。

图 7-82

图 7-83

图 7-84

（6）按 Ctrl+T 组合键，在图像周围出现变换框，拖曳鼠标调整图像的大小和位置，按 Enter 键确认操作，效果如图 7-85 所示。选择"魔棒"工具，在需要的位置单击，生成选区，如图 7-86 所示。按 Delete 键，删除选区中的图像，取消选区后，效果如图 7-87 所示。

图 7-85

图 7-86

图 7-87

（7）单击"图层"控制面板下方的"添加图层样式"按钮 *fx.*，在弹出的菜单中选择"投影"命令，在弹出的对话框中进行设置，如图 7-88 所示，单击"确定"按钮，效果如图 7-89 所示。

（8）将前景色设为黄色（其 R、G、B 的值分别为 255、204、0）。选择"横排文字"工具 T,，在页面中输入需要的文字，按 Ctrl+T 组合键，弹出"字符"面板，设置如图 7-90 所示，按 Enter 键，效果如图 7-91 所示，在"图层"控制面板中分别生成新的文字图层。咖啡卡制作完成。

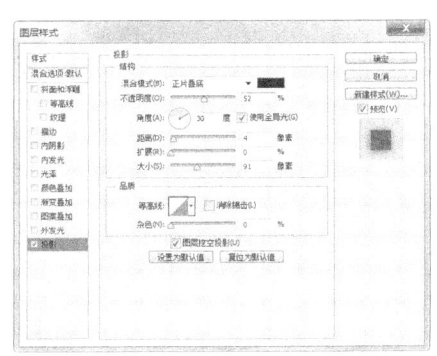

图 7-88

图 7-89

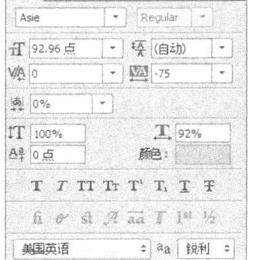

图 7-90

图 7-91

7.2.2　钢笔工具

选择"钢笔"工具 ，或反复按 Shift+P 组合键，其属性栏状态如图 7-92 所示。

图 7-92

按住 Shift 键创建锚点时，将强迫系统以 45° 或 45° 的倍数绘制路径。按住 Alt 键，当"钢笔"工具 移到锚点上时，暂时将"钢笔"工具 转换为"转换点"工具 。按住 Ctrl 键时，暂时将"钢笔"工具 转换成"直接选择"工具 。

绘制直线条：建立一个新的图像文件，选择"钢笔"工具 ，在属性栏中的"选择工具模式"选项中选择"路径"选项，"钢笔"工具 绘制的将是路径。如果选中"形状"选项，将绘制出形状图层。勾选"自动添加/删除"复选框，钢笔工具的属性栏状态如图 7-93 所示。

图 7-93

在图像中任意位置单击鼠标，创建 1 个锚点，将鼠标移动到其他位置再次单击，创建第 2 个锚点，两个锚点之间自动以直线进行连接，如图 7-94 所示。再将鼠标移动到其他位置单击，创建第 3 个锚点，而系统将在第 2 个和第 3 个锚点之间生成一条新的直线路径，如图 7-95 所示。将鼠标移至第 2 个锚点上，鼠标光标暂时转换成"删除锚点"工具 ，如图 7-96 所示，在锚点上单击，即可将第 2 个锚点删除，如图 7-97 所示。

   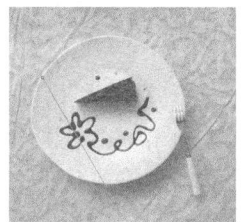

图 7-94　　　　　　图 7-95　　　　　　图 7-96　　　　　　图 7-97

绘制曲线：用"钢笔"工具 单击建立新的锚点并按住鼠标不放，拖曳鼠标，建立曲线段和曲线锚点，如图 7-98 所示。释放鼠标，按住 Alt 键的同时，用"钢笔"工具 单击刚建立的曲线锚点，如图 7-99 所示，将其转换为直线锚点，在其他位置再次单击建立下一个新的锚点，可在曲线段后绘制出直线段，如图 7-100 所示。

图 7-98　　　　　　　　图 7-99　　　　　　　　图 7-100

7.2.3　自由钢笔工具

选择"自由钢笔"工具 ，其属性栏的设置如图 7-101 所示。在盘子的上方单击鼠标确定最初的锚点，再沿图像小心地拖曳鼠标并单击，确定其他的锚点，如图 7-102 所示。若在选择中存在误差，只需使用其他的路径工具对路径进行修改就可以补救，如图 7-103 所示。

图 7-101

图 7-102　　　　　　　　　图 7-103

7.2.4　添加锚点工具

将"钢笔"工具 ◇ 移动到建立的路径上，若当前此处没有锚点，则"钢笔"工具 ◇ 转换成"添加锚点"工具 ◇+，如图 7-104 所示。在路径上单击鼠标可以添加一个锚点，效果如图 7-105 所示。将"钢笔"工具 ◇ 移动到建立的路径上，若当前此处没有锚点，则"钢笔"工具 ◇ 转换成"添加锚点"工具 ◇+，如图 7-106 所示，单击鼠标添加锚点后按住鼠标不放，向上拖曳鼠标，建立曲线段和曲线锚点，效果如图 7-107 所示。

图 7-104　　　　　　图 7-105　　　　　　图 7-106　　　　　　图 7-107

7.2.5　删除锚点工具

删除锚点工具用于删除路径上已经存在的锚点。将"钢笔"工具 ◇ 放到路径的锚点上，则"钢笔"工具 ◇ 转换成"删除锚点"工具 ◇-，如图 7-108 所示，单击锚点将其删除，如图 7-109 所示。将"钢笔"工具 ◇ 放到曲线路径的锚点上，则"钢笔"工具 ◇ 转换成"删除锚点"工具 ◇-，如图 7-110 所示，单击锚点将其删除，效果如图 7-111 所示。

图 7-108　　　　　　图 7-109　　　　　　图 7-110　　　　　　图 7-111

7.2.6　转换点工具

使用转换点工具单击或拖曳锚点可将其转换成直线锚点或曲线锚点，拖曳锚点上的调节手柄可以改变线段的弧度。

按住 Shift 键，拖曳其中的一个锚点，将强迫手柄以 45° 或 45° 的倍数进行改变。按住 Alt 键，拖曳手柄，可以任意改变两个调节手柄中的一个手柄，而不影响另一个手柄的位置。按住 Alt 键，拖曳路径中的线段，可以将路径进行复制。

使用"钢笔"工具，在图像中绘制三角形路径，如图 7-112 所示，当要闭合路径时鼠标光标变为图标，单击鼠标即可闭合路径，完成三角形路径的绘制，如图 7-113 所示。

图 7-112　　　　　　　图 7-113

选择"转换点"工具，将鼠标放置在三角形左上角的锚点上，如图 7-114 所示，单击锚点并将其向右上方拖曳形成曲线锚点，如图 7-115 所示。使用相同的方法将三角形右上角的锚点转换为曲线锚点，如图 7-116 所示。绘制完成后，路径的效果如图 7-117 所示。

图 7-114　　　　　图 7-115　　　　　图 7-116　　　　　图 7-117

7.2.7　选区和路径的转换

1．将选区转换为路径

使用菜单命令：在图像上绘制选区，如图 7-118 所示，单击"路径"控制面板右上方的图标，在弹出的菜单中选择"建立工作路径"命令，弹出"建立工作路径"对话框，在对话框中，应用"容差"选项设置转换时的误差允许范围，数值越小越精确，路径上的关键点也越多。如果要编辑生成的路径，在此处设定的数值最好为 2.0，如图 7-119 所示，单击"确定"按钮，将选区转换成路径，效果如图 7-120 所示。

使用按钮命令：单击"路径"控制面板下方的"从选区生成工作路径"按钮，将选区转换成路径。

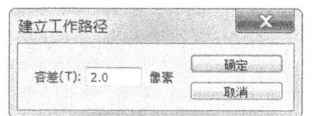

图 7-118　　　　　　　　图 7-119　　　　　　　　图 7-120

2．将路径转换为选区

使用菜单命令：在图像中创建路径，如图 7-121 所示，单击"路径"控制面板右上方的图标 ▼☰，在弹出的菜单中选择"建立选区"命令，弹出"建立选区"对话框，如图 7-122 所示。设置完成后，单击"确定"按钮，将路径转换成选区，效果如图 7-123 所示。

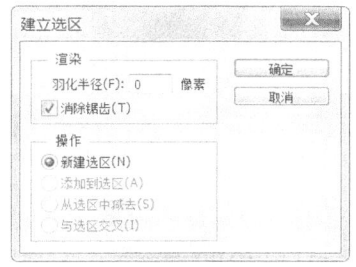

图 7-121　　　　　　　　图 7-122　　　　　　　　图 7-123

使用按钮命令：单击"路径"控制面板下方的"将路径作为选区载入"按钮 ⬚，将路径转换成选区。

7.2.8　课堂案例——制作美食宣传卡

【案例学习目标】学习使用不同的绘制工具绘制并调整路径。

【案例知识要点】使用钢笔工具、添加锚点工具和转换点工具绘制路径，使用应用选区和路径的转换命令进行转换，如图 7-124 所示。

【效果所在位置】光盘/Ch07/效果/制作美食宣传卡.psd。

图 7-124

（1）按 Ctrl+O 组合键，打开光盘中的"Ch07 > 素材 > 制作美食宣传卡 > 01"文件，如图 7-125 所示。选择"钢笔"工具 ✐，在属性栏中的"选择工具模式"选项中选择"路径"，在图像窗口中沿着蛋糕轮廓拖曳鼠标绘制路径，如图 7-126 所示。

图 7-125　　　　　　图 7-126

（2）选择"钢笔"工具 ✐，按住 Ctrl 键的同时，"钢笔"工具 ✐ 转换为"直接选择"工具 ▹，拖曳路径中的锚点改变路径的弧度，再次拖曳锚点上的调节手柄改变线段的弧度，效果如图 7-127 所示。

（3）将鼠标光标移动到建立好的路径上，若当前该处没有锚点，则"钢笔"工具 ✐ 转换

为"添加锚点"工具 ♪+，如图 7-128 所示，在路径上单击鼠标添加一个锚点。

　　　　图 7-127　　　　　　　　　图 7-128

　　（4）选择"转换点"工具 ▷，按住 Alt 键的同时，拖曳手柄，可以任意改变调节手柄中的其中一个手柄，如图 7-129 所示。用上述的路径工具，将路径调整得更贴近盒子的形状，效果如图 7-130 所示。

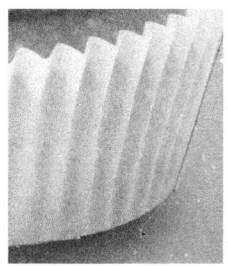　

　　　　图 7-129　　　　　　　　　图 7-130

　　（5）单击"路径"控制面板下方的"将路径作为选区载入"按钮 ⊙，将路径转换为选区，如图 7-131 所示。

　　（6）按 Ctrl+O 组合键，打开光盘中的"Ch07 > 素材 > 制作美食宣传卡 > 02"文件，如图 7-132 所示。选择"移动"工具 ▶+，将 01 文件选区中的图像拖曳到 02 文件中，效果如图 7-133 所示，在"图层"控制面板中生成新的图层并将其命名为"蛋糕"。

　　图 7-131　　　　　　　　图 7-132　　　　　　　　图 7-133

　　（7）新建图层并将其命名为"投影"。将前景色设为咖啡色（其 R、G、B 的值分别为 75、34、0）。选择"椭圆选框"工具 ◯，在图像窗口中拖曳鼠标绘制椭圆选区，如图 7-134 所示。

　　（8）按 Shift+F6 组合键，在弹出的"羽化选区"对话框中进行设置，如图 7-135 所示，单击"确定"按钮，羽化选区。按 Alt+Delete 组合键，用前景色填充选区。按 Ctrl+D 组合键，取消选区，效果如图 7-136 所示。

图 7-134　　　　　　　图 7-135　　　　　　　图 7-136

（9）在"图层"控制面板中，将"阴影"图层拖曳到"蛋糕"图层的下方，如图 7-137 所示，图像效果如图 7-138 所示。

图 7-137　　　　　　　　　图 7-138

（10）按住 Shift 键的同时，将"蛋糕"图层和"投影"图层同时选取。按 Ctrl+E 组合键，合并图层，如图 7-139 所示。

（11）连续两次将"蛋糕"图层拖曳到"图层"控制面板下方的"创建新图层"按钮　上进行复制，生成新的副本图层，如图 7-140 所示。分别选择副本图层，拖曳到适当的位置并调整其大小，效果如图 7-141 所示。美食宣传卡制作完成。

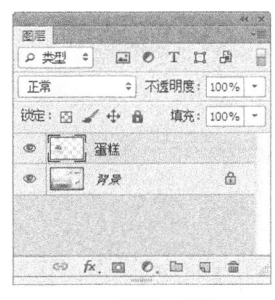
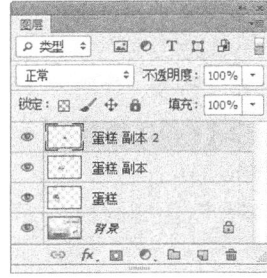

图 7-139　　　　　　　图 7-140　　　　　　　图 7-141

7.2.9　路径控制面板

绘制一条路径，选择"窗口 > 路径"命令，调出"路径"控制面板，如图 7-142 所示。单击"路径"控制面板右上方的图标，弹出其下拉命令菜单，如图 7-143 所示。在"路径"控制面板的底部有 7 个工具按钮，如图 7-144 所示。

"用前景色填充路径"按钮：单击此按钮，将对当前选中路径进行填充，填充的对象包括当前路径的所有子路径以及不连续的路径线段。如果选定了路径中的一部分，"路径"控制面板的弹出菜单中的"填充路径"命令将变为"填充子路径"命令。如果被填充的路径为开放路径，Photoshop CS6 将自动把路径的两个端点以直线段连接然后进行填充。如果只有一条开放的路径，则不能进行填充。按住 Alt 键的同时，单击此按钮，将弹出"填充路径"对话框。

"用画笔描边路径"按钮 ○ ：单击此按钮，系统将使用当前的颜色和当前在"描边路径"对话框中设定的工具对路径进行描边。按住 Alt 键的同时单击此按钮，将弹出"描边路径"对话框。

"将路径作为选区载入"按钮 ○ ：单击此按钮，将把当前路径所圈选的范围转换为选择区域。按住 Alt 键的同时，单击此按钮，将弹出"建立选区"对话框。

"从选区生成工作路径"按钮 ◇ ：单击此按钮，将把当前的选择区域转换成路径。按住 Alt 键的同时，单击此按钮，将弹出"建立工作路径"对话框。

"添加蒙版"按钮 □ ：用于为当前图层添加蒙版。

"创建新路径"按钮 □ ：用于创建一个新的路径。单击此按钮，可以创建一个新的路径。按住 Alt 键的同时，单击此按钮，将弹出"新路径"对话框。

"删除当前路径"按钮 🗑 ：用于删除当前路径。可以直接拖曳"路径"控制面板中的一个路径到此按钮上，可将整个路径全部删除。

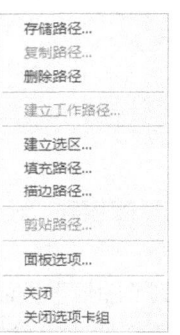

图 7-142　　　　　图 7-143　　　　　图 7-144

7.2.10　新建路径

使用控制面板弹出式菜单：单击"路径"控制面板右上方的图标 ▼≡，弹出其命令菜单，选择"新建路径"命令，弹出"新建路径"对话框，如图 7-145 所示。名称：用于设定新路径的名称，可以选择与前一图层创建剪贴蒙版。

图 7-145

使用控制面板按钮或快捷键：单击"路径"控制面板下方的"创建新路径"按钮 □ ，可以创建一个新路径。按住 Alt 键的同时，单击"创建新路径"按钮 □ ，将弹出"新建路径"对话框，设置完成后，单击"确定"按钮创建路径。

7.2.11　复制、删除、重命名路径

1．复制路径

使用菜单命令复制路径：单击"路径"控制面板右上方的图标 ▼≡，弹出其下拉命令菜单，选择"复制路径"命令，弹出"复制路径"对话框，如图 7-146 所示，在"名称"选项中设置复制路径的名称，单击"确定"按钮，"路径"控制面板如图 7-147 所示。

图 7-146   图 7-147

使用按钮命令复制路径：在"路径"控制面板中，将需要复制的路径拖曳到下方的"创建新路径"按钮 上，即可将所选的路径复制为一个新路径。

2．删除路径

使用菜单命令删除路径：单击"路径"控制面板右上方的图标 ，弹出其下拉命令菜单，选择"删除路径"命令，将路径删除。

使用按钮命令删除路径：在"路径"控制面板中选择需要删除的路径，单击面板下方的"删除当前路径"按钮 ，将选择的路径删除。

3．重命名路径

双击"路径"控制面板中的路径名，可出现重命名路径文本框，如图 7-148 所示，更改名称后按 Enter 键即可确认，如图 7-149 所示。

图 7-148   图 7-149

7.2.12 路径选择工具

路径选择工具：用于选择一个或几个路径并对其进行移动、组合、对齐、分布和变形。路径选择工具可以选择单个或多个路径，同时还可以用来组合、对齐和分布路径。选择"路径选择"工具 ，或反复按 Shift+A 组合键，其属性栏状态如图 7-150 所示。

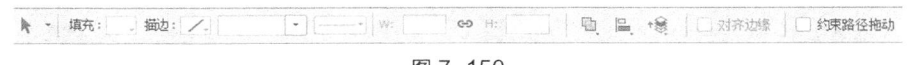

图 7-150

7.2.13 直接选择工具

直接选择工具用于移动路径中的锚点或线段，还可以调整手柄和控制点。路径的原始效果如图 7-151 所示，选择"直接选择"工具 ，拖曳路径中的锚点来改变路径的弧度，如图 7-152 所示。

图 7-151   图 7-152

7.2.14 填充路径

在图像中创建路径，如图 7-153 所示，单击"路径"控制面板右上方的图标 ，在弹出式菜单中选择"填充路径"命令，弹出"填充路径"对话框，如图 7-154 所示。设置完成后，单击"确定"按钮，用前景色填充路径的效果如图 7-155 所示。

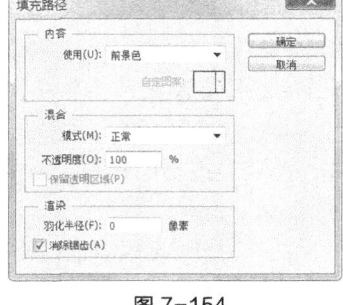

| 图 7-153 | 图 7-154 | 图 7-155 |

单击"路径"控制面板下方的"用前景色填充路径"按钮 ，即可填充路径。按 Alt 键的同时，单击"用前景色填充路径"按钮 ，将弹出"填充路径"对话框。

7.2.15 描边路径

在图像中创建路径，如图 7-156 所示。单击"路径"控制面板右上方的图标 ，在弹出式菜单中选择"描边路径"命令，弹出"描边路径"对话框，选择"工具"选项下拉列表中的"画笔"工具，如图 7-157 所示，此下拉列表中共有 19 种工具可供选择，如果当前在工具箱中已经选择了"画笔"工具，该工具将自动设置在此处。另外，在画笔属性栏中设定的画笔类型也将直接影响此处的描边效果，设置好后，单击"确定"按钮，描边后的效果如图 7-158 所示。

| 图 7-156 | 图 7-157 | 图 7-158 |

单击"路径"控制面板下方的"用画笔描边路径"按钮 ，即可描边路径。按 Alt 键的同时，单击"用画笔描边路径"按钮 ，将弹出"描边路径"对话框。

7.3 创建 3D 图形

在 Photoshop CS6 中可以将平面图层围绕各种形状预设，如立方体、球面、圆柱、锥形或金字塔等创建 3D 模型。只有将图层变为 3D 图层，才能使用 3D 工具和命令。

　　打开一个文件，如图 7-159 所示。选择"3D > 从图层新建网格 > 网格预设"命令，弹出如图 7-160 所示的子菜单，选择需要的命令可创建不同的 3D 模型。

| 锥形 |
| 立体环绕 |
| 圆柱体 |
| 圆环 |
| 帽子 |
| 金字塔 |
| 环形 |
| 汽水 |
| 球体 |
| 球面全景 |
| 酒瓶 |

图 7-159　　　　　　　　　图 7-160

　　选择各命令创建出的 3D 模型如图 7-161 所示。

锥形　　　　　　立方体环绕　　　　　　圆柱体　　　　　　圆环

帽形　　　　　　　金字塔　　　　　　环形

汽水　　　　　球体　　　　　球面全景　　　酒瓶

图 7-161

7.4　使用 3D 工具

　　在 Photoshop CS6 使用 3D 对象工具可以旋转、缩放或调整模型位置。当操作 3D 模型时，相机视图保持固定。

打开一张包含 3D 模型的图片，如图 7-162 所示。选中 3D 图层，选择属性栏中的"旋转3D 对象"按钮 ，图像窗口中的鼠标变为 图标，上下拖动可将模型围绕其 x 轴旋转，如图 7-163 所示；两侧拖动可将模型围绕其 y 轴旋转，效果如图 7-164 所示。按住 Alt 键的同时进行拖移可滚动模型。

图 7-162　　　　　　　　　　图 7-163　　　　　　　　　　图 7-164

选择属性栏中的"滚动 3D 对象"按钮 ，图像窗口中的鼠标变为 图标，两侧拖曳可使模型绕 z 轴旋转，效果如图 7-165 所示。

选择属性栏中的"拖动 3D 对象"按钮 ，图像窗口中的鼠标变为 图标，两侧拖曳可沿水平方向移动模型，如图 7-166 所示；上下拖曳可沿垂直方向移动模型，如图 7-167 所示。按住 Alt 键的同时进行拖移可沿 x/z 轴方向移动。

  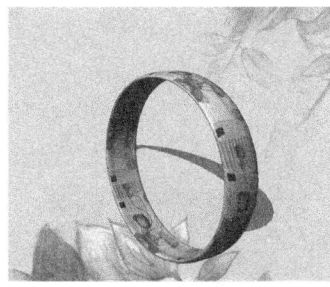

图 7-165　　　　　　　　　　图 7-166　　　　　　　　　　图 7-167

选择属性栏中的"滑动 3D 对象"按钮 ，图像窗口中的鼠标变为 图标，两侧拖曳可沿水平方向移动模型，如图 7-168 所示；上下拖动可将模型移近或移远，如图 7-169 所示。按住 Alt 键的同时进行拖移可沿 x/y 轴方向移动。

选择属性栏中的"缩放 3D 对象"按钮 ，图像窗口中的鼠标变为 图标，上下拖曳可将模型放大或缩小，如图 7-170 所示。按住 Alt 键的同时进行拖移可沿 z 轴方向缩放。

图 7-168　　　　　　　　　　图 7-169　　　　　　　　　　图 7-170

7.5 课堂练习——制作优美插画

【练习知识要点】使用钢笔工具绘制线条图形，使用自定形状工具绘制心形，使用添加图层样式命令为人物图片添加图层样式。

【素材所在位置】光盘/Ch07/素材/制作优美插画/01、02。

【效果所在位置】光盘/Ch07/效果/制作优美插画.psd，效果如图7-171所示。

图7-171

7.6 课后习题——制作夏日插画

【习题知识要点】使用钢笔工具抠出水果图形，使用图层样式命令为水果图形添加描边效果，使用图层的混合模式和不透明度命令制作水波效果，使用多边形工具和图层样式命令添加装饰星星。

【素材所在位置】光盘/Ch07/素材/制作夏日插画/01~03。

【效果所在位置】光盘/Ch07/效果/制作夏日插画.psd，使用效果如图7-172所示。

图7-172

PART 8
第 8 章
调整图像的色彩和色调

本章介绍

本章将主要介绍调整图像的色彩与色调的多种相关命令。通过本章的学习，可以根据不同的需要应用多种调整命令对图像的色彩或色调进行细微的调整，还可以对图像进行特殊颜色的处理。

学习目标

- 掌握色阶、亮度/对比度、自动对比度、色彩平衡、反相的使用方法。
- 掌握图像变化、自动变化、色调均化的处理技巧。
- 掌握图像自动色阶、渐变映射、阴影/高光、色相/饱和度的处理技巧。
- 掌握图像可选颜色、曝光度、照片滤镜、特殊颜色处理的处理技巧。
- 掌握图像去色、阈值、色调分离、替换颜色的处理技巧。
- 掌握通道混合器、匹配颜色的处理技巧。

技能目标

- 掌握"曝光过度照片"的处理方法和技巧。
- 掌握"增强图像的色彩鲜艳度"的处理技巧。
- 掌握"怀旧照片"的制作方法。
- 掌握"照片的色彩与明度"的调整方法和技巧。
- 掌握"特殊色彩的风景画"的制作方法。
- 掌握"将照片转换为灰度"的处理技巧。

8.1 调整图像色彩与色调

调整图像的色彩是 Photoshop CS6 的"强项",也是同学们必须要掌握的一项功能。在实际的设计制作中经常会使用到这项功能。

8.1.1 课堂案例——曝光过度照片的处理

【案例学习目标】学习使用色彩调整命令调节图像颜色。

【案例知识要点】使用亮度/对比度命令、色彩平衡命令调整图片颜色,使用横排文字工具添加主题文字,使用添加图层样式命令为文字添加图层样式,效果如图 8-1 所示。

【效果所在位置】光盘/Ch08/效果/曝光过度照片的处理.psd。

1. 调整照片颜色

(1)按 Ctrl+O 组合键,打开光盘中的"Ch08 > 素材 > 曝光过度照片的处理 > 01"文件,如图 8-2 所示。将"背景"图层拖曳到"图层"控制面板下方的"创建新图层"按钮 上进行复制,生成新的图层"背景 副本",如图 8-3 所示。

图 8-2

图 8-3

(2)选择"图像 > 调整 > 亮度/对比度"命令,在弹出的对话框中进行设置,如图 8-4 所示,单击"确定"按钮,效果如图 8-5 所示。

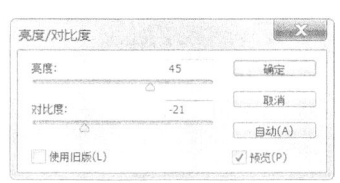

图 8-4

图 8-5

(3)选择"图像 > 调整 > 色彩平衡"命令,在弹出的对话框中进行设置,如图 8-6 所示;点选"阴影"单选项,切换到相应的对话框中进行设置,如图 8-7 所示;点选"高光"单选项,切换到相应的对话框中进行设置,如图 8-8 所示,单击"确定"按钮,效果如图 8-9 所示。

图 8-1

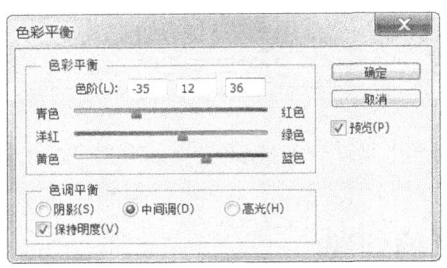
图 8-6

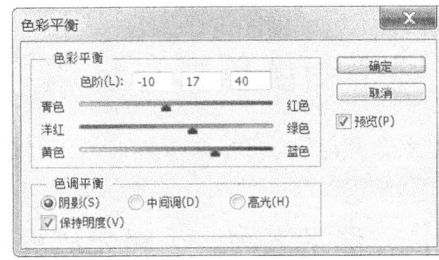
图 8-7

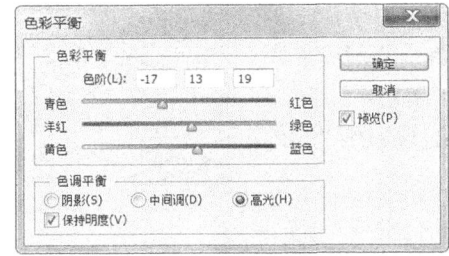
图 8-8

图 8-9

2．制作边框并添加文字

（1）新建图层并将其命名为"白边"。将前景色设为白色。选择"矩形选框"工具，在图像窗口中拖曳鼠标绘制矩形选区，如图 8-10 所示。按 Ctrl+Shift+I 组合键，将选区反选。按 Alt+Delete 组合键，填充选区为白色，按 Ctrl+D 组合键，取消选区，效果如图 8-11 所示。

图 8-10

图 8-11

（2）将前景色设为绿色（其 R、G、B 的值分别为 13、103、8）。选择"横排文字"工具，输入需要的文字并选取文字，在属性栏中选择合适的字体并分别设置文字的大小，效果如图 8-12 所示，在"图层"控制面板中生成新的文字图层。按 Ctrl+T 组合键，在弹出的"字符"面板中进行设置，如图 8-13 所示，按 Enter 键，效果如图 8-14 所示。

图 8-12

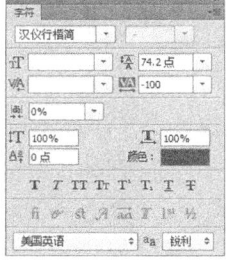
图 8-13

图 8-14

（3）单击"图层"控制面板下方的"添加图层样式"按钮，在弹出的菜单中选择"外发光"命令，将外发光颜色设为淡黄色（其 R、G、B 的值分别为 239、237、185），其他选项的设置如图 8-15 所示。选择"描边"选项，切换到相应的对话框，将描边颜色设为白色，其他选项的设置如图 8-16 所示，单击"确定"按钮，效果如图 8-17 所示。

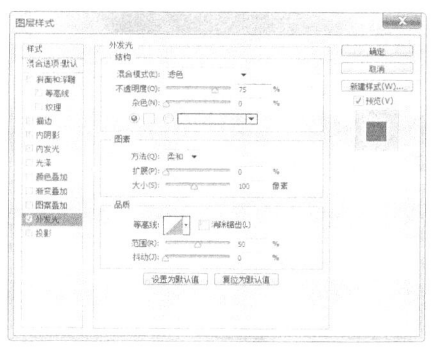
图 8-15

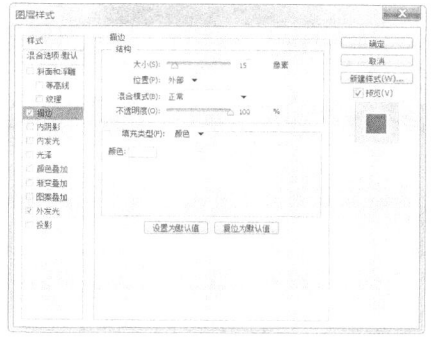
图 8-16

图 8-17

（4）选择"直排文字"工具 ，输入需要的文字并选取文字，在属性栏中选择合适的字体并设置文字的大小，效果如图 8-18 所示，在"图层"控制面板中生成新的文字图层。

（5）在"绿茶"文字图层上单击鼠标右键，在弹出的菜单中选择"拷贝图层样式"命令，在"品味人生"文字图层上单击鼠标右键，在弹出的菜单中选择"粘贴图层样式"命令，效果如图 8-19 所示。用相同的方法制作其他文字效果，效果如图 8-20 所示。

（6）按 Ctrl+O 组合键，打开光盘中的"Ch08 > 素材 > 曝光过度照片的处理 > 02"文件。选择"移动"工具 ，将气泡图片拖曳到图像窗口中适当的位置并调整其大小，效果如图 8-21 所示，在"图层"控制面板中生成新的图形并将其命名为"气泡"。曝光过度的照片制作完成。

图 8-18

图 8-19

图 8-20

图 8-21

8.1.2　色阶

打开一幅图像，如图 8-22 所示，选择"色阶"命令，或按 Ctrl+L 组合键，弹出"色阶"对话框，如图 8-23 所示。

对话框中间是一个直方图，其横坐标为 0~255，表示亮度值，纵坐标为图像的像素数值。

通道：可以从其下拉列表中选择不同的颜色通道来调整图像，如果想选择两个以上的色彩通道，要先在"通道"控制面板中选择所需要的通道，再调出"色阶"对话框。

输入色阶：控制图像选定区域的最暗和最亮色彩，通过输入数值或拖曳三角滑块来调整图像。左侧的数值框和黑色滑块用于调整黑色，图像中低于该亮度值的所有像素将变为黑色。中间的数值框和灰色滑块用于调整灰度，其数值范围为 0.01~9.99。1.00 为中性灰度，数值大于 1.00 时，将降低图像中间灰度；小于 1.00 时，将提高图像中间灰度。右侧的数值框和白色滑块用于调整白色，图像中高于该亮度值的所有像素将变为白色。

调整"输入色阶"选项的 3 个滑块后，图像将产生不同色彩效果，如图 8-24 所示。

图 8-22

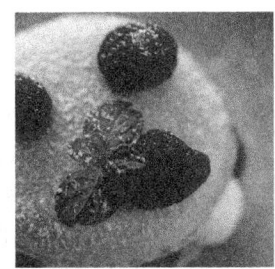

图 8-23

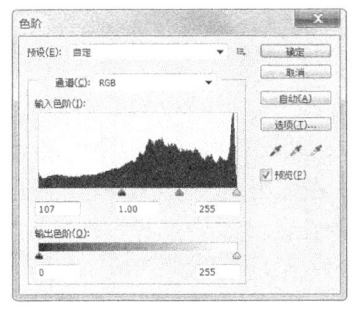

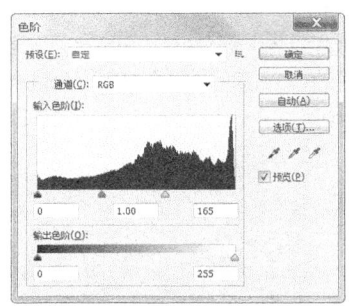

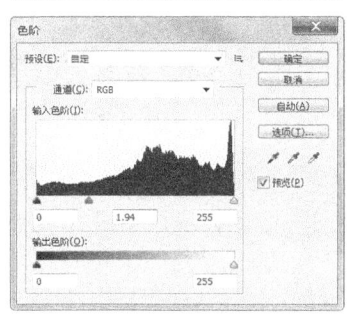

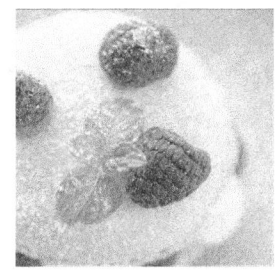

图 8-24

输出色阶：可以通过输入数值或拖曳三角滑块来控制图像的亮度范围。左侧数值框和黑色滑块用于调整图像的最暗像素的亮度。右侧数值框和白色滑块用于调整图像的最亮像素的亮度。输出色阶的调整将增加图像的灰度，降低图像的对比度。

调整"输出色阶"选项的 2 个滑块后，图像将产生不同色彩效果，如图 8-25 所示。

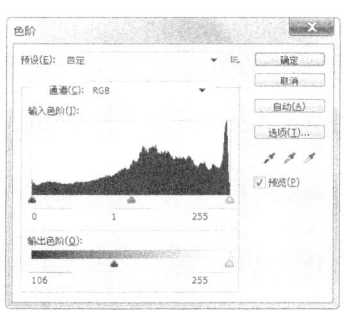

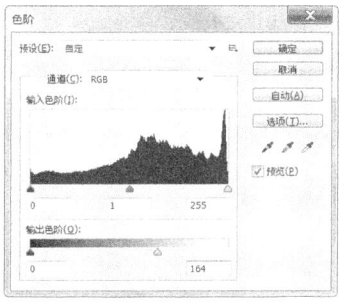
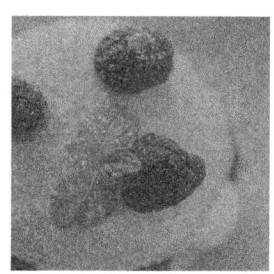

图 8-25

自动：可自动调整图像并设置层次。

选项：单击此按钮，将弹出"自动颜色校正选项"对话框，系统将以 0.10%色阶来对图像进行加亮和变暗。

取消：按住 Alt 键，"取消"按钮转换为"复位"按钮，单击此按钮可以将刚调整过的色阶复位还原，可以重新进行设置。 ✏ ✏ ✏ ：分别为黑色吸管工具、灰色吸管工具和白色吸管工具。选中黑色吸管工具，用鼠标在图像中单击一点，图像中暗于单击点的所有像素都会变为黑色；用灰色吸管工具在图像中单击，单击点的像素都会变为灰色，图像中的其他颜色也会相应地调整；用白色吸管工具在图像中单击一点，图像中亮于单击点的所有像素都会变为白色。双击任意吸管工具，在弹出的颜色选择对话框中设置吸管颜色。

预览：勾选此复选框，可以即时显示图像的调整结果。

8.1.3　亮度/对比度

原始图像效果如图 8-26 所示，选择"图像 >调整 > 亮度/对比度"命令，弹出"亮度/对比度"对话框，如图 8-27 所示。在对话框中，可以通过拖曳亮度和对比度滑块来调整图像的亮度或对比度，单击"确定"按钮，调整后的图像效果如图 8-28 所示。"亮度/对比度"命令调整的是整个图像的色彩。

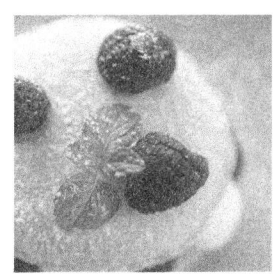
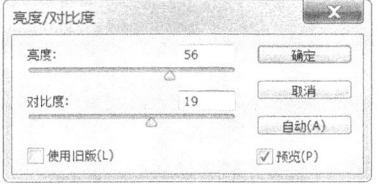

图 8-26　　　　　　　　　　　　图 8-27　　　　　　　　　　　　图 8-28

8.1.4 自动对比度

自动对比度命令可以对图像的对比度进行自动调整。按 Alt+Shift+Ctrl+L 组合键，可以对图像的对比度进行自动调整。

8.1.5 色彩平衡

选择"图像 > 调整 > 色彩平衡"命令，或按 Ctrl+B 组合键，弹出"色彩平衡"对话框，如图 8-29 所示。

色彩平衡：用于添加过渡色来平衡色彩效果，拖曳滑块可以调整整个图像的色彩，也可以在"色阶"选项的数值框中直接输入数值来调整图像的色彩。色调平衡：用于选取图像的阴影、中间调和高光。保持明度：用于保持原图像的明度。

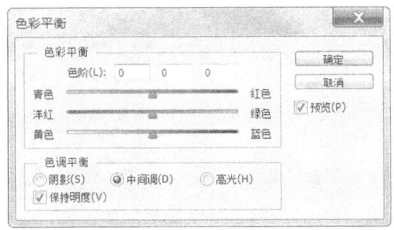

图 8-29

设置不同的色彩平衡后，图像效果如图 8-30 所示。

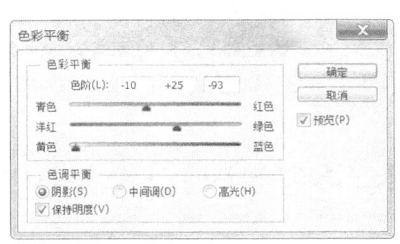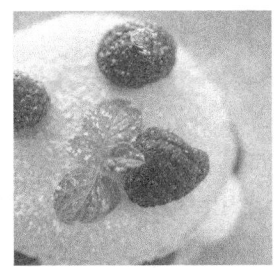

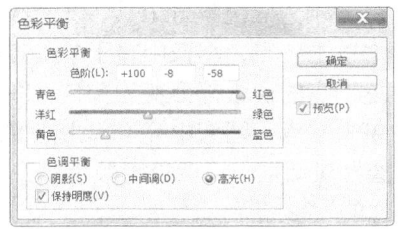

图 8-30

8.1.6 反相

选择"图像 > 调整 > 反相"命令，或按 Ctrl+I 组合键，可以将图像或选区的像素反转为其补色，使其出现底片效果。不同色彩模式的图像反相后的效果如图 8-31 所示。

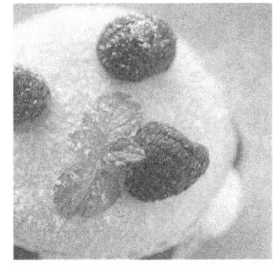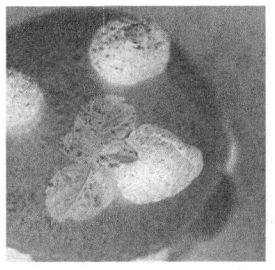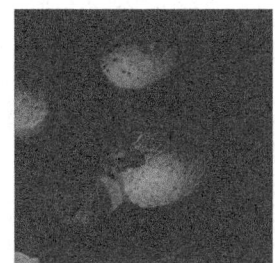

原始图像效果　　　　　RGB 色彩模式反相后的效果　　　　CMYK 色彩模式反相后的效果

图 8-31

 **知识提示** 反相效果是对图像的每一个色彩通道进行反相后的合成效果，不同色彩模式的图像反相后的效果是不同的。

8.1.7 课堂案例——增强图像的色彩鲜艳度

【案例学习目标】学习使用图层混合模式命令调节图像的色彩，应用图层蒙版命令编辑图像效果。

【案例知识要点】使用图层混合模式命令调整图像颜色，使用添加图层蒙版命令和画笔工具编辑图像效果，效果如图 8-32 所示。

【效果所在位置】光盘/Ch08/效果/增强图像的色彩鲜艳度.psd。

图 8-32

（1）按 Ctrl+O 组合键，打开光盘中的"Ch08 > 素材 > 增强图像的色彩鲜艳度 > 01"文件，如图 8-33 所示。将"背景"图层拖曳到控制面板下方的"创建新图层"按钮 □ 上进行复制，生成新的图层"背景 副本"，如图 8-34 所示。在"图层"控制面板上方，将"背景 副本"图层的混合模式选项设为"强光"，效果如图 8-35 所示。

图 8-33   图 8-34   图 8-35

（2）单击"图层"控制面板下方的"添加图层蒙版"按钮 ▣，为"背景 副本"图层添加图层蒙版，如图 8-36 所示。将前景色设为黑色。选择"画笔"工具 ✎，在属性栏中单击"画笔"选项右侧的按钮·，弹出画笔选择面板中选择需要的画笔形状，如图 8-37 所示。在图像窗口中拖曳鼠标擦除不需要的图像，效果如图 8-38 所示。增强图像的色彩鲜艳度制作完成。

 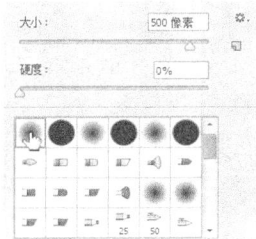 

图 8-36   图 8-37   图 8-38

8.1.8 变化

选择"图像 > 调整 > 变化"命令，弹出"变化"对话框，如图 8-39 所示。

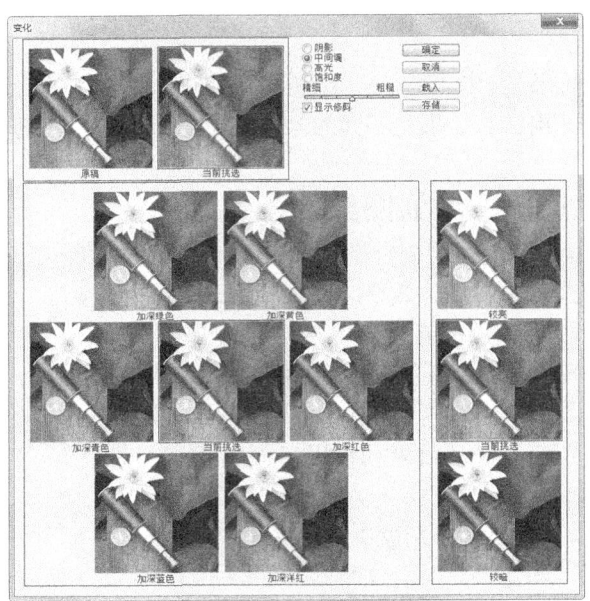

图 8-39

在对话框中，上方的 4 个选项，可以控制图像色彩的改变范围。下方的滑块用于设置调整的等级。左上方的两幅图像显示的是图像的原始效果和调整后的效果。左下方区域是 7 幅小图像，可以选择增加不同的颜色效果，调整图像的亮度、饱和度等色彩值。右侧区域是 3 幅小图像，用于调整图像的亮度。勾选"显示修剪"复选框，当图像色彩调整超出色彩空间时显示超色域。

8.1.9　自动颜色

自动颜色命令可以对图像的色彩进行自动调整。按 Shift+Ctrl+B 组合键，可以对图像的色彩进行自动调整。

8.1.10　色调均化

色调均化命令用于调整图像或选区像素的过黑部分，使图像变得明亮，并将图像中其他的像素平均分配在亮度色谱中。选择"图像 > 调整 > 色调均化"命令，在不同的色彩模式下图像将产生不同的效果，如图 8-40 所示。

  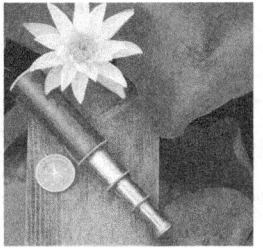 

原始图像效果　　　　RGB 色调均化的效果　　　CMYK 色调均化的效果　　　LAB 色调均化的效果

图 8-40

8.1.11　课堂案例——制作怀旧照片

【案例学习目标】学习使用不同的调色命令调整照片颜色。

【案例知识要点】使用阴影/高光命令调整图片颜色，使用渐变映射命令为图片添加渐变效果，使用色阶、色相/饱和度命令调整图像颜色，效果如图 8-41 所示。

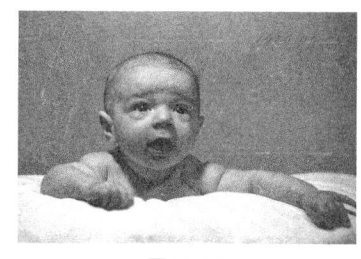

图 8-41

【效果所在位置】光盘/Ch08/效果/制作怀旧照片.psd。

（1）按 Ctrl+O 组合键，打开光盘中的"Ch08 > 素材 > 制作怀旧照片 > 01"文件，如图 8-42 所示。将"背景"图层拖曳到控制面板下方的"创建新图层"按钮 上进行复制，生成新的图层"背景 副本"，如图 8-43 所示。

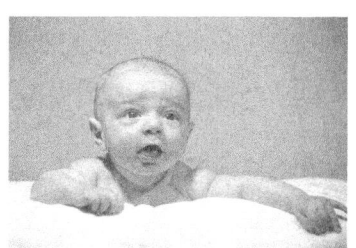

图 8-42   图 8-43

（2）选择"图像 > 调整 > 阴影/高光"命令，弹出"阴影/高光"对话框，勾选"显示更多选项"复选框，选项的设置如图 8-44 所示，单击"确定"按钮，效果如图 8-45 所示。

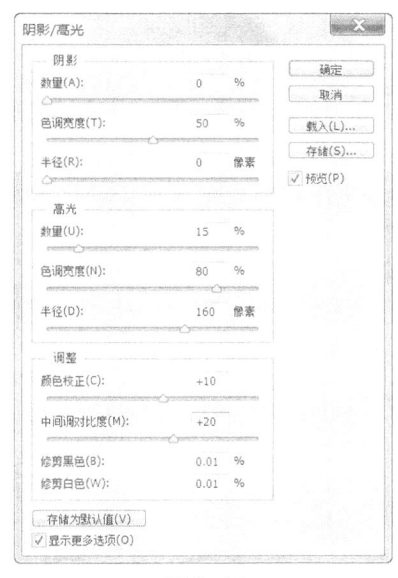

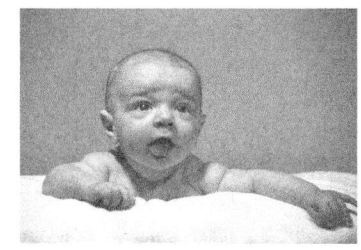

图 8-44   图 8-45

（3）单击"图层"控制面板下方的"创建新的填充或调整图层"按钮 ，在弹出的菜单中选择"渐变映射"命令，在"图层"控制面板中生成"渐变映射 1"图层，同时弹出"渐变映射"面板，单击"点按可编辑渐变"按钮 ，弹出"渐变编辑器"对话框，将渐变颜色设为从黑色到灰汁色（其 R、G、B 的值分别为 138、123、92），如图 8-46 所示，单击"确定"按钮，返回到"渐变映射"对话框，其他选项的设置如图 8-47 所示，效果如图 8-48 所示。

第 8 章 调整图像的色彩和色调

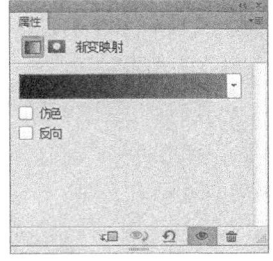

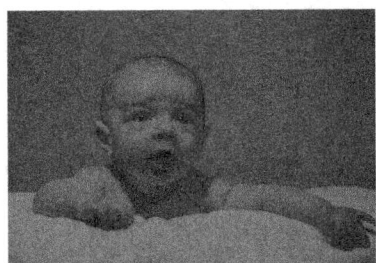

图 8-46   图 8-47   图 8-48

（4）在"图层"控制面板上方，将"渐变"图层的混合模式选项设为"颜色"，如图 8-49 所示，图像窗口中的效果如图 8-50 所示。

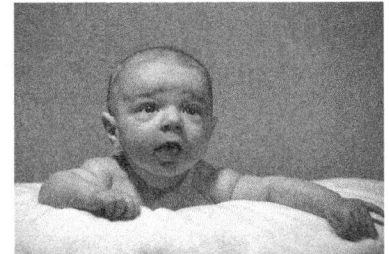

图 8-49   图 8-50

（5）单击"图层"控制面板下方的"创建新的填充或调整图层"按钮 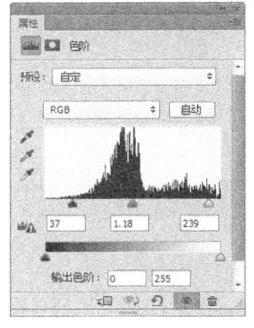，在弹出的菜单中选择"色阶"命令，在"图层"控制面板中生成"色阶 1"图层，同时弹出"色阶"面板，选项的设置如图 8-51 所示，效果如图 8-52 所示。

（6）单击"图层"控制面板下方的"创建新的填充或调整图层"按钮 ，在弹出的菜单中选择"色相/饱和度"命令，在"图层"控制面板中生成"色相/饱和度 1"图层，同时弹出"色相/饱和度"面板，选项的设置如图 8-53 所示，效果如图 8-54 所示。

图 8-51

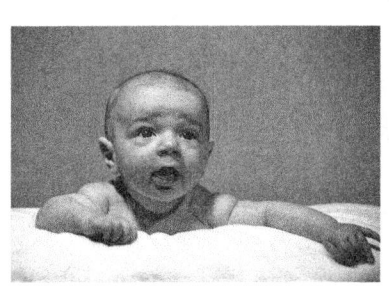

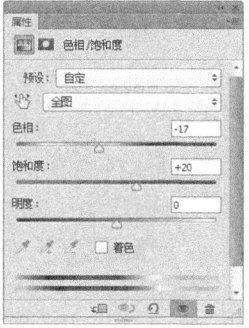

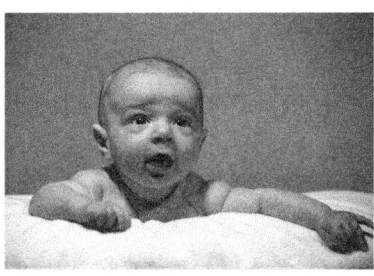

图 8-52   图 8-53   图 8-54

（7）将前景色设为咖啡色（其 R、G、B 的值分别为 71、62、55）。选择"横排文字"工具 [T]，输入需要的文字，在属性栏中选择合适的字体并设置文字的大小，效果如图 8-55 所示。在"图层"控制面板中生成新的文字图层。按 Ctrl+T 组合键，弹出"字符"面板，选项的设置如图 8-56 所示，效果如图 8-57 所示。

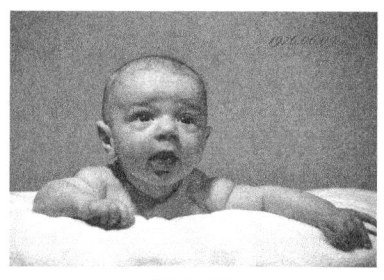

图 8-55

（8）在"图层"控制面板上方，将文字图层的"不透明度"选项设为 80%，图像窗口中的效果如图 8-58 所示。

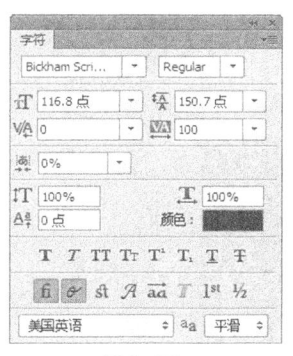

图 8-56

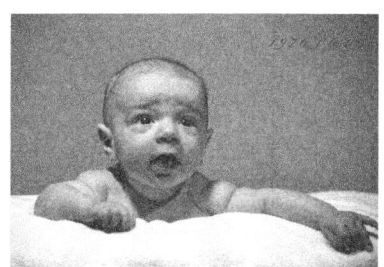

图 8-57

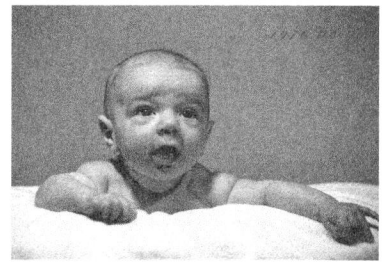

图 8-58

（9）按 Ctrl+O 键，打开光盘中的"Ch08 > 素材 > 制作怀旧照片 > 02"文件，选择"移动"工具 [▶+]，将"02"图片拖曳到"01"图像窗口的适当位置，并调整其大小，效果如图 8-59 所示，在"图层"控制面板中生成新图层并将其命名为"底纹"。

（10）在"图层"控制面板上方，将"底纹"图层的混合模式选项设为"柔光"，"不透明度"选项设为 55%，图像窗口中的效果如图 8-60 所示。怀旧照片制作完成。

图 8-59

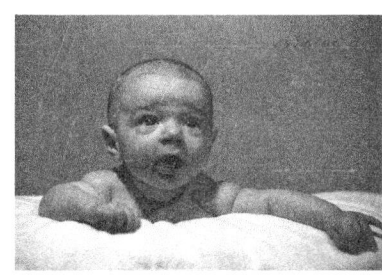

图 8-60

8.1.12　自动色阶

自动色阶命令可以对图像的色阶进行自动调整。系统将以 0.10% 色阶来对图像进行加亮和变暗。按 Shift+Ctrl+L 组合键，可以对图像的色阶进行自动调整。

8.1.13　渐变映射

渐变映射命令用于将图像的最暗和最亮色调映射为一组渐变色中的最暗和最亮色调。

原始图像效果如图 8-61 所示，选择"图像 > 调整 > 渐变映射"命令，弹出"渐变映射"对话框，如图 8-62 所示。单击"灰度映射所用的渐变"选项的色带，在弹出的"渐变编辑器"对话框中设置渐变色，如图 8-63 所示。单击"确定"按钮，图像效果如图 8-64 所示。

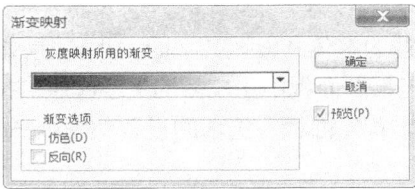

图 8-61　　　　　　　　　　　　　图 8-62

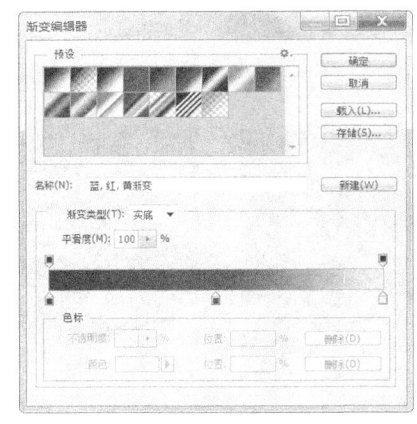

图 8-63　　　　　　　　　　　　　图 8-64

　　灰度映射所用的渐变：用于选择不同的渐变形式。仿色：用于为转变色阶后的图像增加仿色。反向：用于将转变色阶后的图像颜色反转。

8.1.14　阴影/高光

　　阴影/高光命令用于快速改善图像中曝光过度或曝光不足区域的对比度，同时保持照片的整体平衡。

　　图像的原始效果如图 8-65 所示，选择"图像 > 调整 > 阴影/高光"命令，弹出"阴影/高光"对话框，在对话框中进行设置，如图 8-66 所示。单击"确定"按钮，效果如图 8-67 所示。

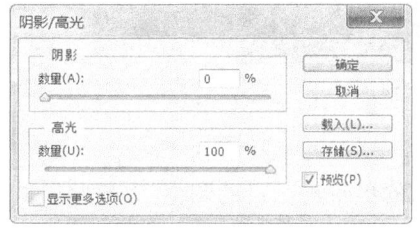

图 8-65　　　　　　　　　　图 8-66　　　　　　　　　　图 8-67

8.1.15　色相/饱和度

　　原始图像效果如图 8-68 所示，选择"图像 > 调整 > 色相/饱和度"命令，或按 Ctrl+U 组合键，弹出"色相/饱和度"对话框，在对话框中进行设置，如图 8-69 所示。单击"确定"按钮，效果如图 8-70 所示。

图 8-68

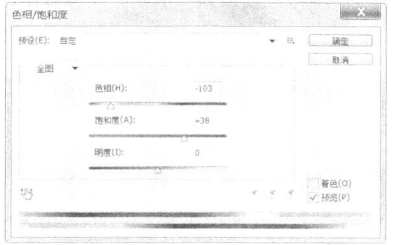
图 8-69

图 8-70

预设：用于选择要调整的色彩范围，可以通过拖曳各选项中的滑块来调整图像的色相、饱和度和明度。着色：用于在由灰度模式转化而来的色彩模式图像中填加需要的颜色。

原始图像效果如图 8-71 所示，在"色相/饱和度"对话框中进行设置，勾选"着色"复选框，如图 8-72 所示，单击"确定"按钮后图像效果如图 8-73 所示。

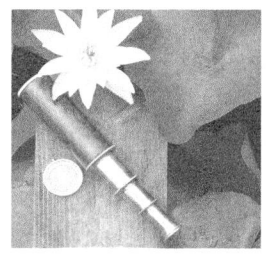
图 8-71

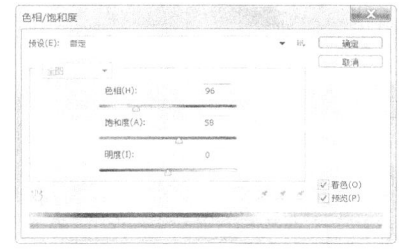
图 8-72

图 8-73

8.1.16　课堂案例——调整照片的色彩与明度

【案例学习目标】学习使用不同的调色命令调整图片的颜色。

【案例知识要点】使用可选颜色命令和曝光度命令调整图片的颜色，使用横排文本工具添加文字，效果如图 8-74 所示。

【效果所在位置】光盘/Ch08/效果/调整照片的色彩与明度.psd。

（1）按 Ctrl+O 组合键，打开光盘中的"Ch08 > 素材 > 调整照片的色彩与明度 > 01"文件，如图 8-75 所示。将"背景"图层拖曳到"图层"控制面板下方的"创建新图层"按钮 ▣ 上进行复制，生成新的图层"背景 副本"，如图 8-76 所示。

图 8-74

图 8-75

图 8-76

（2）选择"图像 > 调整 > 可选颜色"命令，在弹出的对话框中进行设置，如图 8-77 所示。单击"颜色"选项右侧的按钮 ▾，在弹出的菜单中选择"黄色"选项，弹出相应的对话框，设置如图 8-78 所示。单击"颜色"选项右侧的按钮 ▾，在弹出的菜单中选择"黑色"选项，弹出相应的对话框，设置如图 8-79 所示，单击"确定"按钮，效果如图 8-80 所示。

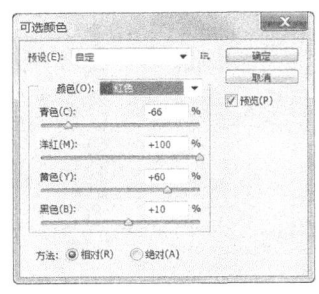

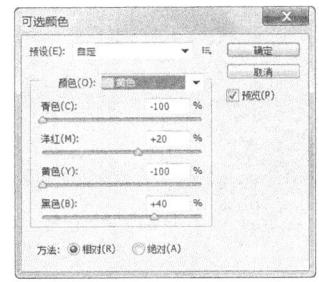

图 8-77　　　　　　　　　　　图 8-78

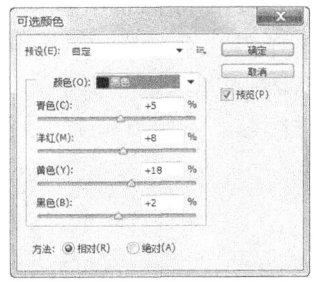

图 8-79　　　　　　　　　　　图 8-80

（3）选择"图像 > 调整 > 曝光度"命令，在弹出的对话框中进行设置，如图 8-81 所示，单击"确定"按钮，效果如图 8-82 所示。

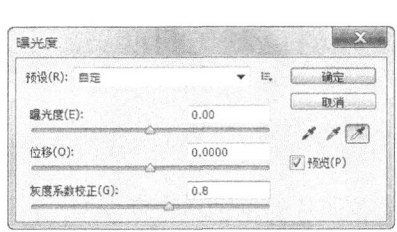

图 8-81　　　　　　　　　　　图 8-82

（4）将前景色设为肤色（其 R、G、B 的值分别为 255、214、183）。选择"横排文字"工具 T，输入需要的文字并选取文字，在属性栏中选择合适的字体并设置文字的大小，效果如图 8-83 所示，在"图层"控制面板中生成新的文字图层。按 Ctrl+T 组合键，弹出"字符"面板，选项的设置如图 8-84 所示，文字效果如图 8-85 所示。

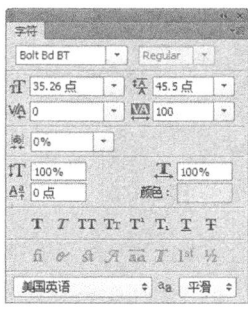

图 8-83　　　　　　　图 8-84　　　　　　　图 8-85

（5）将前景色设为深灰色（其 R、G、B 的值分别为 40、3、6）。选择"横排文字"工具 T，单击属性栏中的"居中对齐文字"按钮 三，输入需要的文字并选取文字，在属性栏中选择合适的字体并设置文字的大小，效果如图 8-86 所示，在"图层"控制面板中生成新的文字图层。按 Ctrl+T 组合键，弹出"字符"面板，选项的设置如图 8-87 所示，效果如图 8-88 所示。调整照片的色彩与明度制作完成。

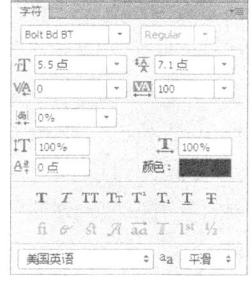

图 8-86　　　　　　　　　　图 8-87　　　　　　　　　　图 8-88

8.1.17　可选颜色

可选颜色命令能够将图像中的颜色替换成选择后的颜色。

原始图像效果如图 8-89 所示，选择"图像 > 调整 > 可选颜色"命令，弹出"可选颜色"对话框，在对话框中进行设置，如图 8-90 所示。单击"确定"按钮，调整后的图像效果如图 8-91 所示。

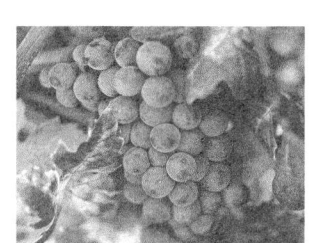
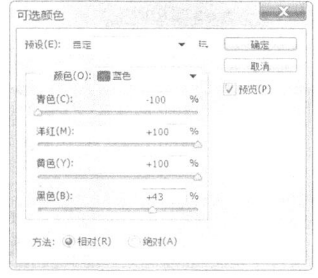
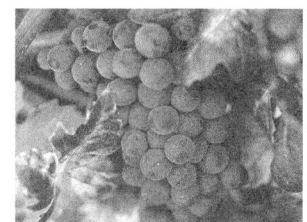

图 8-89　　　　　　　　　　图 8-90　　　　　　　　　　图 8-91

颜色：在其下拉列表中可以选择图像中含有的不同色彩，可以通过拖曳滑块调整青色、洋红、黄色、黑色的百分比。方法：确定调整方法是"相对"或"绝对"。

8.1.18　曝光度

原始图像效果如图 8-92 所示，选择"图像 > 调整 > 曝光度"命令，弹出"曝光度"对话框，进行设置后如图 8-93 所示。单击"确定"按钮，即可调整图像的曝光度，效果如图 8-94 所示。

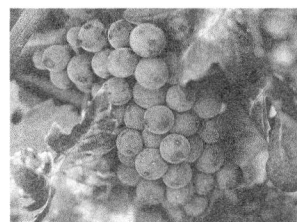
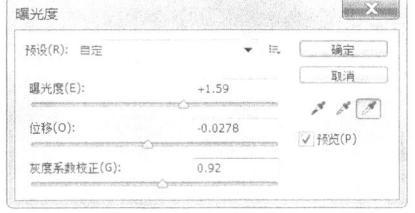

图 8-92　　　　　　　　　　图 8-93　　　　　　　　　　图 8-94

曝光度：调整色彩范围的高光端，对极限阴影的影响很轻微。位移：使阴影和中间调变暗，对高光的影响很轻微。灰度系数校正：使用乘方函数调整图像灰度系数。

8.1.19 照片滤镜

照片滤镜命令用于模仿传统相机的滤镜效果处理图像，通过调整图片颜色可以获得各种丰富的效果。打开一幅图片，选择"图像 > 调整 > 照片滤镜"命令，弹出"照片滤镜"对话框，如图 8-95 所示。

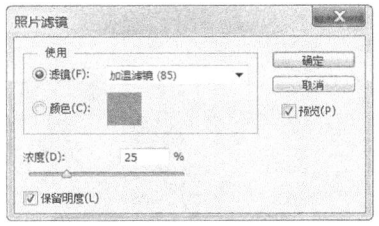

滤镜：用于选择颜色调整的过滤模式。颜色：单击此选项的图标，弹出"选择滤镜颜色"对话框，可以在对话框中设置精确颜色对图像进行过滤。浓度：拖动此选项的

图 8-95

滑块，设置过滤颜色的百分比。保留明度：勾选此复选框进行调整时，图片的白色部分颜色保持不变，取消勾选此复选框，则图片的全部颜色都随之改变，效果如图 8-96 所示。

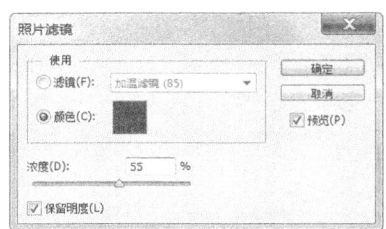

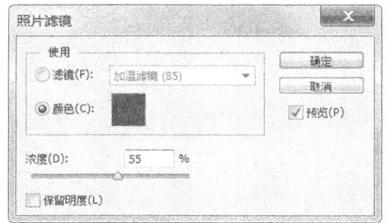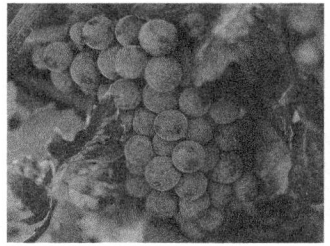

图 8-96

8.2 特殊颜色处理

应用特殊颜色处理命令可以使图像产生丰富的变化。

8.2.1 课堂案例——制作特殊色彩的风景画

【案例学习目标】学习使用不同的调色命令调整风景画的颜色，使用特殊颜色处理命令制作特殊效果。

【案例知识要点】使用色调分离命令、曲线命令和混合模式命令调整图像颜色，使用阈值命令和通道混合器命令改变图像的颜色，效果如图 8-97 所示。

【效果所在位置】光盘/Ch08/效果/制作特殊色彩的风景画.psd。

图 8-97

1．调整图片颜色

（1）按 Ctrl+O 组合键，打开光盘中的"Ch08 > 素材 > 制作特殊色彩的风景画 > 01"文件，如图 8-98 所示。将"背景"图层拖曳到"图层"控制面板下方的"创建新图层"按钮 ⬜ 上进行复制，生成新的图层"背景 副本"，如图 8-99 所示。单击"背景副本"图层左侧的眼睛图标 👁，将该图层隐藏，如图 8-100 所示。

图 8-98　　　　　　　　图 8-99　　　　　　　　图 8-100

（2）选中"背景"图层。单击"图层"控制面板下方的"创建新的填充或调整图层"按钮 ⬤，在弹出的菜单中选择"色调分离"命令，在"图层"控制面板中生成"色调分离 1"图层，同时在弹出的"色调分离"面板中进行设置，如图 8-101 所示，按 Enter 键，效果如图 8-102 所示。

（3）单击"图层"控制面板下方的"创建新的填充或调整图层"按钮 ⬤，在弹出的菜单中选择"曲线"命令，在"图层"控制面板中生成"曲线 1"图层，同时在弹出的"曲线"面板中进行设置，如图 8-103 所示，按 Enter 键，效果如图 8-104 所示。

  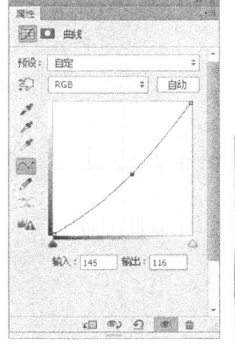 

图 8-101　　　　　　图 8-102　　　　　　　图 8-103　　　　　　图 8-104

（4）选中并显示"背景 副本"图层。在"图层"控制面板上方将"背景 副本"图层的混合模式选项设为"正片叠底"，如图 8-105 所示，图像效果如图 8-106 所示。

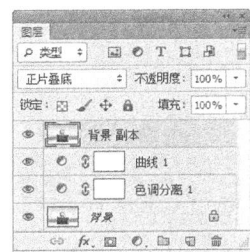
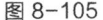

图 8-105　　　　　　　　　图 8-106

（5）按 Ctrl+O 组合键，打开光盘中的"Ch08 > 素材 > 制作特殊色彩的风景画 > 02"文件，选择"移动"工具 ，将图片拖曳到图像窗口中适当的位置，效果如图 8-107 所示，在"图层"控制面板中生成新的图层并将其命名为"天空"。

（6）单击"图层"控制面板下方的"添加图层蒙版"按钮 ，为"天空"图层添加图层蒙版。将前景色设为黑色。选择"画笔"工具 ，在属性栏中单击"画笔"选项右侧的按钮 ，在弹出的画笔选择面板中选择需要的画笔形状，如图 8-108 所示。在天空图像上拖曳鼠标擦除不需要的图像，效果如图 8-109 所示。

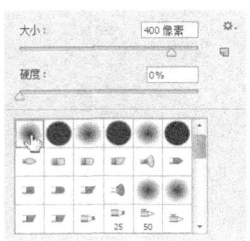

图 8-107　　　　　　　　　　图 8-108　　　　　　　　　　图 8-109

2．调整图像整体颜色

（1）在"图层"控制面板中，按住 Shift 键的同时，单击"背景"图层，选中"天空"图层和"背景"图层之间的所有图层，如图 8-110 所示。并将其拖曳到控制面板下方的"创建新图层"按钮 上进行复制，生成新的副本图层。按 Ctrl+E 组合键，合并复制的图层并将其命名为"天空副本"，如图 8-111 所示。选择"图像 > 调整 > 去色"命令，将图片去色，效果如图 8-112 所示。

图 8-110　　　　　　　　　　图 8-111　　　　　　　　　　图 8-112

（2）在"图层"控制面板上方，将"天空 副本"图层的混合模式选项设为"柔光"，如图 8-113 所示，图像效果如图 8-114 所示。

图 8-113　　　　　　　　　　图 8-114

（3）单击"图层"控制面板下方的"创建新的填充或调整图层"按钮 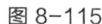，在弹出的菜单中选择"阈值"命令，在"图层"控制面板中生成"阈值 1"图层，同时在弹出的"阈值"面板中进行设置，如图 8-115 所示，按 Enter 键，效果如图 8-116 所示。将"阈值 1"图层的混合模式选项设为"柔光"，图像效果如图 8-117 所示。

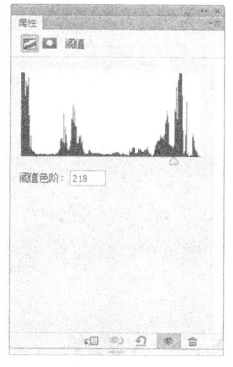

图 8-115　　　　　　图 8-116　　　　　　图 8-117

（4）单击"图层"控制面板下方的"创建新的填充或调整图层"按钮 ，在弹出的菜单中选择"通道混合器"命令，在"图层"控制面板中生成"通道混合器 1"图层，同时在弹出的"通道混合器"面板中进行设置，如图 8-118 所示，按 Enter 键，效果如图 8-119 所示。特殊色彩的风景画制作完成。

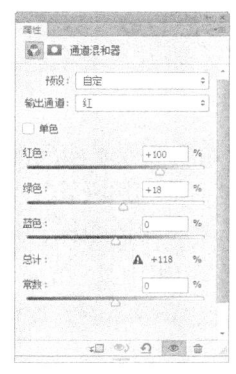

图 8-118　　　　　　图 8-119

8.2.2　去色

选择"图像 > 调整 > 去色"命令，或按 Shift+Ctrl+U 组合键，可以去掉图像中的色彩，使图像变为灰度图，但图像的色彩模式并不改变。"去色"命令可以对图像的选区使用，对选区中的图像进行去掉图像色彩的处理。

8.2.3　阈值

阈值命令可以提高图像色调的反差度。

原始图像效果如图 8-120 所示，选择"图像 > 调整 > 阈值"命令，弹出"阈值"对话框，在对话框中拖曳滑块或在"阈值色阶"选项的数值框中输入数值，可以改变图像的阈值，系统将使大于阈值的像素变为白色，小于阈值的像素变为黑色，使图像具有高度反差，如图 8-121 所示。单击"确定"按钮，图像效果如图 8-122 所示。

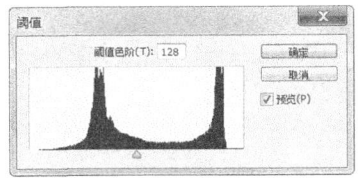

图 8-120   图 8-121   图 8-122

8.2.4　色调分离

色调分离命令用于将图像中的色调进行分离，主要用于减少图像中的灰度。

原始图像效果如图 8-123 所示，选择"图像 > 调整 > 色调分离"命令，弹出"色调分离"对话框，如图 8-124 所示进行设置，单击"确定"按钮，图像效果如图 8-125 所示。

图 8-123   图 8-124   图 8-125

色阶：可以指定色阶数，系统将以 256 阶的亮度对图像中的像素亮度进行分配。色阶数值越高，图像产生的变化越小。

8.2.5　替换颜色

替换颜色命令能够将图像中的颜色进行替换。原始图像效果如图 8-126 所示，选择"图像 > 调整 > 替换颜色"命令，弹出"替换颜色"对话框。用吸管工具在草莓图像中吸取要替换的草莓红色，单击"替换"选项组中"结果"选项的颜色图标，弹出"选择目标颜色"对话框。将要替换的颜色设置为橙色，设置"替换"选项组中其他的选项，调整图像的色相、饱和度和明度，如图 8-127 所示。单击"确定"按钮，草莓红色的被替换为橙色，效果如图8-128 所示。

图 8-126   图 8-127   图 8-128

选区：用于设置"颜色容差"选项的数值，数值越大吸管工具取样的颜色范围越大，在"替换"选项组中调整图像颜色的效果越明显。勾选"选区"单选项，可以创建蒙版。

8.2.6 课堂案例——将照片转换为灰度

【案例学习目标】学习使用调整命令调节图像颜色。

【案例知识要点】使用通道混合器命令调整图像颜色，使用横排文字工具输入文字，如图 8-129 所示。

图 8-129

【效果所在位置】光盘/Ch08/效果/将照片转换为灰度.psd。

（1）按 Ctrl + O 组合键，打开光盘中的"Ch08 > 素材 > 将照片转换为灰度 > 01"文件，如图 8-130 所示。选择"图像 > 调整 > 通道混合器"命令，弹出对话框，勾选"单色"复选框，其他选项的设置如图 8-131 所示，单击"确定"按钮，效果如图 8-132 所示。

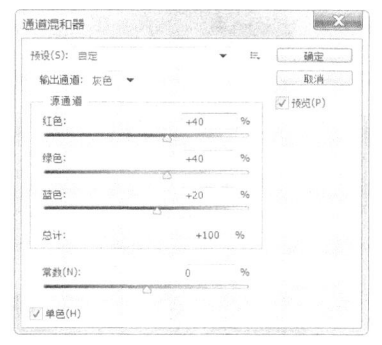

图 8-130　　　　　　　　　图 8-131　　　　　　　　　图 8-132

（2）选择"横排文字"工具 T，在图像窗口中输入需要的文字，按 Ctrl+T 组合键，弹出"字符"面板，设置如图 8-133 所示，按 Enter 键，效果如图 8-134 所示，在"图层"控制面板中生成新的文字图层。用相同的方法输入其他文字，如图 8-135 所示。按住 Shift 键的同时，将两个文字图层同时选取，拖曳到控制面板下方的"创建新图层"按钮 上进行复制，生成新的副本图层，按 Ctrl+E 组合键，合并图层并将其命名为"动感"，如图 8-136 所示。

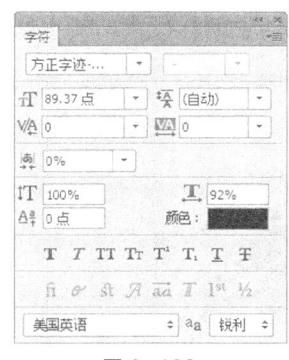
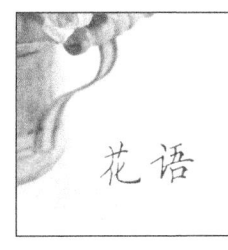

图 8-133　　　　　　　图 8-134　　　　　　　图 8-135　　　　　　　图 8-136

（3）选择"滤镜 > 模糊 > 动感模糊"命令，弹出提示对话框，单击"确定"按钮，栅格化文字，弹出"动感模糊"对话框，选项的设置如图 8-137 所示，单击"确定"按钮，效果如图 8-138 所示。将照片转换为灰度效果制作完成。

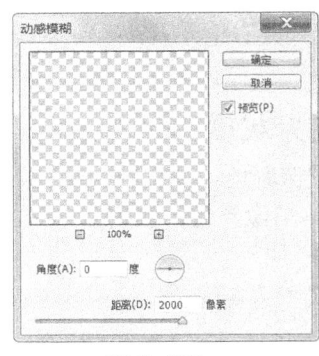

图 8-137 图 8-138

8.2.7 通道混合器

原始图像效果如图 8-139 所示，选择"图像 > 调整 > 通道混合器"命令，弹出"通道混合器"对话框，在对话框中进行设置，如图 8-140 所示。单击"确定"按钮，图像效果如图 8-141 所示。

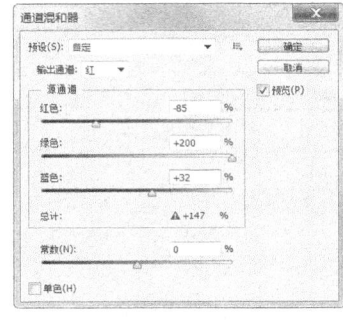

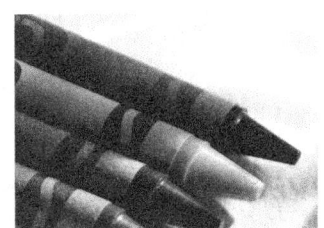

图 8-139 图 8-140 图 8-141

输出通道：可以选取要修改的通道。源通道：通过拖曳滑块来调整图像。常数：也可以通过拖曳滑块调整图像。单色：可创建灰度模式的图像。

8.2.8 匹配颜色

匹配颜色命令用于对色调不同的图片进行调整，统一成一个协调的色调。打开两张不同色调的图片，如图 8-142、图 8-143 所示。

图 8-142 图 8-143

选择需要调整的图片，选择"图像 > 调整 > 匹配颜色"命令，弹出"匹配颜色"对话框，在"源"选项中选择匹配文件的名称，再设置其他各选项，如图 8-144 所示，单击"确定"按钮，效果如图 8-145 所示。

图 8-144	图 8-145

目标图像：在"目标"选项中显示了所选择匹配文件的名称。如果当前调整的图中有选区，勾选"应用调整时忽略选区"复选框，可以忽略图中的选区调整整张图像的颜色；不勾选"应用调整时忽略选区"复选框，可以调整图像中选区内的颜色，效果如图 8-146、图 8-147所示。图像选项：可以通过拖动滑块来调整图像的明亮度、颜色强度、渐隐的数值，并设置"中和"选项，用来确定调整的方式。图像统计：用于设置图像的颜色来源。

图 8-146	图 8-147

8.3 课堂练习——制作人物照片

【练习知识要点】使用色阶和自然饱和度命令调整背景和人物颜色，使用复制和合并图层命令制作合成图像，使用去色命令将合成图像去色，使用色阶命令、渐变映射命令和混合模式命令改变图片的颜色。

【素材所在位置】光盘/Ch08/素材/制作人物照片/01、02。

【效果所在位置】光盘/Ch08/效果/制作人物照片.psd，效果如图 8-148 所示。

图 8-148

8.4 课后习题——制作汽车广告

【习题知识要点】使用图层混合模式命令改变天空图片的颜色，使用替换颜色命令改变图片颜色，使用画笔工具绘制装饰花朵，使用动感模糊滤镜制作汽车动感效果，使用图层样式命令制作文字特殊效果。

【素材所在位置】光盘/Ch08/素材/制作汽车广告/01~04。

【效果所在位置】光盘/Ch08/效果/制作汽车广告.psd，效果如图 8-149 所示。

图 8-149

PART 9

第 9 章
图层的应用

本章介绍

　　本章将主要介绍图层的基本应用知识及应用技巧，讲解图层的基本概念、基础调整方法以及混合模式、样式、蒙版、智能对象图层等高级应用知识。通过本章的学习可以应用图层知识制作出多变的图像效果，可以对图像快速添加样式效果，还可以单独对智能对象图层进行编辑。

学习目标

- 掌握图层混合模式的应用技巧。
- 掌握样式控制面板、图层样式的使用技巧。
- 掌握应用填充和调整图层的应用方法。
- 了解图层复合、盖印图层与智能对象图层。

技能目标

- 掌握"混合风景"的制作方法。
- 掌握"金属效果"的制作方法。
- 掌握"照片合成效果"的制作方法。

9.1 图层的混合模式

图层混合模式在图像处理及效果制作中被广泛应用，特别是在多个图像合成方面更有其独特的作用及灵活性。

9.1.1 课堂案例——制作混合风景

【案例学习目标】为图层添加不同的模式使图层产生多种不同的效果。

【案例知识要点】使用色阶命令和图层混合模式命令更改图像的显示效果，使用画笔工具涂抹图像，使用横排文字工具和添加图层样式命令制作文字效果，如图 9-1 所示。

【效果所在位置】光盘/Ch09/效果/制作混合风景.psd。

图 9-1

（1）按 Ctrl+O 组合键，打开光盘中的"Ch09 > 素材 > 制作混合风景 > 01"文件，如图 9-2 所示。选择"图像 > 调整 > 色阶"命令，在弹出的对话框中进行设置，如图 9-3 所示，单击"确定"按钮，效果如图 9-4 所示。

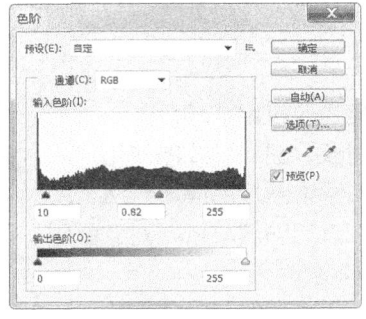

图 9-2	图 9-3	图 9-4

（2）按 Ctrl+O 组合键，打开光盘中的"Ch09 > 素材 > 制作混合风景 > 02"文件，选择"移动"工具，将 02 图像拖曳到 01 图像窗口中，效果如图 9-5 所示，在"图层"控制面板中生成新的图层并将其命名为"02"。

（3）单击"图层"控制面板下方的"添加图层蒙版"按钮，为"02"图层添加蒙版。将前景色设为黑色。选择"画笔"工具，在属性栏中单击"画笔"选项右侧的按钮，在弹出画笔选择面板中选择需要的画笔形状，如图 9-6 所示。在图像窗口中拖曳鼠标擦除不需要的图像，效果如图 9-7 所示。

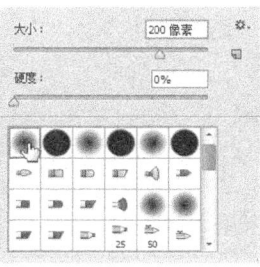

图 9-5	图 9-6	图 9-7

（4）在"图层"控制面板上方将"02"图层的混合模式选项设为"叠加"，如图 9-8 所示，图像效果如图 9-9 所示。

图 9-8   图 9-9

（5）将前景色设为白色。选择"横排文字"工具 $\boxed{\text{T}}$ ，输入需要的文字，按 Ctrl+T 组合键，弹出"字符"面板，选项的设置如图 9-10 所示，效果如图 9-11 所示，在"图层"控制面板中生成新的文字图层。

图 9-10   图 9-11

（6）单击"图层"控制面板下方的"添加图层样式"按钮 $\boxed{fx.}$ ，在弹出的菜单中选择"外发光"命令，在弹出的对话框中进行设置，如图 9-12 所示，单击"确定"按钮，效果如图 9-13 所示。混合风景制作完成。

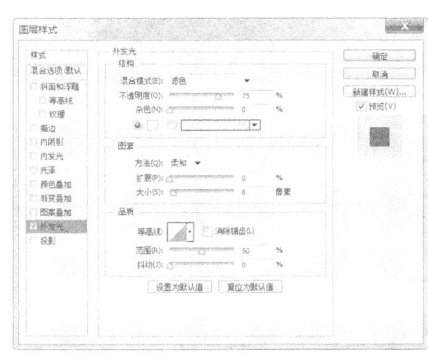

图 9-12   图 9-13

9.1.2   图层混合模式

图层混合模式中的各种样式设置，决定了当前图层中的图像与其下面图层中的图像以何种模式进行混合。

图层的混合模式命令用于为图层添加不同的模式，使图层产生不同的效果。在"图层"控制面板中，"设置图层的混合模式"选项 $\boxed{\text{正常}}$ 用于设定图层的混合模式，它包含有 27 种模式。打开一幅图像如图 9-14 所示，"图层"控制面板中的效果如图 9-15 所示。

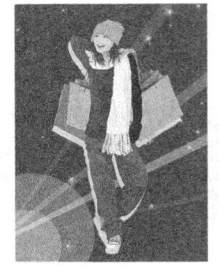

图 9-14

图层
类型
正常
不透明度: 100%
锁定:
填充: 100%
人物
背景

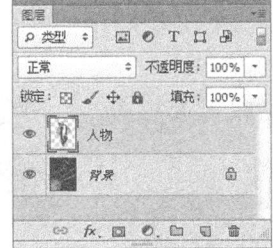

图 9-15

在对“人物”图层应用不同的图层模式后，图像效果如图 9-16 所示。

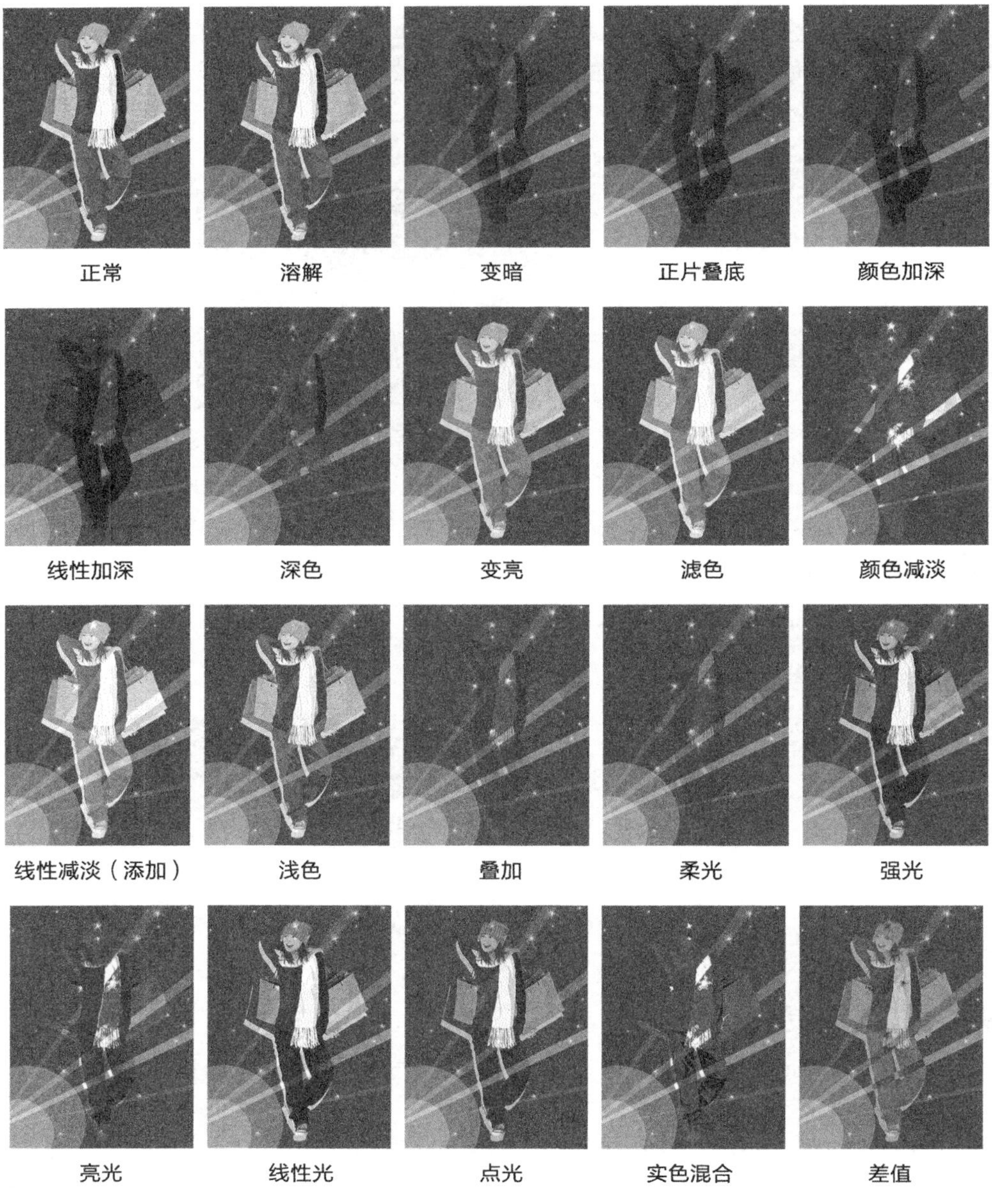

正常
溶解
变暗
正片叠底
颜色加深
线性加深
深色
变亮
滤色
颜色减淡
线性减淡（添加）
浅色
叠加
柔光
强光
亮光
线性光
点光
实色混合
差值

图 9-16

<table>
<tr><td>排除</td><td>减去</td><td>划分</td><td>色相</td><td>饱和度</td></tr>
</table>

颜色　　　　　　明度

图 9-16（续）

9.2　图层样式

　　图层特殊效果命令用于为图层添加不同的效果，使图层中的图像产生丰富的变化效果。

9.2.1　课堂案例——制作金属效果

　　【案例学习目标】为文字添加不同的图层样式效果制作文字的特殊效果。

　　【案例知识要点】使用横排文字工具添加文字，使用添加图层样式命令和剪贴蒙版命令制作文字效果，如图 9-17 所示。

　　【效果所在位置】光盘/Ch09/效果/制作金属效果.psd。

图 9-17

　　（1）按 Ctrl+O 组合键，打开光盘中的"Ch09 > 素材 > 制作金属效果 > 01"文件，如图 9-18 所示。将前景色设为深灰色（其 R、G、B 的值分别为 85、85、85）。选择"横排文字"工具 T，输入文字并选取文字，在属性栏中选择合适的字体并设置文字大小，效果如图 9-19 所示，在"图层"控制面板中生成新的文字图层。

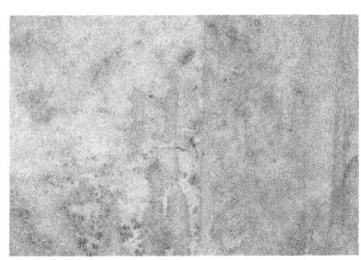

图 9-18

图 9-19

　　（2）单击"图层"控制面板下方的"添加图层样式"按钮 fx，在弹出的菜单中选择"斜面和浮雕"命令，弹出对话框，选项的设置如图 9-20 所示。选择"内发光"选项，切换到相应的对话框，将内发光颜色设为黑色，选项的设置如图 9-21 所示。

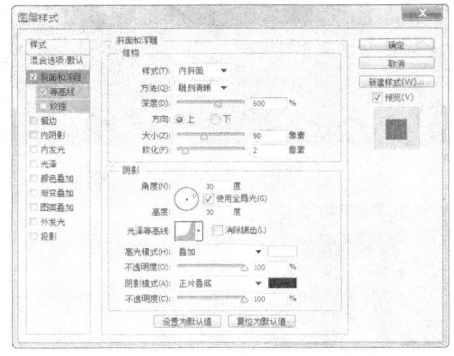 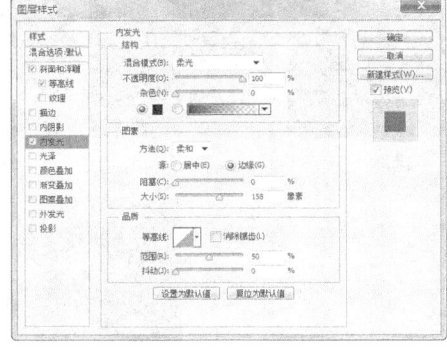

图 9-20　　　　　　　　　　　　　　　　　　　　　图 9-21

（3）选择"渐变叠加"选项，切换到相应的对话框，选项的设置如图 9-22 所示。选择"投影"选项，切换到相应的对话框，选项的设置如图 9-23 所示。单击"确定"按钮，效果如图 9-24 所示。

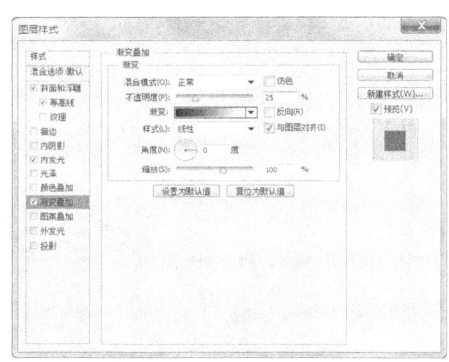 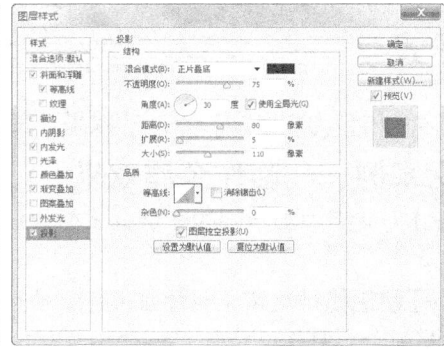 

图 9-22　　　　　　　　　　　　　　图 9-23　　　　　　　　　　　图 9-24

（4）按 Ctrl+O 组合键，打开光盘中的"Ch09 > 素材 > 制作金属效果 > 02"文件，选择"移动"工具 ，将 02 图片拖曳到图像窗口中，效果如图 9-25 所示。在"图层"控制面板中生成新的图层并将其命名为"图片"。

（5）按住 Alt 键的同时，将鼠标光标放在"X"图层和"图片"图层的中间，鼠标光标变为 ，如图 9-26 所示，单击鼠标，创建剪贴蒙版，图像效果如图 9-27 所示。

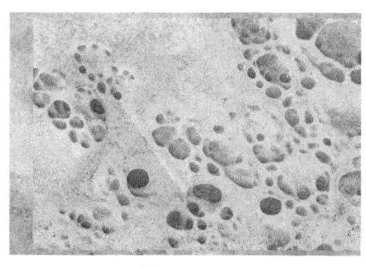  

图 9-25　　　　　　　　　　　图 9-26　　　　　　　　　　　图 9-27

（6）将前景色设为深灰色（其 R、G、B 的值分别为 85、85、85）。选择"横排文字"工

具 $\boxed{T}$ ，输入需要的文字并选取文字，在属性栏中选择合适的字体并设置文字大小，效果如图 9-28 所示，在控制面板中生成新的文字图层。

（7）单击"图层"控制面板下方的"添加图层样式"按钮 fx ，在弹出的菜单中选择"斜面和浮雕"命令，在弹出的对话框中进行设置，如图 9-29 所示。

图 9-28　　　　　　　　　　　　　　图 9-29

（8）选择"内发光"选项，切换到相应的对话框，将内发光颜色设为黑色，选项的设置如图 9-30 所示。选择"渐变叠加"选项，切换到相应的对话框，选项的设置如图 9-31 所示。

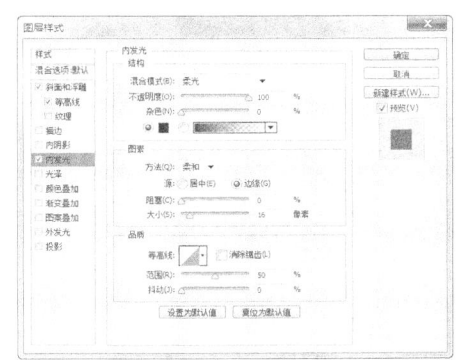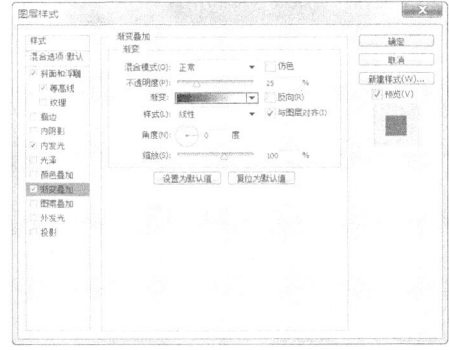

图 9-30　　　　　　　　　　　　　　图 9-31

（9）选择"投影"选项，切换到相应的对话框，选项的设置如图 9-32 所示，单击"确定"按钮，效果如图 9-33 所示。

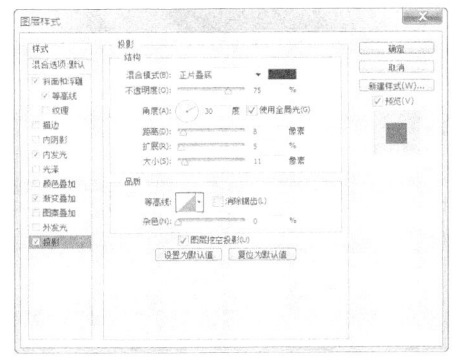

图 9-32　　　　　　　　　　　　　　图 9-33

（10）按 Ctrl+O 组合键，打开光盘中的"Ch09 > 素材 > 制作金属效果 > 02"文件，选择"移动"工具 ┣┿┫，将 02 图片拖曳到图像窗口中，效果如图 9-34 所示。在"图层"控制面板中生成新的图层并将其命名为"图片 副本"。

（11）按住 Alt 键的同时，将鼠标光标放在"DigitalProduction"图层和"图片 副本"图层的中间，鼠标光标变为 ↓□，如图 9-35 所示，单击鼠标，创建剪贴蒙版，图像效果如图 9-36 所示。

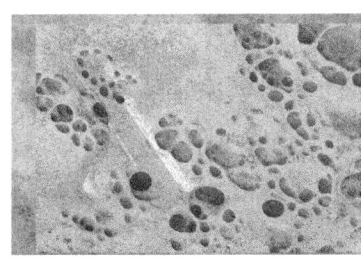

图 9-34	图 9-35	图 9-36

（12）单击"图层"控制面板下方的"创建新的填充或调整图层"按钮 ◑，在弹出的菜单中选择"色阶"命令，在"图层"控制面板中生成"色阶 1"图层，同时弹出"色阶"面板，选项的设置如图 9-37 所示，效果如图 9-38 所示。

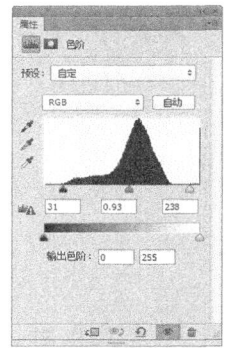

图 9-37	图 9-38

（13）将前景色设为黑色。选择"横排文字"工具 ［T］，输入需要的文字并选取文字，在属性栏中选择合适的字体并设置文字大小，效果如图 9-39 所示，在控制面板中生成新的文字图层。选择"窗口 > 字符"命令，弹出"字符"面板，选项的设置如图 9-40 所示，文字效果如图 9-41 所示。

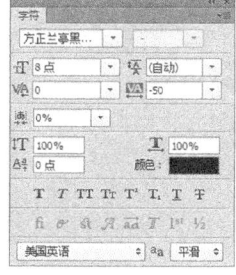

图 9-39	图 9-40	图 9-41

（14）将前景色设为黑色。选择"横排文字"工具 T，输入需要的文字并选取文字，在属性栏中选择合适的字体并设置文字大小，效果如图 9-42 所示，在控制面板中生成新的文字图层。选择"窗口 > 字符"命令，弹出"字符"面板，选项的设置如图 9-43 所示，文字效果如图 9-44 所示。金属效果制作完成。

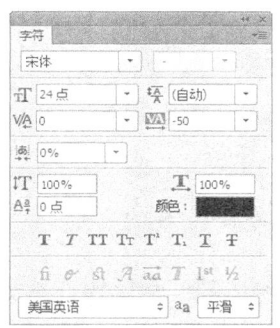

图 9-42　　　　　　　　　　　图 9-43　　　　　　　　　　　图 9-44

9.2.2　样式控制面板

"样式"控制面板用于存储各种图层特效，并将其快速地套用在要编辑的对象中。

选择要添加样式的图形，如图 9-45 所示。选择"窗口 > 样式"命令，弹出"样式"控制面板，单击控制面板右上方的图标，在弹出的菜单中选择"按钮"命令，弹出提示对话框，如图 9-46 所示，单击"追加"按钮，样式被载入控制面板中，选择"扁平圆角"样式，如图 9-47 所示，图形被添加上样式，效果如图 9-48 所示。

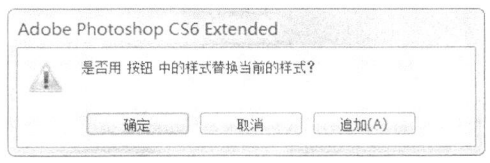

图 9-45　　　　　　　　　　　　　　　　　　　图 9-46

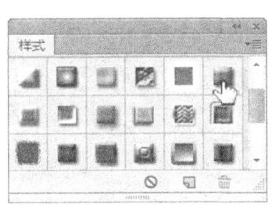

图 9-47　　　　　　　　　　　图 9-48

样式添加完成后，"图层"控制面板中的效果如图 9-49 所示。如果要删除其中某个样式，将其直接拖曳到控制面板下方的"删除图层"按钮 上即可，如图 9-50 所示，删除后的效果如图 9-51 所示。

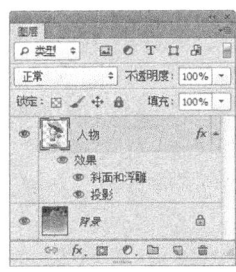
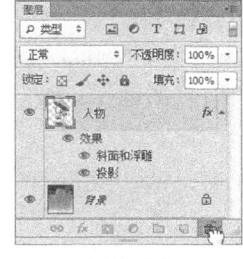

图 9-49　　　　　　　　　图 9-50　　　　　　　　　图 9-51

9.2.3　图层样式

Photoshop CS6 提供了多种图层样式可供选择，可以单独为图像添加一种样式，还可同时为图像添加多种样式。

单击"图层"控制面板右上方的图标 ，将弹出命令菜单，选择"混合选项"命令，弹出"混合选项"对话框，如图 9-52 所示。此对话框用于对当前图层进行特殊效果的处理。单击对话框左侧的任意选项，将弹出相应的效果对话框。还可以单击"图层"控制面板下方的"添加图层样式"按钮 *fx.*，弹出其菜单命令，如图 9-53 所示。

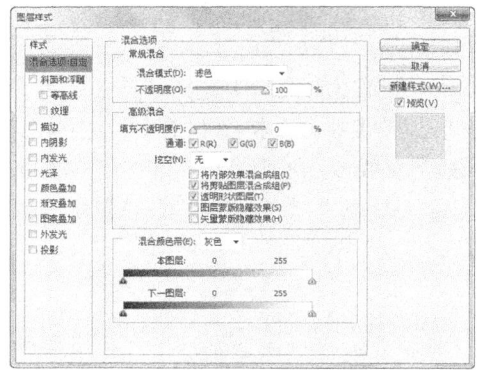
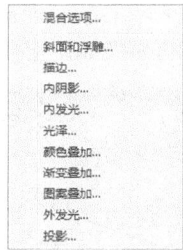

图 9-52　　　　　　　　　　　　　　　图 9-53

斜面和浮雕命令用于使图像产生一种倾斜与浮雕的效果。描边命令用于为图像描边。效果如图 9-54 所示。内阴影命令用于使图像内部产生阴影效果。

斜面和浮雕　　　　　　　描边　　　　　　　内阴影

图 9-54

内发光命令用于在图像的边缘内部产生一种辉光效果。光泽命令用于使图像产生一种光泽的效果。颜色叠加命令用于使图像产生一种颜色叠加效果。效果如图 9-55 所示。

156

内发光　　　　　　　　光泽　　　　　　　颜色叠加

图 9-55

渐变叠加命令用于使图像产生一种渐变叠加效果。图案叠加命令用于在图像上添加图案效果，效果如图 9-56 所示。外发光命令用于在图像的边缘外部产生一种辉光效果，投影命令用于使图像产生阴影效果，效果如图 9-57 所示。

渐变叠加　　　　　　图案叠加　　　　　　　　外发光　　　　　　　投影

图 9-56　　　　　　　　　　　　　　　　图 9-57

9.3　应用填充和调整图层

应用填充和调整图层命令可以通过多种方式对图像进行填充和调整，使图像产生不同的效果。

9.3.1　课堂案例——制作照片合成效果

【案例学习目标】学习使用填充和调整图层命令制作照片，使用图层样式命令为照片添加特殊效果。

【案例知识要点】使用图层的混合模式命令更改图像的显示效果，使用图案填充命令制作底纹效果，使用添加图层样式命令为人物图片添加阴影效果，效果如图 9-58 所示。

图 9-58

【效果所在位置】光盘/Ch09/效果/制作照片合成效果.psd。

（1）按 Ctrl+O 组合键，打开光盘中的"Ch09 > 素材 > 制作照片合成效果 > 01"文件，如图 9-59 所示。

（2）单击"图层"控制面板下方的"创建新的填充或调整图层"按钮，在弹出的菜单中选择"色阶"命令，在"图层"控制面板中生成"色阶 1"图层，同时弹出"色阶"面板，选项的设置如图 9-60 所示，效果如图 9-61 所示。

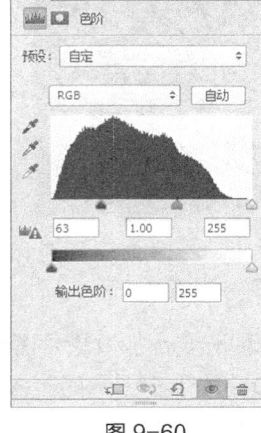
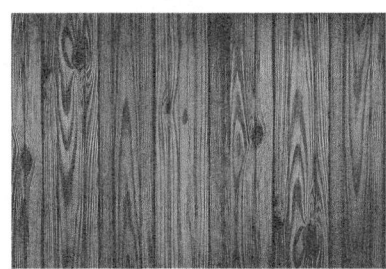

图 9-59 　　　　　　　　　　　　图 9-60 　　　　　　　　　　　　图 9-61

（3）单击"图层"控制面板下方的"创建新的填充或调整图层"按钮 ⬤ ，在弹出的菜单中选择"图案填充"命令，在"图层"控制面板中生成"图案填充 1"图层，同时弹出"图案填充"对话框。单击面板中的"形状"选项右侧的按钮 ，弹出"形状"面板，单击面板右上方的按钮 ✿ ，在弹出的菜单中选择"填充纹理 2"选项，弹出提示对话框，单击"追加"按钮。在"形状"面板中选中需要的图形，如图 9-62 所示。返回"图案填充"对话框，选项的设置如图 9-63 所示，单击"确定"按钮，效果如图 9-64 所示。

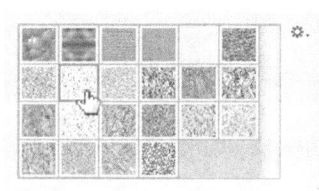
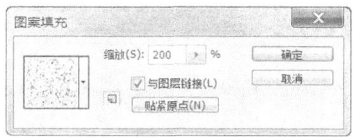

图 9-62 　　　　　　　　　　　　图 9-63 　　　　　　　　　　　　图 9-64

（4）在"图层"控制面板上方，将"图案填充 1"图层的混合模式设为"划分"，"不透明度"设为 60%，如图 9-65 所示，图像效果如图 9-66 所示。

图 9-65 　　　　　　　　　　　　图 9-66

（5）按 Ctrl+O 组合键，打开光盘中的"Ch09 ＞ 素材 ＞ 制作照片合成效果 ＞ 02、03"文件，选择"移动"工具 ，将 02、03 图片分别拖曳到图像窗口中，效果如图 9-67、图 9-68 所示。在"图层"控制面板中生成新的图层并将其命名为"花纹 1"和"人物"。

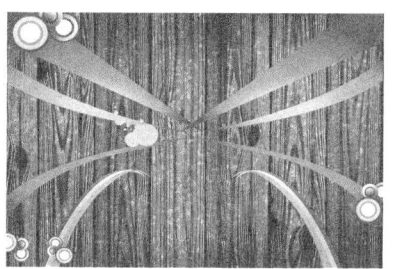
图 9-67

图 9-68

（6）单击"图层"控制面板下方的"添加图层样式"按钮 fx.，在弹出的菜单中选择"投影"命令，弹出对话框，选项的设置如图 9-69 所示。单击"确定"按钮，效果如图 9-70 所示。

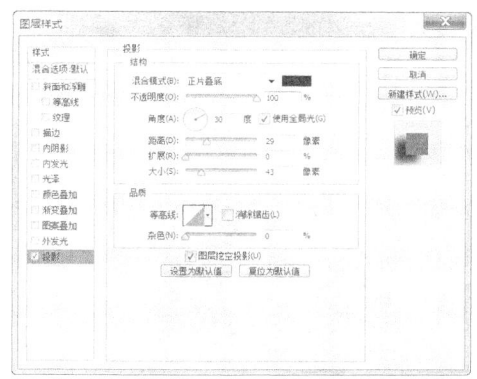
图 9-69

图 9-70

（7）单击"图层"控制面板下方的"创建新的填充或调整图层"按钮 �𝄢.，在弹出的菜单中选择"色调分离"命令，在"图层"控制面板中生成"色调分离 1"图层，同时弹出"色调分离"面板，选项的设置如图 9-71 所示，效果如图 9-72 所示。

图 9-71

图 9-72

（8）在"图层"控制面板上方，将"色调分离 1"图层的混合模式选项设为"柔光"，图像窗口中的效果如图 9-73 所示。按住 Alt 键的同时，将鼠标光标放在"人物"图层和"色调分离 1"图层的中间，鼠标光标变为↓□，如图 9-74 所示，单击鼠标，创建剪贴蒙版，图像效果如图 9-75 所示。

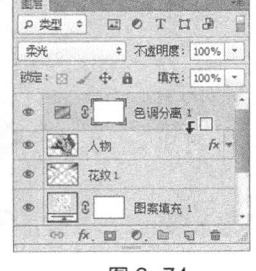

图 9-73　　　　　　　　图 9-74　　　　　　　　图 9-75

（9）单击"图层"控制面板下方的"创建新的填充或调整图层"按钮 ，在弹出的菜单中选择"色相/饱和度"命令，在"图层"控制面板中生成"色相/饱和度 1"图层，同时弹出"色相/饱和度"面板，选项的设置如图 9-76 所示，效果如图 9-77 所示。

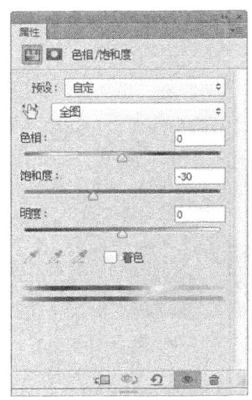

图 9-76　　　　　　　　　　图 9-77

（10）按 Ctrl+O 组合键，打开光盘中的"Ch09 > 素材 > 制作照片合成效果 > 04、05"文件，选择"移动"工具 ，将 04、05 图片分别拖曳到图像窗口中，效果如图 9-78、图 9-79 所示。在"图层"控制面板中生成新的图层并将其命名为"花纹 2"和"花边"。照片合成效果制作完成。

图 9-78　　　　　　　　　　图 9-79

9.3.2　填充图层

当需要新建填充图层时，选择"图层 > 新建填充图层"命令，或单击"图层"控制面板下方的"创建新的填充和调整图层"按钮 ，弹出填充图层的 3 种方式，如图 9-80 所示，选择其中的一种方式，将弹出"新建图层"对话框，如图 9-81 所示，单击"确定"按钮，将根据选择的填充方式弹出不同的填充对话框，以"渐变填

图 9-80

充"为例，如图 9-82 所示，单击"确定"按钮，"图层"控制面板和图像的效果如图 9-83、图 9-84 所示。

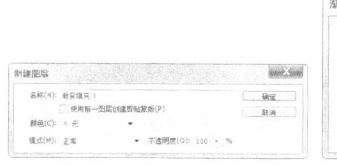
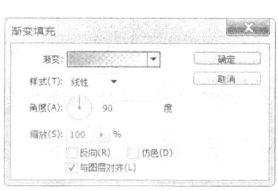

图 9-81　　　　　　　图 9-82　　　　　　　图 9-83　　　　　　　图 9-84

9.3.3　调整图层

当需要对一个或多个图层进行色彩调整时，选择"图层 > 新建调整图层"命令，或单击"图层"控制面板下方的"创建新的填充或调整图层"按钮 ⬛，弹出调整图层的多种方式，如图 9-85 所示，选择其中的一种方式，将弹出"新建图层"对话框，如图 9-86 所示，选择不同的调整方式，将弹出不同的调整对话框，以"色相/饱和度"为例，如图 9-87 所示，按Enter 键，"图层"控制面板和图像的效果如图 9-88、图 9-89 所示。

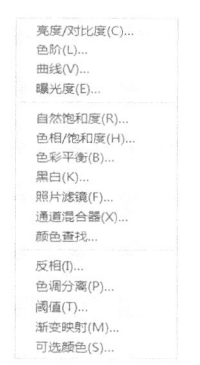
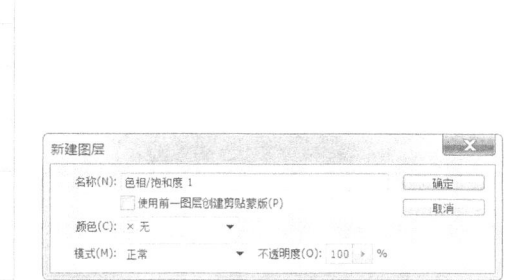
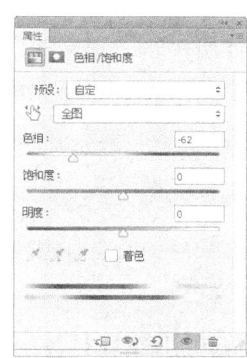

图 9-85　　　　　　　　　图 9-86　　　　　　　　　图 9-87

图 9-88　　　　　　　　　图 9-89

9.4　图层复合、盖印图层与智能对象图层

应用图层复合、盖印图层、智能对象图层命令可以提高制作图像的效率，快速地得到制作过程中的步骤效果。

9.4.1　图层复合

将同一文件中的不同图层效果组合并另存为多个"图层效果组合"，可以对不同的图层复合中的效果进行比对。

1．图层复合与图层复合控制面板

"图层复合"控制面板可将同一文件中的不同图层效果组合并另存为多个"图层效果组合"，这样可以更加方便快捷地展示和比较不同图层组合设计的视觉效果。

设计好的图像效果如图 9-90 所示，"图层"控制面板中的效果如图 9-91 所示。选择"窗口 > 图层复合"命令，弹出"图层复合"控制面板，如图 9-92 所示。

 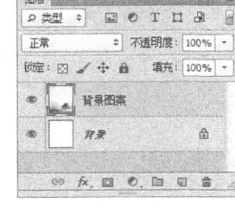 

图 9-90   图 9-91   图 9-92

2．创建图层复合

单击"图层复合"控制面板右上方的图标 ，在弹出式菜单中选择"新建图层复合"命令，弹出"新建图层复合"对话框，如图 9-93 所示，单击"确定"按钮，建立"图层复合 1"，如图 9-94 所示，所建立的"图层复合 1"中存储的是当前的制作效果。

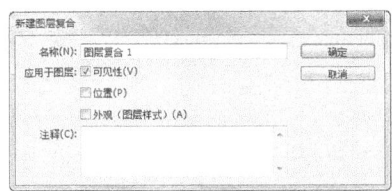 

图 9-93   图 9-94

3．应用和查看图层复合

再对图像进行修饰和编辑，图像效果如图 9-95 所示，"图层"控制面板如图 9-96 所示。选择"新建图层复合"命令，建立"图层复合 2"，如图 9-97 所示，所建立的"图层复合 2"中存储的是修饰编辑后的制作效果。

  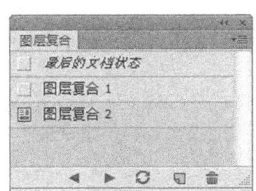

图 9-95   图 9-96   图 9-97

4．导出图层复合

在"图层复合"控制面板中，单击"图层复合 1"左侧的方框，显示 图标，如图 9-98 所示，可以观察"图层复合 1"中的图像，效果如图 9-99 所示。单击"图层复合 2"左侧的方框，显示 图标，如图 9-100 所示，可以观察"图层复合 2"中的图像，效果如图 9-101 所示。

单击"应用选中的上一图层复合"按钮 ◀ 和"应用选中的下一图层复合"按钮 ▶，可以快速地对两次的图像编辑效果进行比较。

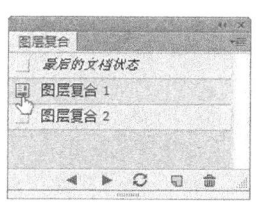
图 9-98

图 9-99

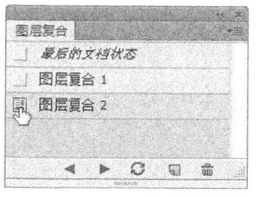
图 9-100

图 9-101

9.4.2　盖印图层

盖印图层是将图像窗口中所有当前显示出来的图像合并到一个新的图层中。

在"图层"控制面板中选中一个可见图层，如图 9-102 所示，单击 Ctrl+Alt+Shift+E 组合键，将每个图层中的图像复制并合并到一个新的图层中，如图 9-103 所示。

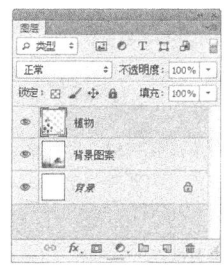
图 9-102

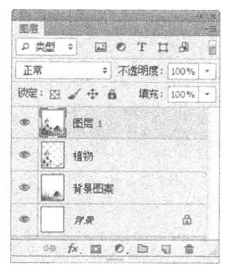
图 9-103

知识提示

在执行此操作时，必须选择一个可见的图层，否则将无法实现此操作。

9.4.3　智能对象图层

智能对象全称为智能对象图层。智能对象可以将一个或多个图层，甚至是一个矢量图形文件包含在 Photoshop 文件中。以智能对象形式嵌入 Photoshop 文件中的位图或矢量文件，与当前的 Photoshop 文件能够保持相对的独立性。当对 Photoshop 文件进行修改或对智能对象进行变形、旋转时，不会影响嵌入的位图或矢量文件。

1．创建智能对象

使用置入命令：选择"文件 > 置入"命令为当前的图像文件置入一个矢量文件或位图文件。

使用转换为智能对象命令：选中一个或多个图层后，选择"图层 > 智能对象 > 转换为智能对象"命令，可以将选中的图层转换为智能对象图层。

使用粘贴命令：先在 Illustrator 软件中对矢量对象进行拷贝，再回到 Photoshop 软件中将拷贝的对象进行粘贴。

2．编辑智能对象

智能对象以及"图层"控制面板中的效果如图 9-104、图 9-105 所示。

双击"植物"图层的缩览图，Photoshop CS6 将打开一个新文件，即智能对象"植物"，如图 9-106 所示。此智能对象文件包含 1 个普通图层，如图 9-107 所示。

图 9-104

图 9-105

图 9-106

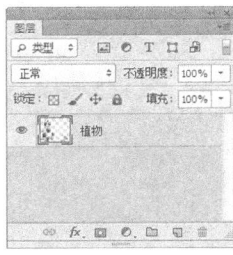
图 9-107

在智能对象文件中对图像进行修改并保存，效果如图 9-108 所示，修改操作将影响嵌入此智能对象文件的图像的最终效果，如图 9-109 所示。

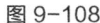
图 9-108

图 9-109

9.5　课堂练习——制作晚霞风景画

【练习知识要点】使用纯色命令、图层混合模式命令、色相/饱和度命令和通道混合器命令制作照片的视觉特效，使用文字工具和添加图层样式命令制作文字特殊效果。

【素材所在位置】光盘/Ch09/素材/制作晚霞风景画/01。

【效果所在位置】光盘/Ch09/效果/制作晚霞风景画.psd，效果如图 9-110 所示。

图 9-110

9.6　课后习题——制作网页播放器

【练习知识要点】使用色相/饱和度命令调整背景图形，使用矩形工具、图层填充选项和样式面板制作底图，使用形状工具和图层样式命令制作按钮图形，使用横排文字工具添加播放器文字。

　　【素材所在位置】光盘/Ch09/素材/制作网页播放器/01~04。

　　【效果所在位置】光盘/Ch09/效果/制作网页播放器.psd，效果如图 9-111 所示。

图 9-111

PART 10

第 10 章
文字的使用

本章介绍

　　本章将主要介绍 Photoshop CS6 中文字的输入以及编辑方法。通过本章的学习，要了解并掌握文字的功能及特点，快速地掌握点文字、段落文字的输入方法，变形文字的设置以及路经文字的制作。

学习目标

● 熟练掌握文字的水平和垂直输入的技巧。
● 熟练掌握文字的编辑、栅格化文字的技巧。
● 熟练掌握段落文字的输入与编辑的技巧。
● 掌握使用变形命令对文字进行变形的方法。
● 掌握在路径上创建并编辑文字的方法。

技能目标

● 掌握"个性文字"的制作方法。
● 掌握"心情日记"的制作方法。
● 掌握"音乐卡片"的制作方法。
● 掌握"美发卡"的制作方法。

10.1 文字的输入与编辑

应用文字工具输入文字并使用字符控制面板对文字进行调整。

10.1.1 课堂案例——制作个性文字

【案例学习目标】学习使用文字工具添加英文文字。

【案例知识要点】使用横排文字工具输入需要的文字,使用渐变工具制作文字渐变效果,使用添加图层样式命令为文字添加描边效果,如图 10-1 所示。

图 10-1

【效果所在位置】光盘/Ch10/效果/制作个性文字.psd。

(1)按 Ctrl+O 组合键,打开光盘中的"Ch10 > 素材 > 制作个性文字 > 01"文件,如图 10-2 所示。选择"裁剪"工具 ,在属性栏中的"设置自定长宽比"选项设为 15 厘米、10 厘米,在图像窗口中拖曳鼠标裁剪图像,如图 10-3 所示,按 Enter 键,图像效果如图 10-4 所示。

图 10-2

图 10-3

图 10-4

(2)选择"横排文字"工具 ,在图像窗口中输入需要的文字,按 Ctrl+T 组合键,弹出"字符"面板,设置如图 10-5 所示,按 Enter 键,效果如图 10-6 所示,在"图层"控制面板中生成新的文字图层。用相同的方法输入其他文字,如图 10-7 所示。

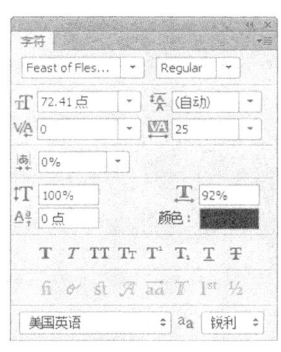

图 10-5

图 10-6

图 10-7

(3)按住 Shift 键的同时,将两个文字图层同时选取,按 Ctrl+E 组合键,合并图层并将其命名为"文字",如图 10-8 所示。选择"移动"工具 ,按 Ctrl+T 组合键,文字周围出现变换框,按住 Alt+Shift 组合键的同时,向外拖曳控制手柄,等比例放大文字,按 Enter 键,效果如图 10-9 所示。

图 10-8　　　　　　　　　　　　　　　　　图 10-9

（4）在"图层"控制面板中，按住 Ctrl 键的同时，单击"文字"图层的缩览图，如图 10-10 所示，在文字周围生成选区，效果如图 10-11 所示。

图 10-10　　　　　　　　　　　　　　　　图 10-11

（5）选择"渐变"工具 ，单击属性栏中的"点按可编辑渐变"按钮 ，弹出"渐变编辑器"对话框，在"预设"选项中选择"橙、黄、橙渐变"，如图 10-12 所示，单击"确定"按钮。在属性栏中选中"线性渐变"按钮 ，按住 Shift 键的同时，在文字选区中由上至下拖曳渐变色，效果如图 10-13 所示。按 Ctrl+D 组合键，取消选区。

图 10-12　　　　　　　　　　　　　　　　图 10-13

（6）在"图层"控制面板中将"文字"图层拖曳到"创建新图层"按钮 进行复制，生成副本图层。按住 Ctrl 键的同时，单击"文字 副本"图层的缩览图，在文字周围生成选区，填充选区为黄色（其 R、G、B 的值分别为 251、255、0），效果如图 10-14 所示。按 Ctrl+D 组合键，取消选区。

（7）在"图层"控制面板中将"文字 副本"图层拖曳到"文字"图层的下方。选择"移动"工具 ，在图像窗口中微移图像，效果如图 10-15 所示。再次复制"文字"图层，载入选区并填充选区为绿色（其 R、G、B 的值分别为 0、166、10），拖曳到"文字 副本"图层的下方，微移图像，效果如图 10-16 所示。

图 10-14　　　　　　　　　图 10-15　　　　　　　　　图 10-16

（8）单击"图层"控制面板下方的"添加图层样式"按钮 fx.，在弹出的菜单中选择"描边"命令，弹出对话框，将描边颜色设为黑色，其他选项的设置如图 10-17 所示，单击"确定"按钮，效果如图 10-18 所示。个性文字制作完成。

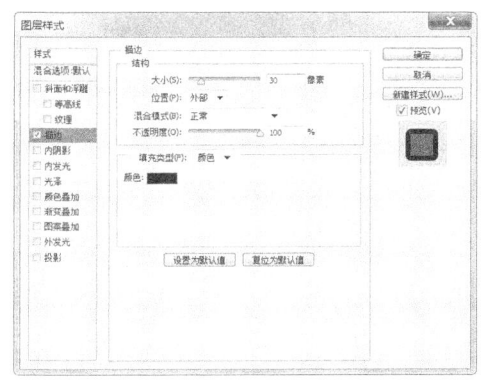 

图 10-17　　　　　　　　　　　　　　　　图 10-18

10.1.2　输入水平、垂直文字

选择"横排文字"工具 T，或按 T 键，其属性栏状态如图 10-19 所示。

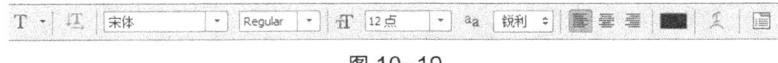

图 10-19

切换文本取向 ⤨：用于选择文字输入的方向。

宋体 ▾ Regular ▾：用于设定文字的字体及属性。

⫪ 12点 ▾：用于设定字体的大小。

ªₐ 锐利 ≑：用于消除文字的锯齿，包括无、锐利、犀利、浑厚和平滑 5 个选项。

▤ ▤ ▤：用于设定文字的段落格式，分别是左对齐、居中对齐和右对齐。

▉：用于设置文字的颜色。

创建文字变形 ⤒：用于对文字进行变形操作。

切换字符和段落面板 ▤：用于打开"段落"和"字符"控制面板。

取消所有当前编辑 ⊘：用于取消对文字的操作。

提交所有当前编辑 ✓：用于确定对文字的操作。

选择"直排文字"工具 ⫪T，可以在图像中建立垂直文本，创建垂直文本工具属性栏和创建文本工具属性栏的功能基本相同。

10.1.3 创建文字形状选区

横排文字蒙版工具 ：可以在图像中建立文本的选区，创建文本选区工具属性栏和创建文本工具属性栏的功能基本相同。

直排文字蒙版工具 ：可以在图像中建立垂直文本的选区，创建垂直文本选区工具属性栏和创建文本工具属性栏的功能基本相同。

10.1.4 字符设置

"字符"控制面板用于编辑文本字符。选择"窗口 > 字符"命令，弹出"字符"控制面板，如图 10-20 所示。

在控制面板中，第一栏选项可以用于设置字符的字体和样式；第二栏选项用于设置字符的大小、行距、字距和单个字符所占横向空间的大小；第三栏选项用于设置字符垂直方向的长度、水平方向的长度、角标和字符颜色；第四栏按钮用于设置字符的形式；第五栏选项用于设置字典和消除字符的锯齿。

单击字体选项 Adobe 仿宋... 右侧的按钮 ，在其下拉列表中选择字体。在设置字体大小选项 12点 的数值框中直接输入数值，或

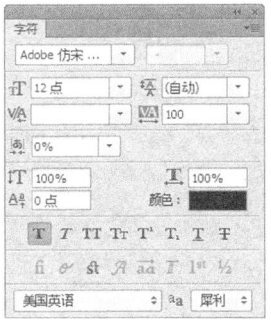

图 10-20

单击选项右侧的按钮 ，在其下拉列表中选择字体大小的数值。在垂直缩放选项 100% 的数值框中直接输入数值，可以调整字符的高度，效果如图 10-21 所示。

数值为 100%时文字效果 　　　　数值为 150%时文字效果 　　　　数值为 200%时文字效果

图 10-21

在设置行距选项 (自动) 的数值框中直接输入数值，或单击选项右侧的按钮 ，在其下拉列表中选择需要的行距数值，可以调整文本段落的行距，效果如图 10-22 所示。

数值为 36 时文字效果 　　　　数值为 60 时文字效果 　　　　数值为 18 时文字效果

图 10-22

在水平缩放选项 100% 的数值框中输入数值，可以调整字符的宽度，效果如图 10-23 所示。

数值为 100%时文字效果 　　　　数值为 120%时文字效果 　　　　数值为 180%时文字效果

图 10-23

在设置所选字符的比例间距选项 0% 的下拉列表中选择百分比数值，可以对所选字符的比例间距进行细微的调整，效果如图 10-24 所示。

数值为 0% 时文字效果　　　　数值为 100% 时文字效果

图 10-24

在设置所选字符的字距调整选项 100 的数值框中直接输入数值，或单击选项右侧的按钮，在其下拉列表中选择字距数值，可以调整文本段落的字距。输入正值时，字距加大；输入负值时，字距缩小，效果如图 10-25 所示。

数值为 0 时的效果　　　数值为 100 时的效果　　　数值为-100 时的效果

图 10-25

使用"横排文字"工具在两个字符间单击，插入光标，在设置两个字符间的字距微调选项 0 的数值框中输入数值，或单击选项右侧的按钮，在其下拉列表中选择需要的字距数值。输入正值时，字符的间距加大；输入负值时，字符的间距缩小，效果如图 10-26 所示。

数值为 0 时文字效果　　　数值为 200 时文字效果　　　数值为-200 时文字效果

图 10-26

选中字符，在设置基线偏移选项 0点 的数值框中直接输入数值，可以调整字符上下移动。输入正值时，使水平字符上移，使直排的字符右移；输入负值时，使水平字符下移，使直排的字符左移，效果如图 10-27 所示。

选中字符　　　　数值为 20 时文字效果　　　　数值为-20 时文字效果

图 10-27

在设置文本颜色图标 颜色: 上单击，弹出"选择文本颜色"对话框，在对话框中设置需要的颜色后，单击"确定"按钮，改变文字的颜色。

设定字符形式 T _T_ TT Tr T¹ T₁ T F：从左到右依次为"仿粗体"按钮⬛T、"仿斜体"按钮_T_、"全部大写字母"按钮TT、"小型大写字母"按钮Tr、"上标"按钮T¹、"下标"按钮T₁、"下划线"按钮T和"删除线"按钮F。单击需要的形式按钮，不同的形式效果如图 10-28 所示。

正常效果　　　　　　　仿粗体效果　　　　　　　仿斜体效果

全部大写字母效果　　　小型大写字母效果　　　　上标效果

下标效果　　　　　　　下划线效果　　　　　　　删除线效果

图 10-28

单击语言设置选项 美国英语 ⬥ 右侧的按钮⬥，在其下拉列表中选择需要的字典。选择字典主要用于拼写检查和连字的设定。

消除锯齿的方法选项ᵃa 锐利 ⬥ 可以选择无、锐利、犀利、浑厚和平滑 5 种消除锯齿的方法。

10.1.5　栅格化文字

"图层"控制面板中文字图层的效果如图 10-29 所示，选择"图层 > 栅格化 > 文字"命令，可以将文字图层转换为图像图层，如图 10-30 所示；也可用鼠标右键单击文字图层，在弹出的菜单中选择"栅格化文字"命令；还可以选择"文字 > 栅格化文字图层"命令。

　　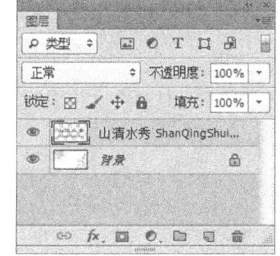

图 10-29　　　　　　　　　　图 10-30

10.1.6　课堂案例——制作心情日记

【案例学习目标】学习使用文字工具输入段落文字及使用段落面板。

【案例知识要点】使用文字工具拖曳段落文本框，使用添加图层样式命令为文字添加特效效果，使用栅格化文字命令将文字图层转换为图像图层，使用波纹滤镜命令制作文字波纹效果，如图 10-31 所示。

【效果所在位置】光盘/Ch10/效果/制作心情日记.psd。

（1）按 Ctrl+O 组合键，打开光盘中的"Ch10 > 素材 > 制作心情日记 > 01"文件，如图 10-32 所示。

（2）新建图层并将其命名为"形状装饰"。将前景色设为紫色（其 R、G、B 的值分别为 125、28、223）。选择"自定形状"工具 🎨，单击属性栏中的"形状"选项，弹出"形状"面板，单击右上方的按钮 ⚙️，在弹出的菜单中选择"音乐"选项，弹出提示对话框，单击"追加"按钮。在"形状"面板中选择需要的图形，如图 10-33 所示。

图 10-31

（3）在属性栏中的"选择工具模式"选项中选择"像素"，拖曳鼠标绘制图形。按 Ctrl+T 组合键，将鼠标光标放在变换框的控制手柄外侧，光标变为旋转图标 ↱，拖曳鼠标将图像旋转到适当的位置，按 Enter 键，效果如图 10-34 所示。用相同的方法分别制作其他图形，效果如图 10-35 所示。

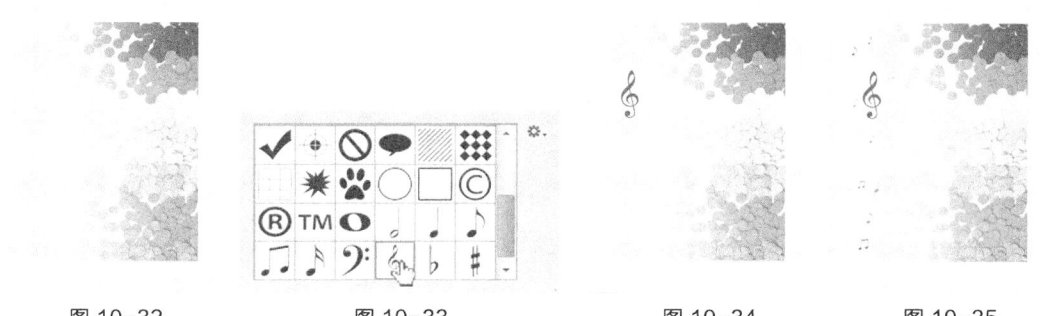

图 10-32   图 10-33   图 10-34   图 10-35

（4）将前景色设为黑色。选择"横排文字"工具 T，输入需要的文字并选取文字，在属性栏中选择合适的字体并设置文字的大小，效果如图 10-36 所示，在"图层"控制面板中生成新的文字图层。

（5）选择"移动"工具 ✢，按 Ctrl+T 组合键，文字周围出现变换框，将鼠标光标放在变换框的控制手柄外侧，光标变为旋转图标 ↱，拖曳鼠标将文字旋转到适当的位置，按 Enter 键，效果如图 10-37 所示。

图 10-36   图 10-37

（6）单击"图层"控制面板下方的"添加图层样式"按钮 fx，在弹出的菜单中选择"投影"命令，弹出对话框，选项的设置如图 10-38 所示；选择"斜面和浮雕"选项，切换到相应的对话框中进行设置，如图 10-39 所示；选择"描边"选项，切换到相应的对话框，将描边颜色设置为白色，其他选项的设置如图 10-40 所示，单击"确定"按钮，效果如图 10-41 所示。

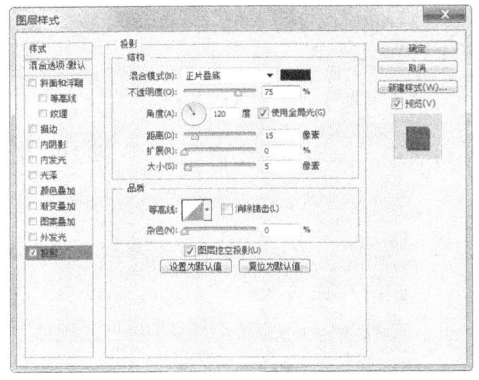

图 10-38

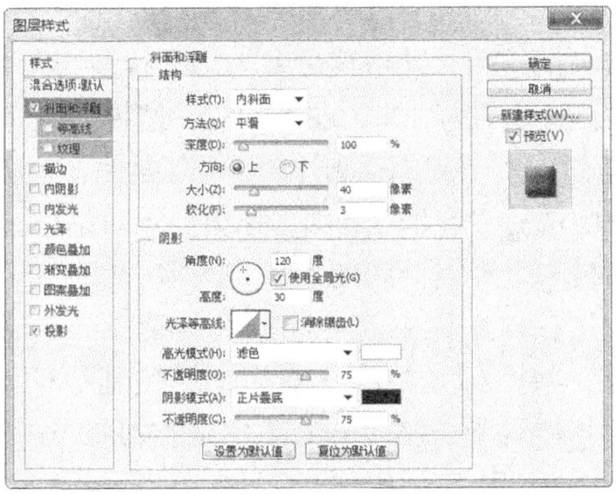

图 10-39

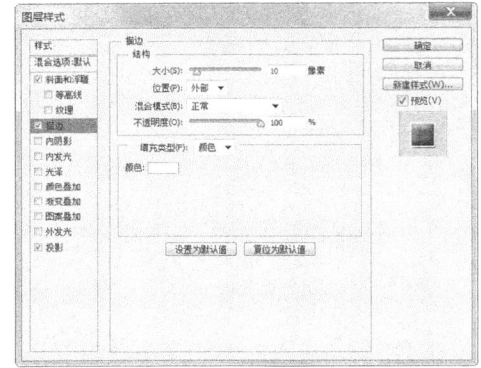

图 10-40

图 10-41

（7）选择"横排文字"工具 $\boxed{T}$，输入需要的文字并选取文字，在属性栏中选择合适的字体并设置文字的大小，效果如图 10-42 所示，在"图层"控制面板中生成新的文字图层。选择"移动"工具 $\boxed{+}$，按 Ctrl+T 组合键，文字周围出现变换框，将鼠标光标放在变换框的控制手柄外侧，光标变为旋转图标 ↻，拖曳鼠标将文字旋转到适当的位置，按 Enter 键，效果如图 10-43 所示。

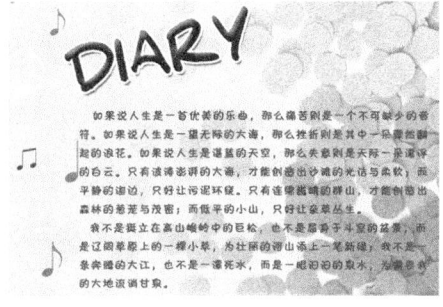

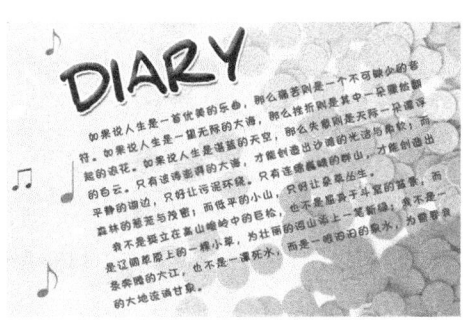

图 10-42

图 10-43

（8）选择"横排文字"工具 [T]，输入需要的文字并选取文字，在属性栏中选择合适的字体并设置文字的大小，效果如图 10-44 所示，在"图层"控制面板中生成新的文字图层。在"2013.10.11"文字图层上单击鼠标右键，在弹出的菜单中选择"栅格化文字"命令，将文字图层转换为图像图层。

（9）选择"滤镜 > 扭曲 > 波纹"命令，在弹出的对话框中进行设置，如图 10-45 所示，单击"确定"按钮，效果如图 10-46 所示。

图 10-44　　　　　　图 10-45　　　　　　图 10-46

（10）单击"图层"控制面板下方的"添加图层样式"按钮 [fx.]，在弹出的菜单中选择"斜面和浮雕"命令，弹出对话框，选项的设置如图 10-47 所示，单击"确定"按钮，效果如图 10-48 所示。心情日记制作完成。

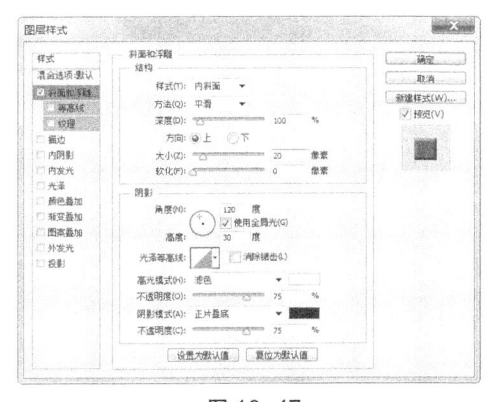

图 10-47　　　　　　　　　　图 10-48

10.1.7　输入段落文字

建立段落文字图层就是以段落文字框的方式建立文字图层。将"横排文字"工具 [T] 移动到图像窗口中，鼠标光标变为 [I] 图标。单击并按住鼠标左键不放，拖曳鼠标在图像窗口中创建一个段落定界框，如图 10-49 所示。插入点显示在定界框的左上角，段落定界框具有自动换行的功能，如果输入的文字较多，则当文字遇到定界框时，会自动换到下一行显示，输入文字，效果如图 10-50 所示。

如果输入的文字需要分段落，可以按 Enter 键，进行操作，还可以对定界框进行旋转、拉伸等操作。

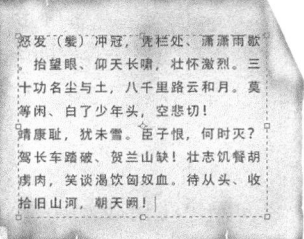

图 10-49　　　　　　　　　　图 10-50

10.1.8　编辑段落文字的定界框

输入文字后还可对段落文字定界框进行编辑。将鼠标放在定界框的控制点上，鼠标光标变为 ，如图 10-51 所示，拖曳控制点可以按需求缩放定界框，如图 10-52 所示。如果按住 Shift 键的同时，拖曳控制点，可以成比例地拖曳定界框。

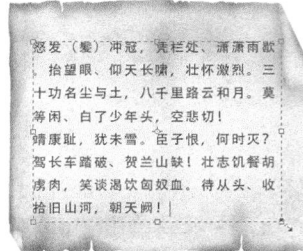
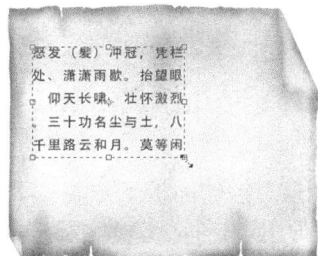

图 10-51　　　　　　　　　　图 10-52

将鼠标放在定界框的外侧,鼠标光标变为 ,此时拖曳控制点可以旋转定界框,如图 10-53 所示。按住 Ctrl 键的同时，将鼠标放在定界框的外侧，鼠标光标变为 ，拖曳鼠标可以改变定界框的倾斜度，效果如图 10-54 所示。

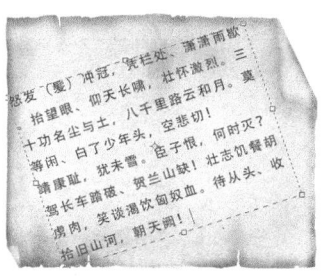
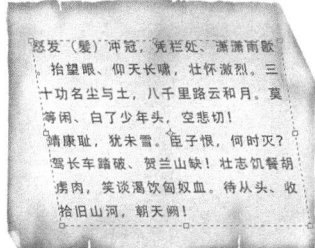

图 10-53　　　　　　　　　　图 10-54

10.1.9　段落设置

"段落"控制面板用于编辑文本段落。选择"窗口 ＞ 段落"命令，弹出"段落"控制面板，如图 10-55 所示。

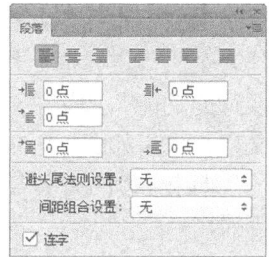

图 10-55

 ：用于调整文本段落中每行的方式：左对齐、中间对齐、右对齐。 ：用于调整段落的对齐方式，分别为段落最后一行左对齐、段落最后一行中间对齐、段落最后一行右对齐。全部对齐 ：用于设置整个段落中的行两端对齐。左缩进 ：在选项中输入数值可以设置段落左端的缩进量。右缩进 ：在选项中输入数值可以设置段落右端的缩进量。首行缩进 ⁺≣：在选项中输入数值可以设置段落第一行的左端缩进量。
段前添加空格 ⁺≣：在选项中输入数值可以设置当前段落与前一段落的距离。段后添加空格 ₊≣：
在选项中输入数值可以设置当前段落与后一段落的距离。避头尾法则设置、间距组合设置：
用于设置段落的样式。连字：用于确定文字是否与连字符链接。

10.1.10　横排与直排

在图像中输入横排文字，如图 10-56 所示，选择"文字 > 取向 > 垂直"命令，文字将
从水平方向转换为垂直方向，如图 10-57 所示。

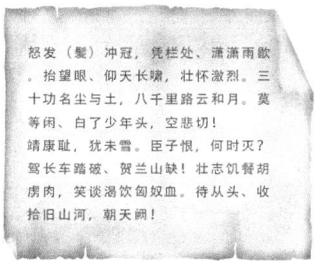
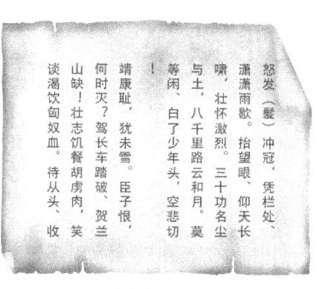

图 10-56　　　　　　　　　　　图 10-57

10.1.11　点文字与段落文字、路径、形状的转换

1．点文字与段落文字的转换

在图像中建立点文字图层，选择"图层 > 文字 > 转换为段落文本"命令，将点文字图
层转换为段落文字图层。

要将建立的段落文字图层转换为点文字图层，选择"图层 > 文字 > 转换为点文本"命
令即可。

2．将文字转换为路径

在图像中输入文字，如图 10-58 所示，选择"文字 > 创建工作路径"命令，将文字转换
为路径，效果如图 10-59 所示。

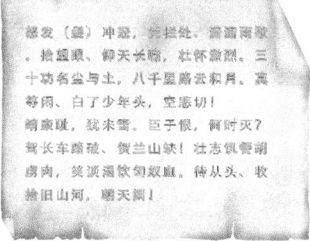

图 10-58　　　　　　　　　　　图 10-59

3．将文字转换为形状

在图像中输入文字，如图 10-60 所示，选择"文字 > 转换为形状"命令，将文字转换为
形状，效果如图 10-61 所示，在"图层"控制面板中，文字图层被形状路径图层所代替，如
图 10-62 所示。

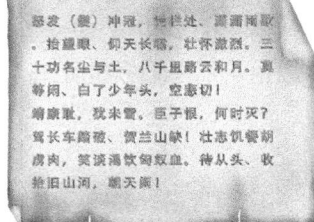

图 10-60　　　　　　　　图 10-61

图 10-62

10.2　文字变形效果

可以根据需要将输入完成的文字进行各种变形。

10.2.1　课堂案例——制作音乐卡片

【案例学习目标】学习使用创建变形文字命令制作变形文字。

【案例知识要点】使用横排文字工具输入文字，使用创建文字变形命令制作变形文字，使用添加图层样式命令为文字添加特殊效果，如图 10-63 所示。

【效果所在位置】光盘/Ch10/效果/制作音乐卡片.psd。

图 10-63

（1）按 Ctrl+O 组合键，打开光盘中的"Ch10 > 素材 > 制作音乐卡片 > 01"文件，如图 10-64 所示。按 Ctrl+O 组合键，打开光盘中的"Ch10 > 素材 > 制作音乐卡片 > 02"文件，选择"移动"工具，将 02 图片拖曳到 01 图像窗口中适当的位置，效果如图 10-65 所示，在"图层"控制面板中生成新的图层并将其命名为"音乐符"。

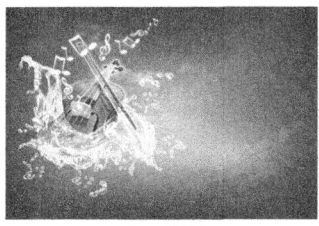　　

图 10-64　　　　　　　　图 10-65

（2）选择"横排文字"工具，输入需要的文字并选取，在属性栏中选择合适的字体并设置文字大小，分别填充适当的颜色，效果如图 10-66 所示，在"图层"控制面板中生成新的文字图层。单击文字工具属性栏中的"创建文字变形"按钮，弹出"变形文字"对话框，选项的设置如图 10-67 所示，单击"确定"按钮，效果如图 10-68 所示。

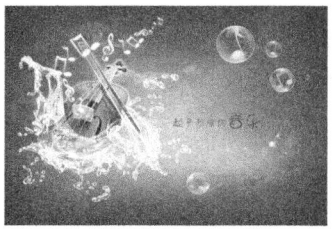　　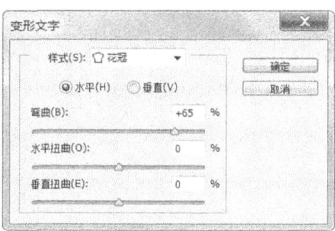　　

图 10-66　　　　　　　　图 10-67　　　　　　　　图 10-68

（3）单击"图层"控制面板下方的"添加图层样式"按钮 fx ，在弹出的菜单中选择"内阴影"命令，弹出对话框，选项的设置如图 10-69 所示；选择"外发光"选项，切换到相应的对话框，设置如图 10-70 所示；选择"描边"选项，切换到相应的对话框，将描边颜色设为白色，其他选项的设置如图 10-71 所示，单击"确定"按钮，效果如图 10-72 所示。

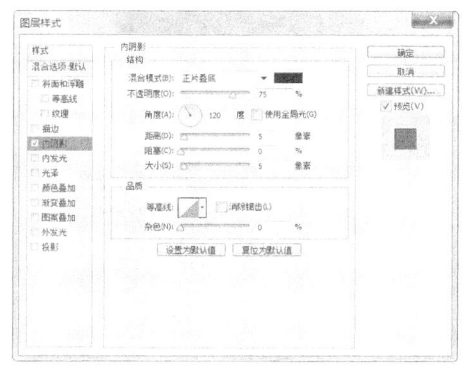

图 10-69

图 10-70

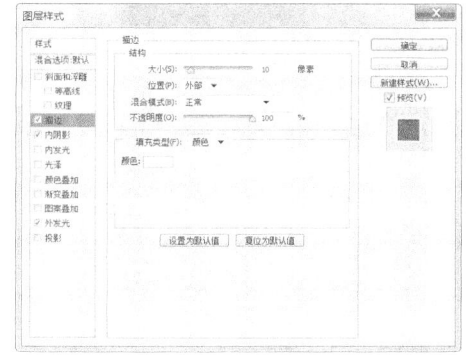

图 10-71

图 10-72

（4）将前景色设为蓝色（其 R、G、B 的值分别为 1、156、208）。选择"横排文字"工具 T ，输入需要的文字，选取文字，在属性栏中选择合适的字体并设置文字大小，效果如图10-73 所示。在"图层"控制面板中生成新的文字图层。单击"图层"控制面板下方的"添加图层样式"按钮 fx ，在弹出的菜单中选择"外发光"命令，弹出对话框，选项的设置如图10-74 所示。

图 10-73

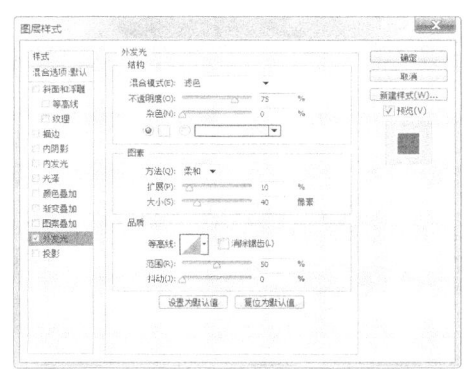

图 10-74

（5）选择"描边"选项，切换到相应的对话框，将描边颜色设为白色，其他选项的设置如图 10-75 所示，单击"确定"按钮，效果如图 10-76 所示。

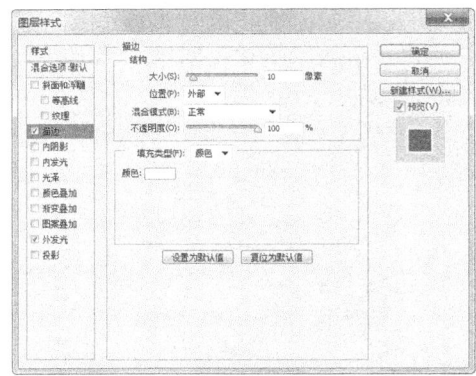

图 10-75　　　　　　　　　　　　　　　图 10-76

（6）将前景色设为白色。选择"横排文字"工具 T，分别输入需要的文字并选取文字，在属性栏中选择合适的字体并设置文字大小，效果如图 10-77 所示。在"图层"控制面板中生成新的文字图层。音乐卡片制作完成，效果如图 10-78 所示。

图 10-77　　　　　　　　　　　　　图 10-78

10.2.2　变形文字

应用变形文字面板可以将文字进行多种样式的变形，如扇形、旗帜、波浪、膨胀、扭转等。

1．制作扭曲变形文字

根据需要可以对文字进行各种变形。在图像中输入文字，如图 10-79 所示，单击文字工具属性栏中的"创建文字变形"按钮 ，弹出"变形文字"对话框，如图 10-80 所示，在"样式"选项的下拉列表中包含多种文字的变形效果，如图 10-81 所示。

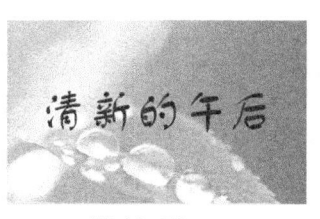

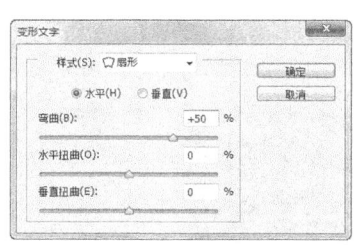

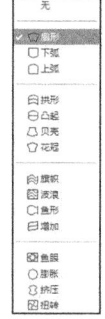

图 10-79　　　　　　　　　　　图 10-80　　　　　　　　　图 10-81

文字的多种变形效果，如图 10-82 所示。

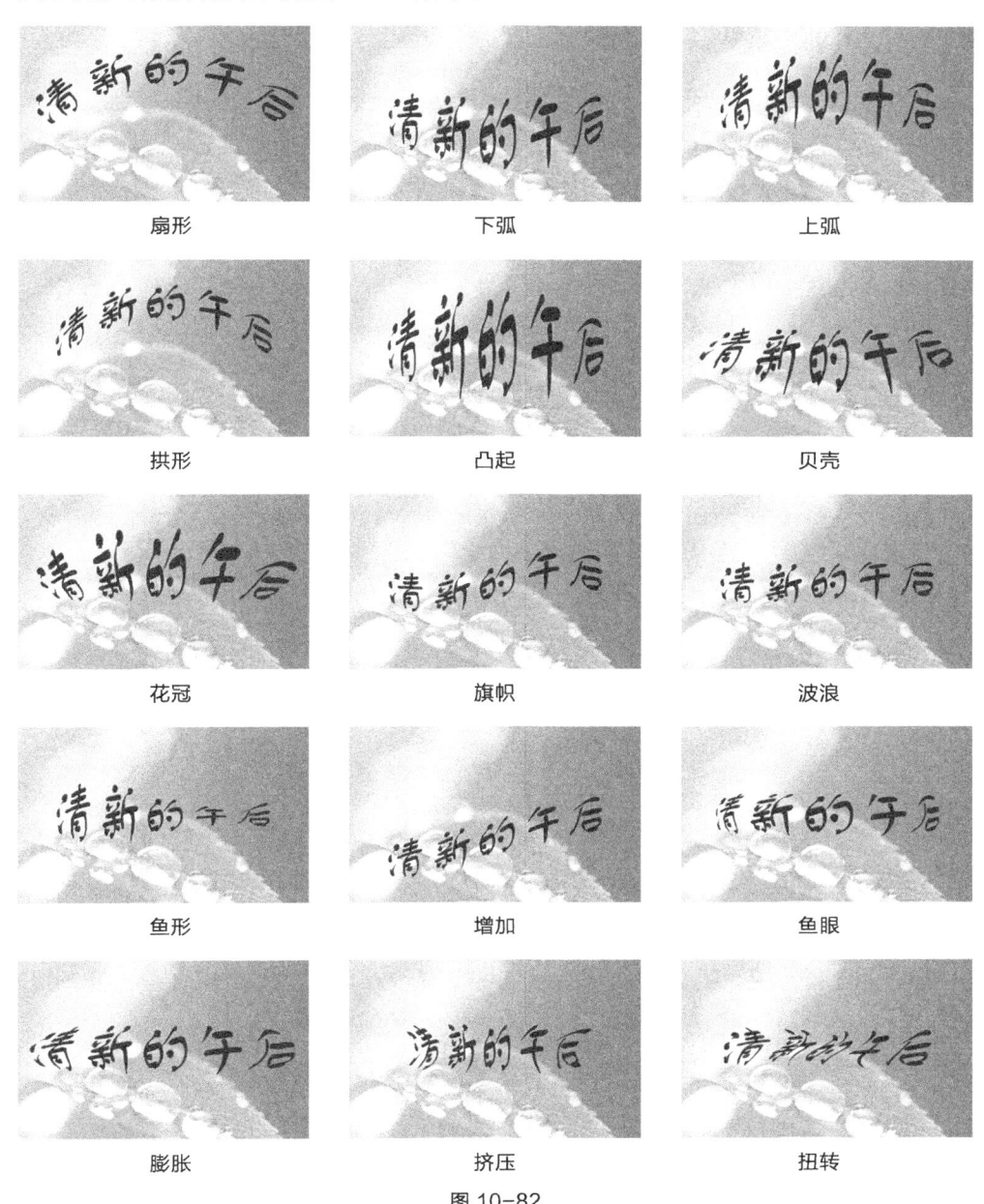

扇形 下弧 上弧

拱形 凸起 贝壳

花冠 旗帜 波浪

鱼形 增加 鱼眼

膨胀 挤压 扭转

图 10-82

2．设置变形选项

如果要修改文字的变形效果，可以调出"变形文字"对话框，在对话框中重新设置样式或更改当前应用样式的数值。

3．取消文字变形效果

如果要取消文字的变形效果，可以调出"变形文字"对话框，在"样式"选项的下拉列表中选择"无"。

10.3　在路径上创建并编辑文字

Photoshop CS6 提供了新的文字排列方法，可以像在 Illustrator 中一样把文本沿着路径放置，Photoshop CS6 中沿着路径排列的文字还可以在 Illustrator 中直接编辑。

10.3.1　课堂案例——制作美发卡

图 10-83

【案例学习目标】学习使用文本工具沿着路径排列需要文字。

【案例知识要点】使用钢笔工具绘制路径，使用文本工具制作沿着路径排列文字，使用栅格化文字图层和渐变工具制作文字效果，如图 10-83 所示。

【效果所在位置】光盘/Ch10/效果/制作美发卡.psd。

（1）按 Ctrl+O 组合键，打开光盘中的"Ch10 > 素材 > 制作美发卡 > 01"文件，如图 10-84 所示。选择"钢笔"工具，在属性栏的"选择工具模式"选项中选择"路径"，在图像窗口中绘制路径，如图 10-85 所示。

图 10-84

图 10-85

（2）选择"横排文字"工具，在属性栏中选择合适的字体并设置大小，当鼠标光标停放在路径上时会变为图标，单击路径会出现闪烁的光标，此处成为输入文字的起点，输入需要的文字，并设置文字填充色为深蓝色（其 R、G、B 的值分别为 0、3、72），填充文字，效果如图 10-86 所示，在"图层"控制面板中生成新的文字图层。按 Ctrl+T 组合键，弹出"字符"面板，设置如图 10-87 所示，按 Enter 键，效果如图 10-88 所示。

图 10-86

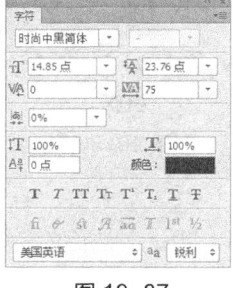

图 10-87

图 10-88

（3）选择"横排文字"工具，在图像窗口中输入需要的文字，按 Ctrl+T 组合键，弹出"字符"面板，设置如图 10-89 所示，按 Enter 键，效果如图 10-90 所示，在"图层"控制面板中生成新的文字图层。选择"文字 > 栅格化文字图层"命令，将文字层转化为普通层，如图 10-91 所示。

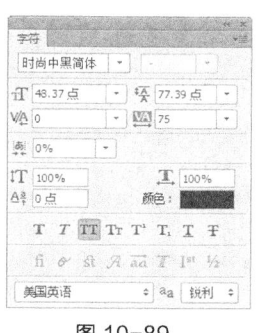

图 10-89 　　　　　　　　图 10-90 　　　　　　　　图 10-91

（4）在"图层"控制面板中，按住 Ctrl 键的同时，单击文字图层的缩览图，在文字周围生成选区，效果如图 10-92 所示。选择"渐变"工具，单击属性栏中的"点按可编辑渐变"按钮，弹出"渐变编辑器"对话框，在"位置"选项中分别输入 0、50、100 几个位置点，分别设置几个位置点的颜色为棕色（其 R、G、B 的值分别为 84、36、1）、浅棕色（其 R、G、B 的值分别为 175、148、125）、棕色（其 R、G、B 的值分别为 84、36、1），如图 10-93 所示，单击"确定"按钮。在属性栏中选中"线性渐变"按钮，按住 Shift 键的同时，在文字选区中从左至中间拖曳渐变色，效果如图 10-94 所示。按 Ctrl+D 组合键，取消选区。

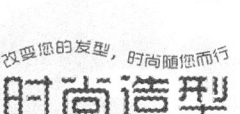

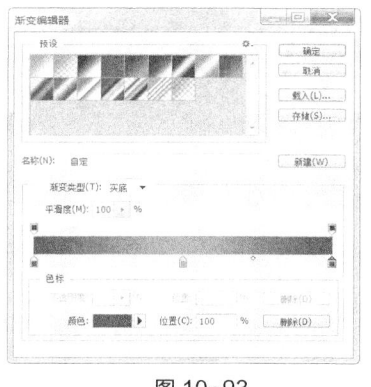

图 10-92 　　　　　　　　图 10-93 　　　　　　　　图 10-94

（5）单击"图层"控制面板下方的"添加图层样式"按钮，在弹出的菜单中选择"外发光"命令，在弹出的对话框中进行设置，如图 10-95 所示，单击"确定"按钮，效果如图 10-96 所示。

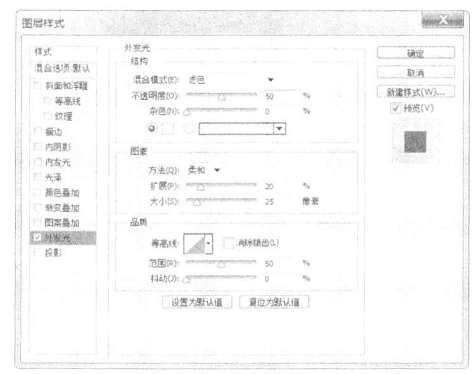

图 10-95 　　　　　　　　　　　　图 10-96

（6）选择"横排文字"工具 T_ ，在图像窗口中输入需要的文字，按 Ctrl+T 组合键，弹出"字符"面板，设置如图 10-97 所示，按 Enter 键，效果如图 10-98 所示，在"图层"控制面板中生成新的文字图层。

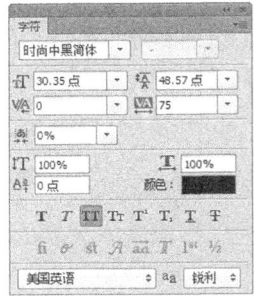

图 10-97   图 10-98

（7）新建图层并将其命名为"颜色条"。将前景色设为深蓝色（其 R、G、B 的值分别为 0、3、72）。选择"矩形"工具 ▣ ，在属性栏中的"选择工具模式"选项中选择"像素"，在图像窗口中绘制图形，如图 10-99 所示。选择"移动"工具 ▸ ，按住 Alt 键的同时，将颜色条垂直向上拖曳到适当的位置，效果如图 10-100 所示。美发卡制作完成。

图 10-99   图 10-100

10.3.2　路径文字

应用路径可以将输入的文字排列成变化多端的效果。可以将文字建立在路径上，并应用路径对文字进行调整。

1．在路径上创建文字

选择"钢笔"工具 ✐ ，在图像中绘制一条路径，如图 10-101 所示。选择"横排文字"工具 ✐ ，将鼠标光标放在路径上，鼠标光标将变为 ✗ 图标，如图 10-102 所示，单击路径出现闪烁的光标，此处为输入文字的起始点。输入的文字会沿着路径的形状进行排列，效果如图 10-103 所示。

图 10-101   图 10-102   图 10-103

文字输入完成后，在"路径"控制面板中会自动生成文字路径层，如图 10-104 所示。取消"视图/显示额外内容"命令的选中状态，可以隐藏文字路径，如图 10-105 所示。

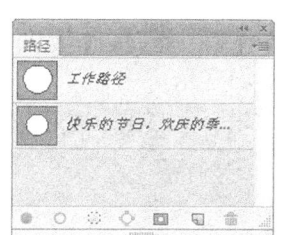

图 10-104   图 10-105

知识提示

"路径"控制面板中的文字路径层与"图层"控制面板中相对的文字图层是相链接的，删除文字图层时，文字的路径层会自动被删除，删除其他工作路径不会对文字的排列有影响。如果要修改文字的排列形状，需要对文字路径进行修改。

2. 在路径上移动文字

选择"路径选择"工具，将光标放置在文字上，鼠标光标显示为图标，如图 10-106 所示，单击并沿着路径拖曳鼠标，可以移动文字，效果如图 10-107 所示。

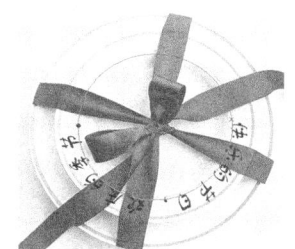

图 10-106   图 10-107

3. 在路径上翻转文字

选择"路径选择"工具，将鼠标光标放置在文字上，鼠标光标显示为图标，如图 10-108 所示，将文字向路径内部拖曳，可以沿路径翻转文字，效果如图 10-109 所示。

4. 修改路径绕排文字的形态

创建了路径绕排文字后，同样可以编辑文字绕排的路径。选择"直接选择"工具，在路径上单击，路径上显示出控制手柄，拖曳控制手柄修改路径的形状，如图 10-110 所示，文字会按照修改后的路径进行排列，效果如图 10-111 所示。

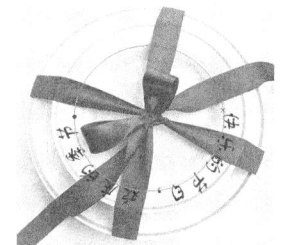

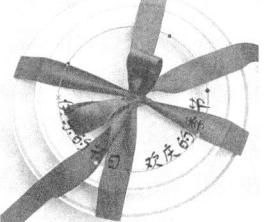

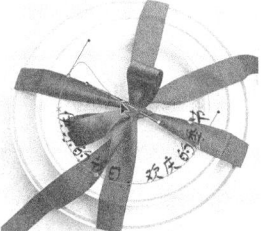

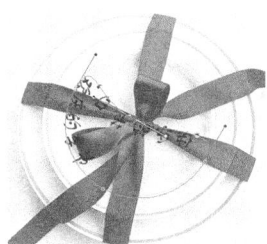

图 10-108   图 10-109   图 10-110   图 10-111

10.4　课堂练习——制作脚印效果

【练习知识要点】使用渐变工具制作背景，使用钢笔工具绘制脚印图形，使用横排文字工具和创建文字变形命令添加文字，使用画笔工具添加高光。

【效果所在位置】光盘/Ch10/效果/制作脚印效果.psd，如图 10-112 所示。

图 10-112

10.5　课后习题——制作旅游宣传单

【习题知识要点】使用横排文字工具和创建文字变形命令添加宣传文字，使用自定形状工具、圆角矩形工具和图层样式命令制作会话框，使用横排文字工具和钢笔工具制作路径文字。

【素材所在位置】光盘/Ch10/素材/制作旅游宣传单/01、02。

【效果所在位置】光盘/Ch10/效果/制作旅游宣传单.psd，如图 10-113 所示。

图 10-113

第 11 章
通道的应用

第 11 章 通道的应用

本章介绍

　　本章将主要介绍通道的基本操作、通道的运算以及通道蒙版，通过多个实际应用案例进一步讲解了通道命令的操作方法。通过本章的学习，能够快速地掌握知识要点，能够合理地利用通道设计制作作品。

学习目标

- 掌握通道控制面板的操作方法。
- 掌握通道创建、复制、删除的运用。
- 掌握专色通道、分离与合并通道的运用。
- 掌握通道的运算、蒙版的运用。

技能目标

- 掌握"化妆品海报"的制作方法。
- 掌握"调色刀特效"的制作方法。
- 掌握"图像色调"的调整方法和技巧。
- 掌握"旋转边框"添加方法和技巧。

11.1 通道的操作

应用通道控制面板可以对通道进行创建、复制、删除、分离、合并等操作。

11.1.1 课堂案例——制作化妆品海报

【案例学习目标】学习使用通道面板和色阶命令制作图像。

【案例知识要点】使用通道抠出人物头发，使用色阶命令调整图像颜色，使用添加图层命令制作图片阴影效果，如图 11-1 所示。

【效果所在位置】光盘/Ch11/效果/制作化妆品海报.psd。

（1）按 Ctrl+O 组合键，打开光盘中的"Ch11 > 素材 > 制作化妆品海报 > 01、02"文件，效果如图 11-2、图 11-3 所示。

图 11-1

图 11-2

图 11-3

（2）选中 02 素材文件。选择"通道"控制面板，选中"蓝"通道，将其拖曳到"通道"控制面板下方的"创建新通道"按钮 上进行复制，生成新的通道"蓝 副本"，如图 11-4 所示。选择"图像 > 调整 > 色阶"命令，在弹出的对话框中进行设置，如图 11-5 所示，单击"确定"按钮，效果如图 11-6 所示。

图 11-4

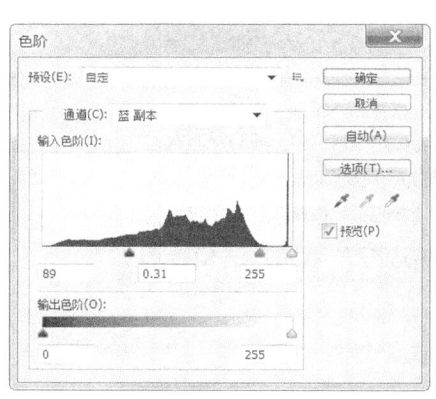
图 11-5

图 11-6

（3）将前景色设为黑色。选择"画笔"工具 ，在属性栏中单击"画笔"选项右侧的按钮，弹出画笔选择面板，将"主直径"选项设为 300，将"硬度"选项设为 100%，在图像窗口中将人物部分涂抹为黑色，效果如图 11-7 所示。按住 Ctrl 键的同时，单击"蓝 副本"通道的缩览图，图像周围生成选区。按 Ctrl+Shift+I 组合键，将选区反选，如图 11-8 所示。单击"RGB"通道，返回"图层"控制面板，按 Ctrl+J 组合键，将选区中的图像复制到新的图层中，在"图层"控制面板中生成新的图层并将其命名为"人物"，如图 11-9 所示。

图 11-7   图 11-8   图 11-9

（4）选择"移动"工具 ，将人物图像拖曳到 01 文件图像窗口适当的位置，如图 11-10 所示，在"图层"控制面板中生成新的图层"人物"。按 Ctrl+T 组合键，在人物图像周围生成变换框，在变换框中单击鼠标右键，在弹出的菜单中选择"水平翻转"命令，水平翻转人物图像，并拖曳到适当的位置，按 Enter 键确认操作，效果如图 11-11 所示。

图 11-10   图 11-11

（5）选择"背景"图层，单击"图层"控制面板下方的"创建新的填充或调整图层"按钮 ，在弹出的下拉菜单中选择"色阶"命令，在"图层"控制面板中生成"色阶 1"图层，同时在弹出的"色阶"面板中进行设置，如图 11-12、图 11-13 所示，图像效果如图 11-14 所示。

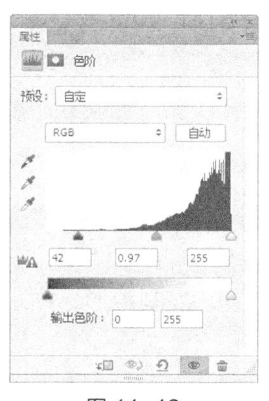
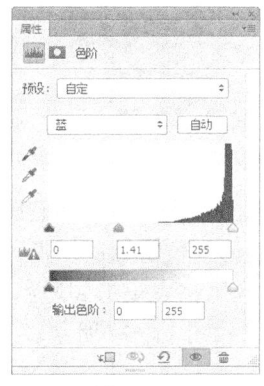

图 11-12   图 11-13   图 11-14

（6）按 Ctrl+O 组合键，打开光盘中的"Ch11 > 素材 > 制作化妆品海报 > 03"文件，选择"移动"工具 ，将化妆品图像拖曳到图像窗口的适当位置，效果如图 11-15 所示，在"图层"控制面板中生成新的图层并将其命名为"化妆品"。单击"图层"控制面板下方的"添加图层样式"按钮 ，在弹出的下拉菜单中选择"投影"命令，在弹出的对话框中进行设置，如图 11-16 所示，单击"确定"按钮，效果如图 11-17 所示。

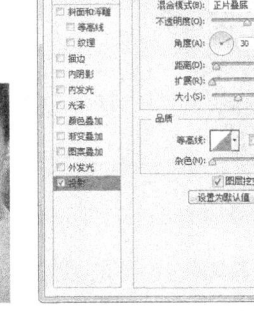

图 11-15　　　　　　　　　　　图 11-16　　　　　　　　　　　图 11-17

（7）按 Ctrl+O 组合键，打开光盘中的"Ch11 > 素材 > 制作化妆品海报 > 04"文件，选择"移动"工具 ，将装饰图像拖曳到图像窗口的适当位置，效果如图 11-18 所示，在"图层"控制面板中生成新的图层并将其命名为"装饰"。

图 11-18

（8）将前景色设为蓝色（其 R、G、B 的值分别为 50、96、173）。选择"横排文字"工具 ，在图像窗口中输入需要的文字，按 Ctrl+T 组合键，弹出"字符"面板，设置如图 11-19 所示，按 Enter 键，效果如图 11-20 所示，在"图层"控制面板中生成新的文字图层。用相同的方法输入其他文字，如图 11-21 所示。

图 11-19　　　　　　　　　　图 11-20　　　　　　　　　　图 11-21

（9）新建图层并将其命名为"圆形"。选择"矩形"工具 ，在属性栏中的"选择工具模式"选项中选择"像素"，在图像窗口的适当位置绘制矩形，效果如图 11-22 所示。选择"移动"工具 ，按住 Alt 键的同时，垂直向下拖曳矩形到适当的位置，复制矩形，如图 11-23 所示。用相同的方法复制其他矩形，效果如图 11-24 所示。

图 11-22　　　　　　　　　　图 11-23　　　　　　　　　　图 11-24

（10）新建图层并将其命名为"直线"。选择"直线"工具 ，在属性栏中将"粗细"选项设为 8 像素，在图像窗口的适当位置绘制直线，效果如图 11-25 所示。用上述方法复制直线，效果如图 11-26 所示。化妆品海报制作完成，如图 11-27 所示。

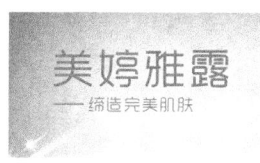

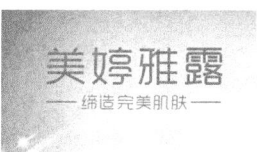

图 11-25　　　　　　　　　图 11-26　　　　　　　　　　图 11-27

11.1.2　通道控制面板

通道控制面板可以管理所有的通道并对通道进行编辑。

选择"窗口 > 通道"命令，弹出"通道"控制面板，如图 11-28 所示。

在"通道"控制面板的右上方有 2 个系统按钮　　，分别是"折叠为图标"按钮和"关闭"按钮。单击"折叠为图标"按钮可以将控制面板折叠，只显示图标。单击"关闭"按钮可以将控制面板关闭。

在"通道"控制面板中，放置区用于存放当前图像中存在的所有通道。在通道放置区中，如果选中的只是其中的一个通道，则只有这个通道处于选中状态，通道上将出现一个深色条。如果想选中多个通道，可以按住 Shift 键，再单击其他通道。通道左侧的眼睛图标　用于显示或隐藏颜色通道。

在"通道"控制面板的底部有 4 个工具按钮，如图 11-29 所示，依序介绍如下。

将通道作为选区载入：用于将通道作为选择区域调出。

将选区存储为通道：用于将选择区域存入通道中。

创建新通道：用于创建或复制新的通道。

删除当前通道：用于删除图像中的通道。

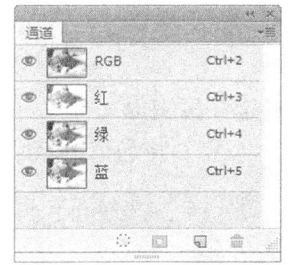

图 11-28　　　　　　　　　图 11-29

11.1.3　创建新通道

在编辑图像的过程中，可以建立新的通道。

单击"通道"控制面板右上方的图标　，弹出其命令菜单，选择"新建通道"命令，弹出"新建通道"对话框，如图 11-30 所示。

名称：用于设置当前通道的名称。

色彩指示：用于选择两种区域方式。

颜色：用于设置新通道的颜色。

不透明度：用于设置当前通道的不透明度。

单击"确定"按钮，"通道"控制面板中将创建一个新通道，即 Alpha 1，面板如图 11-31 所示。

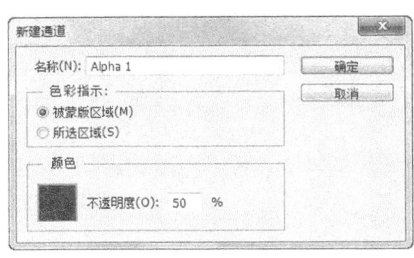 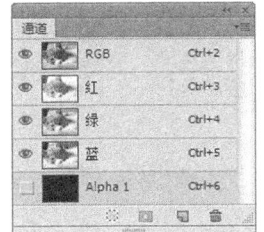

图 11-30　　　　　　　　　　　　　图 11-31

单击"通道"控制面板下方的"创建新通道"按钮 ▣，也可以创建一个新通道。

11.1.4　复制通道

复制通道命令用于将现有的通道进行复制，产生相同属性的多个通道。

单击"通道"控制面板右上方的图标 ▼≡，弹出其命令菜单，选择"复制通道"命令，弹出"复制通道"对话框，如图 11-32 所示。

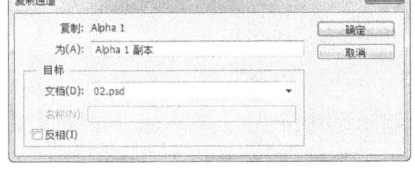

图 11-32

为：用于设置复制出的新通道的名称。

文档：用于设置复制通道的文件来源。

将"通道"控制面板中需要复制的通道拖曳到下方的"创建新通道"按钮 ▣ 上，即可将所选的通道复制为一个新的通道。

11.1.5　删除通道

不用的或废弃的通道可以将其删除，以免影响操作。

单击"通道"控制面板右上方的图标 ▼≡，弹出其命令菜单，选择"删除通道"命令，即可将通道删除。

单击"通道"控制面板下方的"删除当前通道"按钮 🗑，弹出提示对话框，如图 11-33 所示，单击"是"按钮，将通道删除。也可将需要删除的通道直接拖曳到"删除当前通道"按钮 🗑 上进行删除。

图 11-33

11.1.6　课堂案例——制作调色刀特效

【案例学习目标】学习使用分离通道和合并通道命令制作图像效果。

【案例知识要点】使用分离通道和合并通道命令制作图像效果，使用调色刀滤镜命令制作图片效果，效果如图 11-34 所示。

【效果所在位置】光盘/Ch11/效果/制作调色刀特效.psd。

（1）按 Ctrl+O 组合键，打开光盘中的"Ch11 > 素材 > 制作调色刀特效 > 01"文件，如图 11-35 所示。选择"通道"控制面板，如图 11-36 所示。

图 11-34

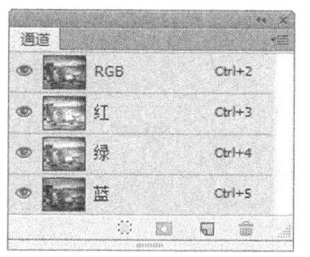

图 11-35 | 图 11-36

（2）单击"通道"控制面板右上方的图标，在弹出的菜单中选择"分离通道"命令，将图像分离成"R"、"G"、"B" 3 个通道文件，效果如图 11-37 所示。选择通道文件"R"，如图 11-38 所示。

图 11-37 | 图 11-38

（3）选择"滤镜 > 艺术效果 > 调色刀"命令，在弹出的对话框中进行设置，如图 11-39 所示，单击"确定"按钮，效果如图 11-40 所示。用相同的方法制作其他通道效果。

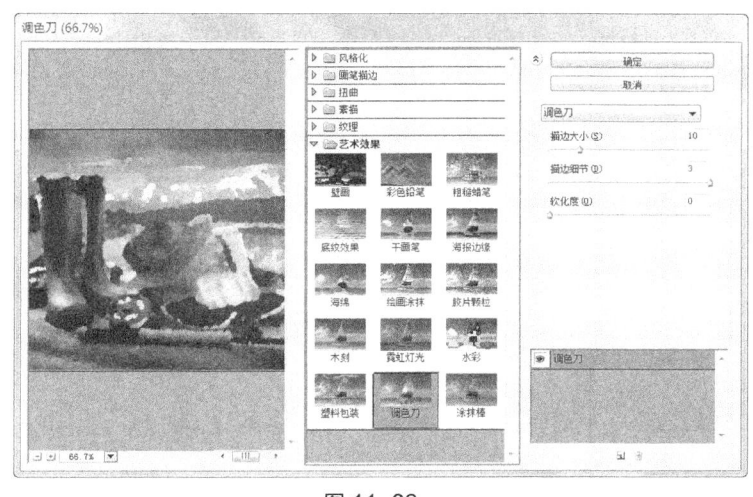

图 11-39 | 图 11-40

（4）单击"通道"控制面板右上方的图标，在弹出的菜单中选择"合并通道"命令，在弹出的对话框中进行设置，如图 11-41 所示，单击"确定"按钮，弹出"合并 RGB 通道"对话框，如图 11-42 所示，单击"确定"按钮，图像效果如图 11-43 所示。

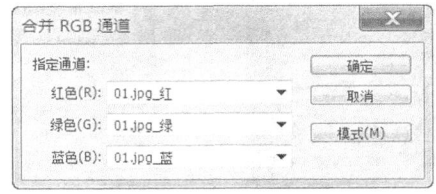

图 11-41	图 11-42	图 11-43

（5）单击"图层"控制面板下方的"创建新的填充或调整图层"按钮，在弹出的菜单中选择"色阶"命令，在"图层"控制面板中生成"色阶 1"图层，同时弹出"色阶"面板，选项的设置如图 11-44 所示，效果如图 11-45 所示。

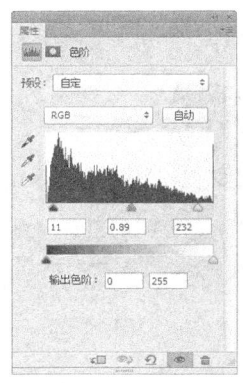

图 11-44	图 11-45

（6）将前景色设为橘黄色（其 R、G、B 的值分别为 255、120、0）。选择"横排文字"工具，输入需要的文字，在属性栏中选择合适的字体并设置文字大小，效果如图 11-46 所示，在控制面板中生成新的文字图层。

（7）单击"图层"控制面板下方的"添加图层样式"按钮，在弹出的菜单中选择"描边"命令，在弹出的对话框中进行设置，如图 11-47 所示。选择"外发光"选项，切换到相应的对话框，选项的设置如图 11-48 所示，单击"确定"按钮，效果如图 3-49 所示。调色刀效果制作完成。

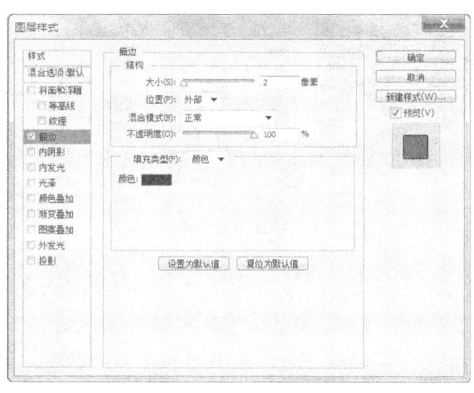

图 11-46	图 11-47

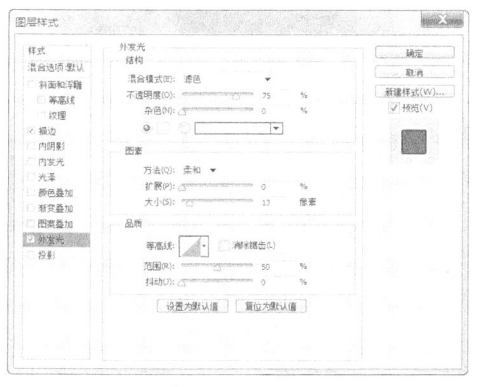
图 11-48

图 11-49

11.1.7 专色通道

单击"通道"控制面板右上方的图标，弹出其命令菜单，选择"新建专色通道"命令，弹出"新建专色通道"对话框，如图 11-50 所示。

单击"通道"控制面板中新建的专色通道。选择"画笔"工具，在"画笔"控制面板中进行设置，如图 11-51 所示，在图像中进行绘制，效果如图 11-52 所示，"通道"控制面板中的效果如图 11-53 所示。

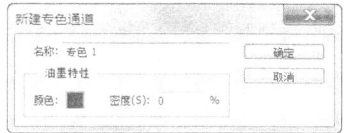
图 11-50

知识提示 前景色为黑色，绘制时的特别色是不透明的；前景色为其他中间色，绘制时的特别色是不同透明度的颜色；前景色为白色，绘制时的特别色是透明的。

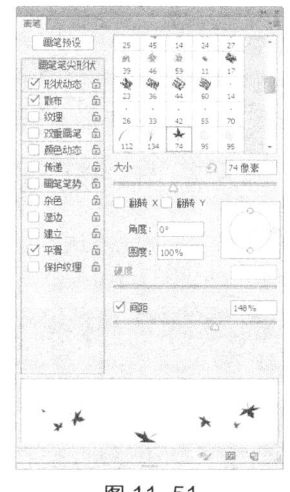
图 11-51

图 11-52

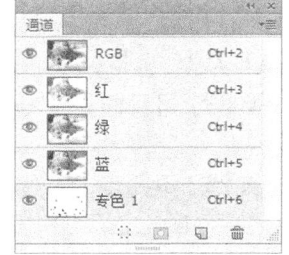
图 11-53

11.1.8 分离与合并通道

单击"通道"控制面板右上方的图标，弹出其下拉命令菜单，在弹出式菜单中选择"分离通道"命令，将图像中的每个通道分离成各自独立的 8 bit 灰度图像。图像原始效果如图 11-54 所示，分离后的效果如图 11-55 所示。

图 11-54

图 11-55

单击"通道"控制面板右上方的图标，弹出其命令菜单，选择"合并通道"命令，弹出"合并通道"对话框，如图 11-56 所示，设置完成后单击"确定"按钮，弹出"合并 CMYK 通道"对话框，如图 11-57 所示，可以在选定的色彩模式中为每个通道指定一幅灰度图像，被指定的图像可以是同一幅图像，也可以是不同的图像，但这些图像的大小必须是相同的。在合并之前，所有要合并的图像都必须是打开的，尺寸要保持一致，且为灰度图像，单击"确定"按钮，效果如图 11-58 所示。

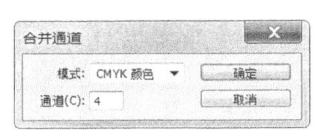

图 11-56

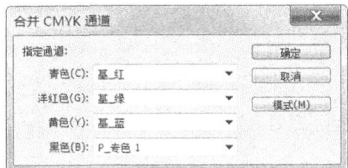

图 11-57

图 11-58

11.2　通道运算

应用图像命令可以计算处理通道内的图像，使图像混合产生特殊效果。计算命令同样可以计算处理两个通道中的相应的内容。但主要用于合成单个通道的内容。

11.2.1　课堂案例——调整图像色调

【案例学习目标】学习使用计算和应用图像命令调整图像颜色。

【案例知识要点】使用计算、应用图像命令调整图像色调，如图 11-59 所示。

【效果所在位置】光盘/Ch11/效果/调整图像色调.psd。

（1）按 Ctrl + O 组合键，打开光盘中的"Ch11 > 素材 > 调整图像色调 > 01"文件，图像效果如图 11-60 所示。按

图 11-59

Ctrl+L 组合键，弹出"色阶"对话框，进行设置，如图 11-61 所示，单击"确定"按钮，效果如图 11-62 所示。

（2）选择"图像 > 计算"命令，弹出对话框，将混合模式选项设为"柔光"，其他选项的设置如图 11-63 所示，单击"确定"按钮，图像效果如图 11-64 所示。在"通道"控制面

板中生成新通道"Alpha1"，如图 11-65 所示。

图 11-60

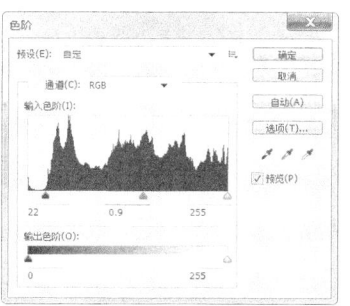
图 11-61

图 11-62

图 11-63

图 11-64

图 11-65

（3）单击"RGB"通道，返回"图层"控制面板。选择"图像 > 应用图像"命令，在弹出的对话框中进行设置，如图 11-66 所示，单击"确定"按钮，效果如图 11-67 所示。调整图像色调制作完成。

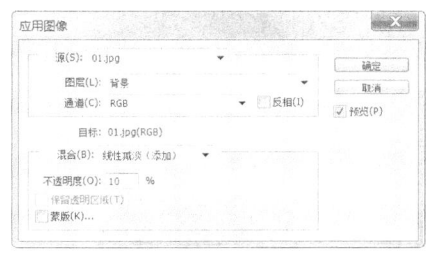
图 11-66

图 11-67

11.2.2 应用图像

选择"图像 > 应用图像"命令，弹出"应用图像"对话框，如图 11-68 所示。

源：用于选择源文件。图层：用于选择源文件的层。通道：用于选择源通道。反相：用于在处理前先反转通道中的内容。目标：显示出目标文件的文件名、层、通道及色彩模式等信息。混合：用于选择混合模式，即选择两个通道对应像素的计算方法。不透明度：用于设定图像的不透明度。蒙版：用于加入蒙版以限定选区。

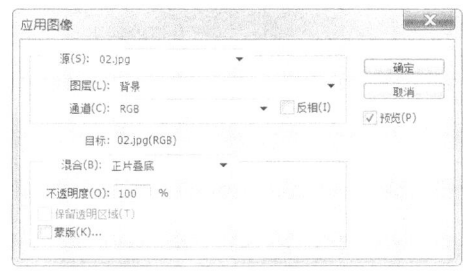
图 11-68

应用图像命令要求源文件与目标文件的大小必须相同，因为参加计算的两个通道内的像素是一一对应的。

打开 02、03 图像素材，选择"图像 > 图像大小"命令，弹出"图像大小"对话框，设置后，单击"确定"按钮，分别将两幅图像设置为相同的尺寸，效果如图 11-69、图 11-70 所示。

在两幅图像的"通道"控制面板中分别建立通道蒙版，其中黑色表示遮住的区域，如图 11-71、图 11-72 所示。

选中 03 图像，选择"图像 > 应用图像"命令，弹出"应用图像"对话框，设置完成后如图 11-73 所示，单击"确定"按钮，两幅图像混合后的效果如图 11-74 所示。

图 11-69　　　　　　图 11-70

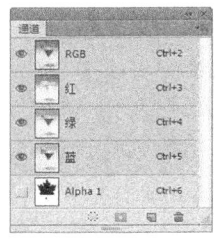 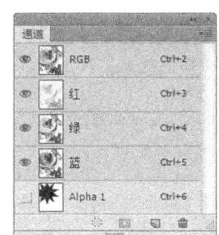 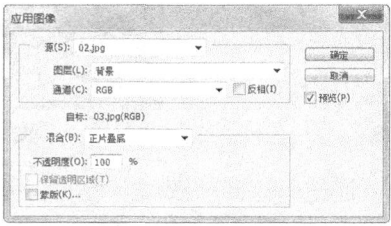 

图 11-71　　　图 11-72　　　图 11-73　　　图 11-74

在"应用图像"对话框中勾选"蒙版"复选框，显示出蒙版的相关选项，勾选"反相"复选框，设置其他选项，设置完成后如图 11-75 所示，单击"确定"按钮，两幅图像混合后的效果如图 11-76 所示。

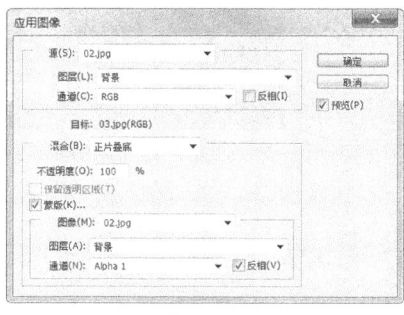 

图 11-75　　　　　　图 11-76

11.2.3　运算

选择"图像 > 计算"命令，弹出"计算"对话框，如图 11-77 所示。

源 1：用于选择源文件 1。图层：用于选择源文件 1 中的层。通道：用于选择源文件 1 中的通道。反相：用于反转。源 2：用于选择源文件 2。混合：用于选择混色模式。不透明度：用于设定不透明度。结果：用于指定处理结果的存放位置。

"计算"命令尽管与"应用图像"命令一样都是对两个通道的相应内容进行计算处理的命

令，但是二者也有区别。用"应用图像"命令处理后的结果可作为源文件或目标文件使用，而用"计算"命令处理后的结果则存成一个通道，如存成 Alpha 通道，使其可转变为选区以供其他工具使用。

选择"图像 > 计算"命令，弹出"计算"对话框，如图 11-78 所示进行设置，单击"确定"按钮，两张图像通道运算后的新通道效果如图 11-79 和图 11-80 所示。

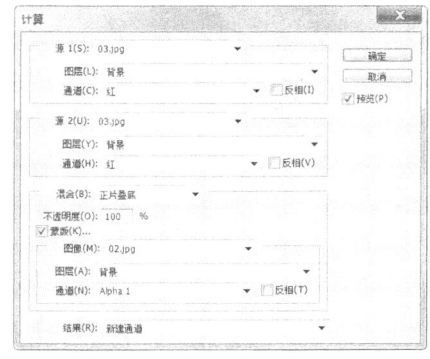
图 11-77

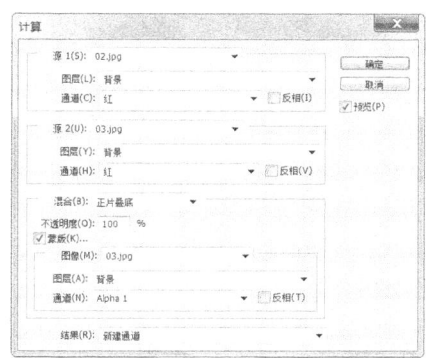
图 11-78

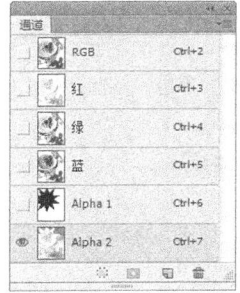
图 11-79

图 11-80

11.3 通道蒙版

在通道中可以快速地创建蒙版，还可以存储蒙版。

11.3.1 课堂案例——添加旋转边框

【案例学习目标】学习使用通道蒙版及不同的滤镜制作边框。

【案例知识要点】使用快速蒙版制作图像效果，使用晶格化和旋转扭曲滤镜命令制作边框，使用添加图层样式命令为图像添加特殊效果，如图 11-81 所示。

【效果所在位置】光盘/Ch11/效果/添加旋转边框.psd。

（1）按 Ctrl+O 组合键，打开光盘中的"Ch11 > 素材 > 添加旋转边框 > 01"文件，如图 11-82 所示。

（2）按 Ctrl + O 组合键，打开光盘中的"Ch11 > 素材 > 添加旋转边框 > 02"文件，选择"移动"工具 ▶⊕，将人物图片拖曳到图像窗口中适当的位置，并调整其大小，效果如图 11-83 所示，在"图层"控制面板中生成新的图层并将其命名为"人物"。

图 11-81

图 11-82 　　　　　　　　 图 11-83

（3）选择"自定义形状"工具 ，在属性栏中的"选择工具模式"选项中选择"路径"选项。单击属性栏中的"形状"选项，弹出"形状"面板，单击面板右上方的黑色按钮 ，在弹出的菜单中选择"台词框"选项，弹出提示对话框，单击"追加"按钮。在"形状"面板中选中需要的图形，如图 11-84 所示。在图像窗口中绘制一个不规则图形，如图 11-85 所示。按 Ctrl+Enter 组合键，将路径转换为选区，如图 11-86 所示。

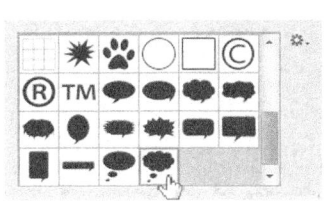

图 11-84 　　　　　　　 图 11-85 　　　　　　　 图 11-86

（4）单击工具箱下方的"以快速蒙版模式编辑"按钮 ，进入蒙版状态，效果如图 11-87 所示。选择"滤镜 > 像素化 > 晶格化"命令，在弹出的对话框中进行设置，如图 11-88 所示，单击"确定"按钮，效果如图 11-89 所示。

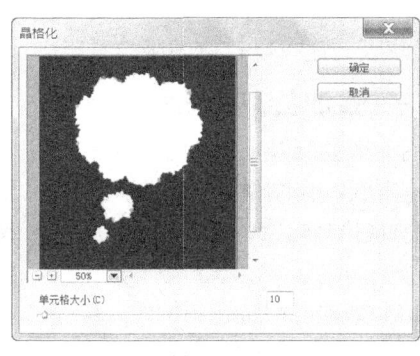

图 11-87 　　　　　　　 图 11-88 　　　　　　　 图 11-89

（5）选择"滤镜 > 扭曲 > 旋转扭曲"命令，在弹出的对话框中进行设置，如图 11-90 所示，单击"确定"按钮，效果如图 11-91 所示。选择"橡皮擦"工具 ，在属性栏中单击"画笔"选项右侧的按钮 ，弹出画笔选择面板，选项的设置如图 11-92 所示。在图像窗口中擦除不需要的图像，效果如图 11-93 所示。

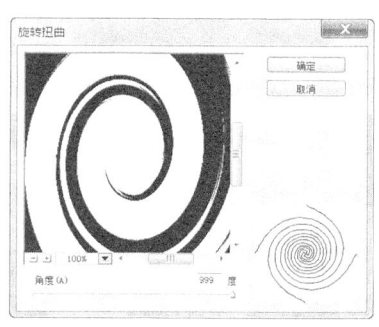

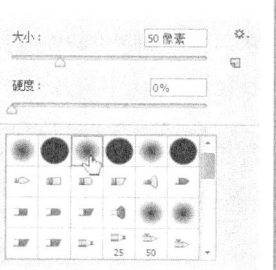

图 11-90 　　　　　　图 11-91 　　　　　　图 11-92 　　　　　　图 11-93

（6）单击工具箱下方的"以标准模式编辑"按钮 ，恢复到标准编辑状态，蒙版形状转换为选区，效果如图 11-94 所示。按 Ctrl+Shift+I 组合键，将选区反选，按 Delete 键，删除选区中的图像，按 Ctrl+D 组合键，取消选区，效果如图 11-95 所示。

图 11-94 　　　　　　图 11-95

（7）单击"图层"控制面板下方的"添加图层样式"按钮 fx.，在弹出的菜单中选择"投影"命令，在弹出的对话框中进行设置，如图 11-96 所示，单击"确定"按钮，效果如图 11-97 所示。

（8）按 Ctrl + O 组合键，打开光盘中的"Ch11 > 素材 > 添加喷溅边框 > 03"文件，选择"移动"工具 ，将装饰图片拖曳到图像窗口中适当的位置，效果如图 11-98 所示，在"图层"控制面板中生成新的图层并将其命名为"装饰"。添加旋转边框制作完成。

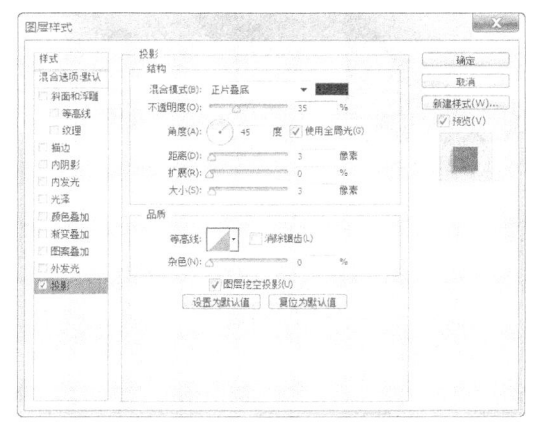

图 11-96 　　　　　　图 11-97 　　　　　　图 11-98

11.3.2　快速蒙版的制作

选择快速蒙版命令,可以使图像快速地进入蒙版编辑状态。打开一幅图像,效果如图 11-99 所示。选择"多边形套索"工具 ,在图像窗口中绘制选区,如图 11-100 所示。

图 11-99　　　　　　　　　　图 11-100

单击工具箱下方的"以快速蒙版模式编辑"按钮 ,进入蒙版状态,选区暂时消失,图像的未选择区域变为红色,如图 11-101 所示。"通道"控制面板中将自动生成快速蒙版,如图 11-102 所示。快速蒙版图像如图 11-103 所示。

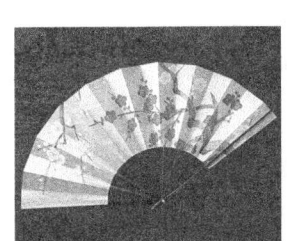

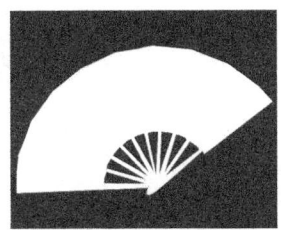

图 11-101　　　　　　　图 11-102　　　　　　　图 11-103

选择"画笔"工具 ,在画笔工具属性栏中进行设定,如图 11-104 所示。将前景色设为白色,将快速蒙版中的扇子涂抹成白色,图像效果和快速蒙版如图 11-105、图 11-106 所示。

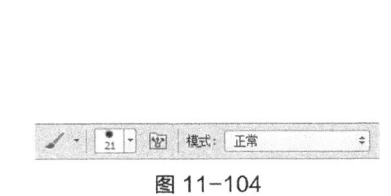
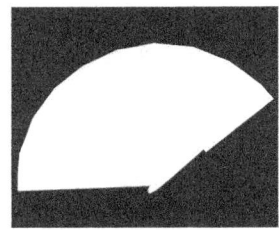

图 11-104　　　　　　　图 11-105　　　　　　　图 11-106

11.3.3　在 Alpha 通道中存储蒙版

编辑好的蒙版可以存储到 Alpha 通道中。

在图像中绘制选区,效果如图 11-107 所示。选择"选择 > 存储选区"命令,弹出"存储选区"对话框,如图 11-108 所示进行设定,单击"确定"按钮,建立通道蒙版"扇子"。或单击"通道"控制面板中的"将选区存储为通道"按钮 ,建立通道蒙版"扇子",如图 11-109 所示,效果如图 11-110 所示。

图 11-107

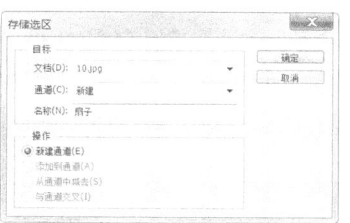

图 11-108

图 11-109

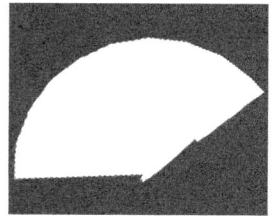

图 11-110

将图像保存，再次打开图像时，选择"选择 > 载入选区"命令，弹出"载入选区"对话框，如图 11-111 所示进行设定，单击"确定"按钮，将"扇子"通道的选区载入。或单击"通道"控制面板中的"将通道作为选区载入"按钮 ，将"扇子"通道作为选区载入，效果如图 11-112 所示。

图 11-111

图 11-112

11.4　课堂练习——制作图章效果

【练习知识要点】使用矩形选框工具绘制矩形选区，使用玻璃滤镜制作背景图形，使用橡皮擦工具擦除多余的图形，使用阈值命令调整图片的颜色，使用色相/饱和度和色彩范围命令制作肖像印章效果。

【素材所在位置】光盘/Ch11/素材/制作图章效果/01。

【效果所在位置】光盘/Ch11/效果/制作图章效果.psd，如图 11-113 所示。

图 11-113

11.5　课后习题——制作胶片照片

【习题知识要点】使用应用图像命令、色阶命令调整图片的颜色，使用亮度/对比度命令调整图片的亮度。

【素材所在位置】光盘/Ch11/素材/制作胶片照片/01。

【效果所在位置】光盘/Ch11/效果/制作胶片照片.psd，如图 11-114 所示。

图 11-114

PART 12

第 12 章
蒙版的使用

本章介绍

　　本章将主要讲解图层的蒙版以及蒙版的使用方法，包括图层蒙版、剪贴蒙版以及矢量蒙版的应用技巧。通过本章的学习，可以快速地掌握蒙版的使用技巧，制作出独特的图像效果。

学习目标

- 熟悉掌握添加、隐藏图层蒙版的设置技巧。
- 熟悉掌握图层蒙版链接的使用技巧。
- 熟悉掌握应用及删除图层蒙版的使用技巧。
- 掌握剪贴蒙版与矢量蒙版的使用方法。

技能目标

- 掌握"蒙版效果"的制作技巧。
- 掌握"瓶中效果"的制作技巧。

12.1　图层蒙版

图层蒙版可以使图层中图像的某些部分被处理成透明和半透明的效果，而且可以恢复已经处理过的图像，是 Photoshop 的一种独特的处理图像方式。在编辑图像时可以为某一图层或多个图层添加蒙版，并对添加的蒙版进行编辑、隐藏、链接、删除等操作。

12.1.1　课堂案例——制作蒙版效果

【案例学习目标】学习使用矢量蒙版制作图片效果。

【案例知识要点】使用矢量蒙版命令为图层添加矢量蒙版，使用添加图层样式命令为图片添加特殊效果，使用横排文字工具添加文字，如图 12-1 所示。

【效果所在位置】光盘/Ch12/效果/制作蒙版效果.psd。

（1）按 Ctrl+O 组合键，打开光盘中的"Ch12 > 素材 > 制作蒙版效果 > 01"文件，如图 12-2 所示。

（2）按 Ctrl+O 组合键，打开光盘中的"Ch12 > 素材 >

图 12-1

制作蒙版效果 > 02"文件，选择"移动"工具 ，将人物图片拖曳到图像窗口中适当的位置，效果如图 12-3 所示，在"图层"控制面板中生成新的图层并将其命名为"图片"。

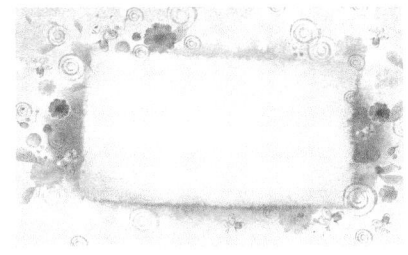

图 12-2

图 12-3

（3）按 Ctrl+T 组合键，在图像周围出现变换框，将鼠标光标放在变换框的控制手柄外边，光标变为旋转图标 ，拖曳鼠标将图像旋转到适当的角度，按 Enter 键确定操作，效果如图 12-4 所示。

（4）选择"自定义形状"工具 ，单击属性栏中的"形状"选项，弹出"形状"面板，单击面板右上方的黑色按钮 ，在弹出的菜单中选择"全部"选项，弹出提示对话框，单击"追加"按钮。在"形状"面板中选中需要的图形，如图 12-5 所示。在属性栏中的"选择工具模式"选项中选择"路径"选项，在图像窗口中绘制一个路径，如图 12-6 所示。

图 12-4

图 12-5

图 12-6

（5）选择"图层 > 矢量蒙版 > 当前路径"命令，创建矢量蒙版，效果如图 12-7 所示。单击"图层"控制面板下方的"添加图层样式"按钮 fx，在弹出的菜单中选择"描边"命令，弹出对话框，设置描边颜色为粉色（其 R、G、B 的值分别为 255、206、199），其他选项的设置如图 12-8 所示。选择"内阴影"选项，切换到相应的对话框，选项的设置如图 12-9 所示，单击"确定"按钮，效果如图 12-10 所示。

图 12-7

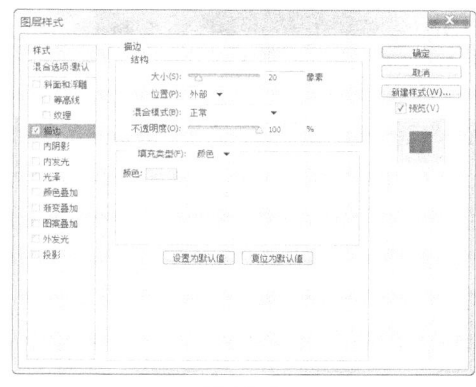

图 12-8

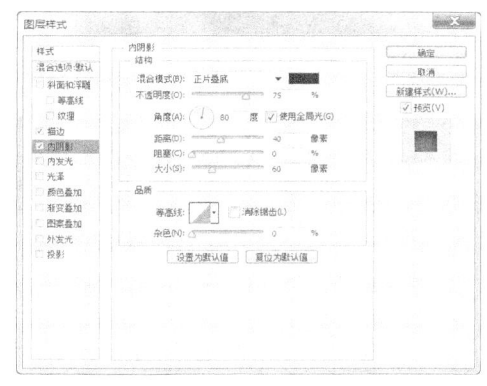

图 12-9

图 12-10

（6）选择"移动"工具 ，单击矢量蒙版缩览图，进入蒙版编辑状态，如图 12-11 所示。选择"自定义形状"工具 ，单击属性栏中的"形状"选项，选中需要的图形，如图 12-12 所示。在图像窗口中绘制一个路径，效果如图 12-13 所示。用相同的方法绘制其他图形，效果如图 12-14 所示。

图 12-11

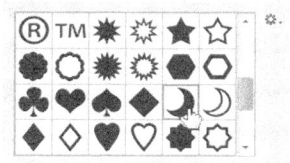

图 12-12

图 12-13 图 12-14

（7）按 Ctrl+O 组合键，打开光盘中的"Ch12 > 素材 > 制作蒙版效果 > 03"文件，选择"移动"工具，将图片拖曳到图像窗口中适当的位置，效果如图 12-15 所示，在"图层"控制面板中生成新的图层并将其命名为"装饰"。

（8）将前景色设为粉红色（其 R、G、B 的值分别为 239、110、136）。选择"横排文字"工具，输入需要的文字，在属性栏中选择合适的字体并设置文字大小，效果如图 12-16 所示，在控制面板中生成新的文字图层。选取

图 12-15

需要的文字，填充为蓝色（其 R、G、B 的值分别为 133、186、225），效果如图 12-17 所示。

图 12-16 图 12-17

（9）选择"窗口 > 字符"命令，弹出"字符"面板，选项的设置如图 12-18 所示，文字效果如图 12-19 所示。按 Ctrl+T 组合键，在文字周围出现变换框，将鼠标光标放在变换框的控制手柄外边，光标变为旋转图标，拖曳鼠标将文字旋转到适当的角度，按 Enter 键确定操作，效果如图 12-20 所示。

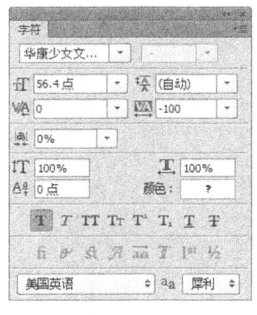

图 12-18 图 12-19 图 12-20

（10）单击"图层"控制面板下方的"添加图层蒙版"按钮，为"Colorful World"图层添加蒙版。将前景色设为黑色。选择"画笔"工具，在属性栏中单击"画笔"选项右侧按钮，在弹出的画笔面板中选择需要的画笔形状，其他选项的设置如图 12-21 所示。在图像

窗口中擦除不需要的图像，效果如图 12-22 所示。

（11）按 Ctrl+O 组合键，打开光盘中的"Ch12 ＞ 素材 ＞ 制作蒙版效果 ＞ 04"文件，选择"移动"工具 ，将文字图片拖曳到图像窗口中适当的位置，效果如图 12-23 所示，在"图层"控制面板中生成新的图层并将其命名为"文字"，蒙版效果制作完成。

图 12-21　　　　　　　图 12-22　　　　　　　　　图 12-23

12.1.2　添加图层蒙版

使用控制面板按钮或快捷键：单击"图层"控制面板下方的"添加图层蒙版"按钮 ，可以创建一个图层的蒙版，如图 12-24 所示。按住 Alt 键，单击"图层"控制面板下方的"添加图层蒙版"按钮 ，可以创建一个遮盖图层全部的蒙版，如图 12-25 所示。

使用菜单命令：选择"图层 ＞ 图层蒙版 ＞ 显示全部"命令，面板效果如图 12-24 所示。选择"图层 ＞ 图层蒙版 ＞ 隐藏全部"命令，面板效果如图 12-25 所示。

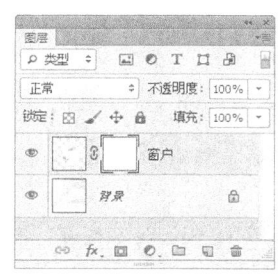
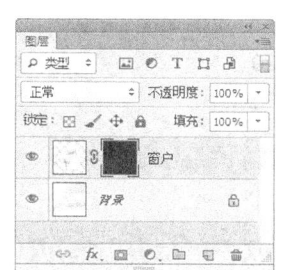

图 12-24　　　　　　　　　图 12-25

12.1.3　隐藏图层蒙版

按住 Alt 键的同时，单击图层蒙版缩览图，图像窗口中的图像将被隐藏，只显示蒙版缩览图中的效果，如图 12-26 所示，"图层"控制面板如图 12-27 所示。按住 Alt 键，再次单击图层蒙版缩览图，将恢复图像窗口中的图像效果。按住 Alt+Shift 组合键的同时，单击图层蒙版缩览图，将同时显示图像和图层蒙版的内容。

图 12-26　　　　　　　　　图 12-27

12.1.4　图层蒙版的链接

在"图层"控制面板中图层缩览图与图层蒙版缩览之间存在链接图标🔗，当图层图像与蒙版关联时，移动图像时蒙版会同步移动，单击链接图标🔗，将不显示此图标，可以分别对图像与蒙版进行操作。

12.1.5　应用及删除图层蒙版

在"通道"控制面板中，双击"窗户蒙版"通道，弹出"图层蒙版显示选项"对话框，如图 12-28 所示，可以对蒙版的颜色和不透明度进行设置。

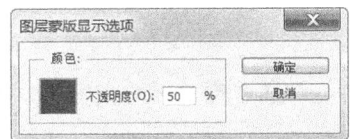

图 12-28

选择"图层 > 图层蒙版 > 停用"命令，或按 Shift 键的同时单击"图层"控制面板中的图层蒙版缩览图，图层蒙版被停用，如图 12-29 所示，图像将全部显示，效果如图 12-30 所示。按住 Shift 键，再次单击图层蒙版缩览图，将恢复图层蒙版效果，效果如图 12-31 所示。

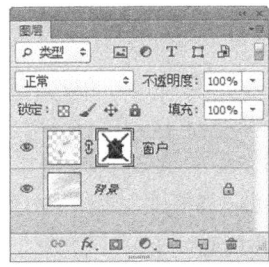

图 12-29　　　　　　图 12-30　　　　　　图 12-31

选择"图层 > 图层蒙版 > 删除"命令，或在图层蒙版缩览图上单击鼠标右键，在弹出的下拉菜单中选择"删除图层蒙版"命令，可以将图层蒙版删除。

12.2　剪贴蒙版与矢量蒙版

剪贴蒙版和矢量蒙版可以用遮盖的方式使图像产生特殊的效果。

12.2.1　课堂案例——制作瓶中效果

【案例学习目标】学习使用剪贴蒙版命令制作图像效果。

【案例知识要点】使用可选颜色命令调整图片颜色，使用添加图层蒙版命令和画笔工具制作瓶中乌龟效果，使用文本工具添加文字，效果如图 12-32 所示。

【效果所在位置】光盘/Ch12/效果/制作瓶中效果.psd。

（1）按 Ctrl+O 组合键，打开光盘中的"Ch12 > 素材 > 制作瓶中效果 > 01"文件，如图 12-33 所示。

图 12-32

（2）单击"图层"控制面板下方的"创建新的填充或调整图层"按钮，在弹出的菜单中选择"可选颜色"命令，在"图层"控制面板中生成"选取颜色 1"图层，同时在弹出的"可选颜色"属性面板中进行设置，如图 12-34 所示，按 Enter 键，效果如图 12-35 所示。

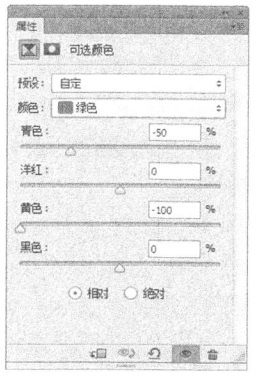

| 图 12-33 | 图 12-34 | 图 12-35 |

（3）按 Ctrl+O 组合键，打开光盘中的"Ch12 > 素材 > 制作瓶中效果 > 01"文件。选择"磁性套索"工具 ，沿着酒瓶边缘拖曳鼠标，绘制选区，效果如图 12-36 所示。选择"移动"工具 ，将选区中的图像拖曳到 01 文件窗口中适当的位置，效果如图 12-37 所示。在"图层"控制面板中生成新的图层并将其命名为"瓶子"。

| 图 12-36 | 图 12-37 |

（4）单击"图层"控制面板下方的"创建新的填充或调整图层"按钮 ，在弹出的菜单中选择"色相/饱和度 1"命令，在"图层"控制面板中生成"色相/饱和度 1"图层，同时在弹出的"色相/饱和度"面板中进行设置，如图 12-38 所示，单击面板下方的"此调整剪切到此图层"按钮 ，创建剪贴蒙版，效果如图 12-39 所示。

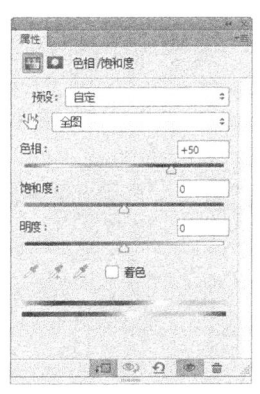

| 图 12-38 | 图 12-39 |

（5）按 Ctrl+O 组合键，打开光盘中的"Ch12 > 素材 > 制作瓶中效果 > 02"文件，选择"移动"工具 ，将图片拖曳到图像窗口中适当的位置，效果如图 12-40 所示，在"图层"

控制面板中生成新的图层并将其命名为"图片"。

（6）单击"图层"控制面板下方的"添加图层蒙版"按钮▣，为"图片"图层添加蒙版。将前景色设为黑色。选择"画笔"工具✐，在属性栏中单击"画笔"选项右侧按钮·，在弹出的画笔面板中选择需要的画笔形状，其他选项的设置如图 12-41 所示。在图像窗口中擦除不需要的图像，效果如图 12-42 所示。

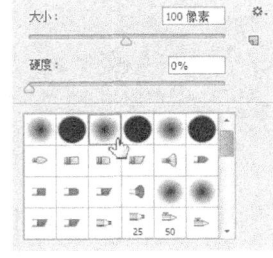

图 12-40　　　　　　　　　图 12-41　　　　　　　　　图 12-42

（7）将前景色设为黑色。选择"横排文字"工具 T，输入需要的文字并选取文字，在属性栏中选择合适的字体并设置文字的大小，效果如图 12-43 所示。在"图层"控制面板中生成新的文字图层。在"图层"控制面板上方，将该图层的混合模式选项设为"叠加"，效果如图 12-44 所示。瓶中效果制作完成。

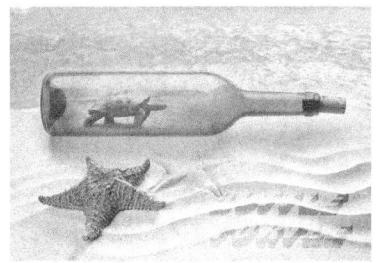

图 12-43　　　　　　　　　　　图 12-44

12.2.2　剪贴蒙版

剪贴蒙版是使用某个图层的内容来遮盖其上方的图层，遮盖效果由基底图层决定。

创建剪贴蒙版：设计好的图像效果如图 12-45 所示，"图层"控制面板中的效果如图 12-46 所示，按住 Alt 键的同时，将鼠标放置到"图形"和"图片"的中间位置，鼠标光标变为↓□，如图 12-47 所示。

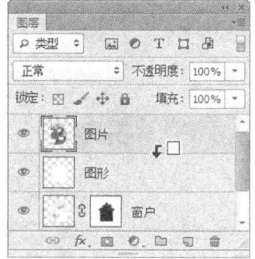

图 12-45　　　　　　　　　图 12-46　　　　　　　　　图 12-47

单击鼠标，制作图层的剪贴蒙版，如图 12-48 所示，图像窗口中的效果如图 12-49 所示。

用"移动"工具 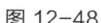 可以随时移动"图片"图像，效果如图 12-50 所示。

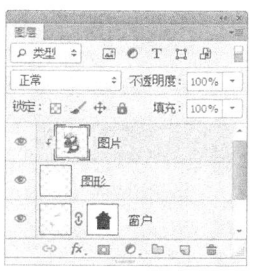  

图 12-48 　　　　　　图 12-49 　　　　　　图 12-50

取消剪贴蒙版：如果要取消剪贴蒙版，可以选中剪贴蒙版组中上方的图层，选择"图层 ＞ 释放剪贴蒙版"命令，或按 Alt+Ctrl+G 组合键即可删除。

12.2.3　矢量蒙版

原始图像效果如图 12-51 所示。选择"自定形状"工具  ，在属性栏中的"选择工具模式"选项中选择"路径"选项，在形状选择面板中选中"叶子 5"图形，如图 12-52 所示。

图 12-51 　　　　　　　　　　　　　　　　图 12-52

在图像窗口中绘制路径，如图 12-53 所示，选中"图层 1"，选择"图层 ＞ 矢量蒙版 ＞ 当前路径"命令，为"图层 1"添加矢量蒙版，如图 12-54 所示，图像窗口中的效果如图 12-55 所示。选择"直接选择"工具 可以修改路径的形状，从而修改蒙版的遮罩区域，如图 12-56 所示。

图 12-53 　　　　图 12-54 　　　　图 12-55 　　　　图 12-56

12.3　课堂练习——制作城市图像

【练习知识要点】使用图层的混合模式选项制作图片的叠加效果，使用添加图层蒙版按钮和画笔工具制作城市图片渐隐效果。

【素材所在位置】光盘/Ch12/素材/制作城市图像/01~04。

【效果所在位置】光盘/Ch12/效果/制作城市图像.psd，如图 12-57 所示。

图 12-57

12.4　课后习题——制作摄影网页

【习题知识要点】使用渐变工具和图层蒙版按钮制作背景效果，使用添加图层样式按钮制作图像的特殊效果，使用矩形工具和创建剪贴蒙版命令制作摄影照片的剪切效果。

【素材所在位置】光盘/Ch12/素材/制作摄影网页/01~07。

【效果所在位置】光盘/Ch12/效果/制作摄影网页.psd，如图 12-58 所示。

图 12-58

本章介绍

本章将主要介绍 Photoshop CS6 强大的滤镜功能。包括滤镜的分类、滤镜的重复使用以及滤镜的使用技巧。通过本章的学习，能够快速地掌握知识要点，应用丰富的滤镜资源制作出多变的图像效果。

学习目标

- 掌握滤镜库、重复使用滤镜的使用技巧。
- 掌握对图像局部、对通道使用滤镜的使用技巧。
- 掌握对滤镜效果进行调整的使用技巧。
- 掌握常用滤镜的应用方法。

技能目标

- 掌握"清除图像中的杂物"制作技巧。
- 掌握"点状效果"的制作方法。
- 掌握"彩色铅笔效果"的制作方法。
- 掌握"淡彩效果"的制作方法。

13.1 滤镜库以及滤镜使用技巧

Photoshop CS6 的滤镜库将常用滤镜组组合在一个面板中，以折叠菜单的方式显示，并为每一个滤镜提供了直观效果预览，使用十分方便。Photoshop CS6 的滤镜菜单下提供了多种滤镜，选择这些滤镜命令，可以制作出奇妙的图像效果。

13.1.1 滤镜库

选择"滤镜 > 滤镜库"命令，弹出"滤镜库"对话框，在对话框中部为滤镜列表，每个滤镜组下面包含了多个很有特色的滤镜，单击需要的滤镜组，可以浏览到滤镜组中的各个滤镜和其相应的滤镜效果。

在"滤镜库"对话框中可以创建多个效果图层，每个图层可以应用不同的滤镜，从而使图像产生多个滤镜叠加后的效果。为图像添加"喷溅"滤镜，如图 13-1 所示，单击"新建效果图层"按钮，生成新的效果图层，如图 13-2 所示。

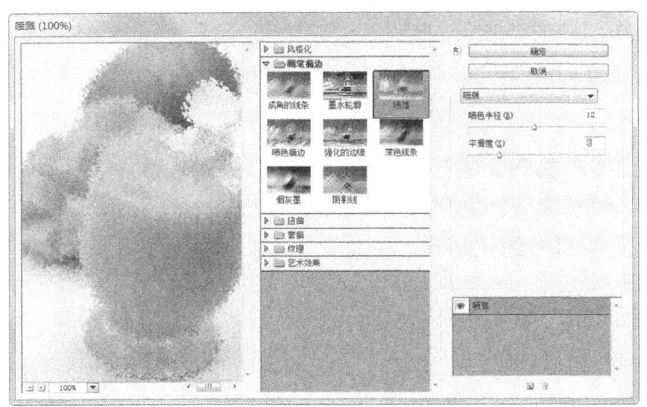

图 13-1　　　　　　　　　　　　　　图 13-2

为图像添加"阴影线"滤镜，2 个滤镜叠加后的效果如图 13-3 所示。

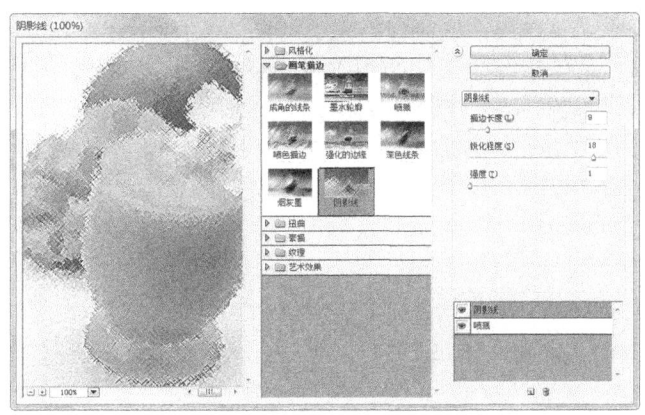

图 13-3

13.1.2 重复使用滤镜

如果在使用一次滤镜后，效果不理想，可以按 Ctrl+F 组合键，重复使用滤镜。重复使用查找边缘滤镜的不同效果如图 13-4 所示。

图 13-4

13.1.3　对图像局部使用滤镜

对图像的局部使用滤镜，是常用的处理图像的方法。在要应用的图像上绘制选区，如图 13-5 所示，对选区中的图像使用查找边缘滤镜，效果如图 13-6 所示。如果对选区进行羽化后再使用滤镜，就可以得到与原图融为一体的效果。在"羽化选区"对话框中设置羽化的数值，如图 13-7 所示，对选区进行羽化后再使用滤镜得到的效果如图 13-8 所示。

图 13-5　　　　　图 13-6　　　　　　　　图 13-7　　　　　　　　图 13-8

13.1.4　对滤镜效果进行调整

对图像应用"点状化"滤镜后，效果如图 13-9 所示，按 Ctrl+Shift+F 组合键，弹出"渐隐"对话框，调整不透明度并选择模式，如图 13-10 所示，单击"确定"按钮，滤镜效果产生变化，如图 13-11 所示。

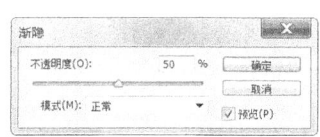

图 13-9　　　　　　　　图 13-10　　　　　　　　图 13-11

13.1.5　对通道使用滤镜

如果分别对图像的各个通道使用滤镜，结果和对图像使用滤镜的效果是一样的。对图像的单独通道使用滤镜，可以得到一种非常好的效果。原始图像效果如图 13-12 所示，对图像的绿、蓝通道分别使用径向模糊滤镜后得到的效果如图 13-13 所示。

图 13-12　　　　　图 13-13

13.2　滤镜的应用

单击选择"滤镜"菜单，弹出如图 13-14 所示的下拉菜单。Photoshop CS6 滤镜菜单被分为 6 部分，并已用横线划分开。

第 1 部分为最近一次使用的滤镜，没有使用滤镜时，此命令为灰色，不可选择。使用任意一种滤镜后，需要重复使用这种滤镜时，只要直接选择这种滤镜或按 Ctrl+F 组合键，即可重复使用。第 2 部分为转换为智能滤镜，智能滤镜可随时进行修改操作。第 3 部分为 4 种 Photoshop CS6 滤镜，每个滤镜的功能都十分强大。第 4 部分为 13 种 Photoshop CS6 滤镜组，每个滤镜组中都包含多个子滤镜。第 5 部分为 Digimarc 滤镜。第 6 部分为浏览联机滤镜。

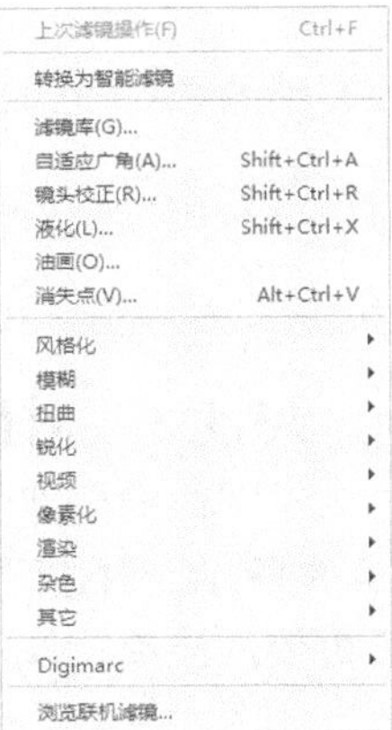

图 13-14

13.2.1　自适应广角

自适应广角滤镜是 Photoshop CS6 中推出的一项新功能，可以利用它对具有对广角、超广角及鱼眼效果的图片进行校正。

打开图 13-15 所示的图像。选择"滤镜 > 自适应广角"命令，弹出如图 13-16 所示的对话框。

图 13-15

图 13-16

在对话框左侧的图片上需要调整的位置拖曳一条直线，如图 13-17 所示。再将中间的节点向下拖曳到适当的位置，图片自动调整为直线，如图 13-18 所示。

图 13-17

图 13-18

单击"确定"按钮，照片调整后的效果如图 13-19 所示。用相同的方法也可以调整上方的屋顶，效果如图 13-20 所示。

图 13-19

图 13-20

13.2.2　镜头校正

镜头校正滤镜可以修复常见的镜头瑕疵，如桶形失真、枕形失真、晕影和色差等，也可以使用该滤镜来旋转图像，或修复由于相机在垂直或水平方向上倾斜而导致的图像透视错视现象。

打开如图 13-21 所示的图像。选择"滤镜 > 镜头校正"命令，弹出如图 13-22 所示的对话框。

图 13-21

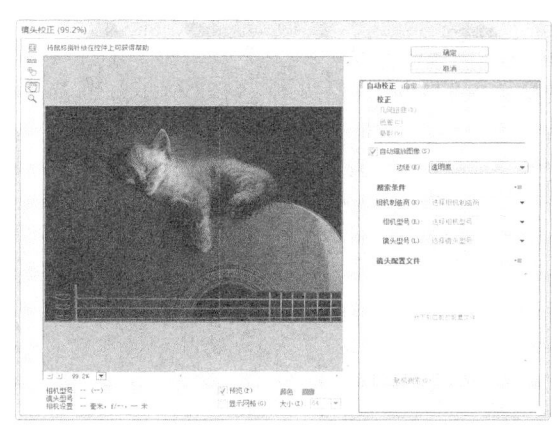

图 13-22

单击"自定"选项卡，设置如图 13-23 所示，单击"确定"按钮，效果如图 13-24 所示。

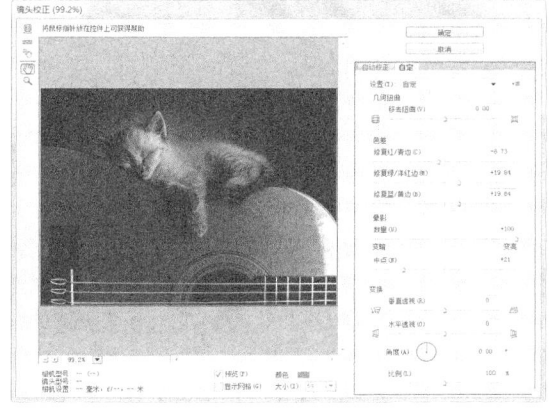

图 13-23

图 13-24

13.2.3 油画滤镜

油画滤镜可以将照片或图片制作成油画效果。

打开如图 13-25 所示的图像。选择"滤镜 > 油画"命令，弹出如图 13-26 所示的对话框。画笔选项组可以设置笔刷的样式化、清洁度、缩放和硬毛刷细节，光照选项组可以设置角的方向和闪亮情况。

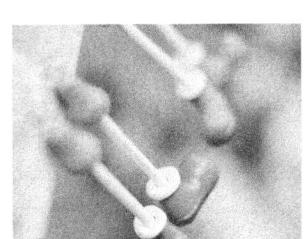

图 13-25

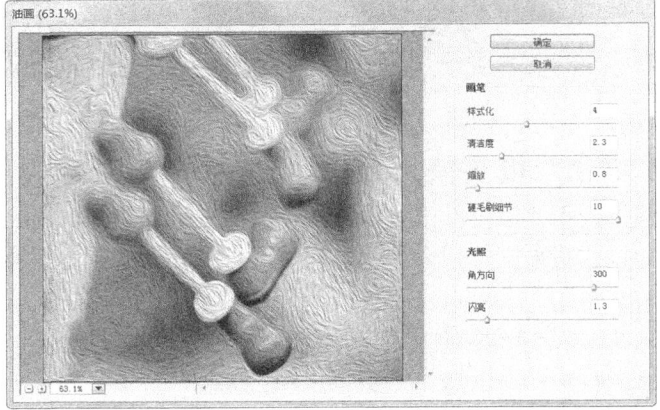

图 13-26

在对话框中的具体设置如图 13-27 所示，单击"确定"按钮，效果如图 13-28 所示。

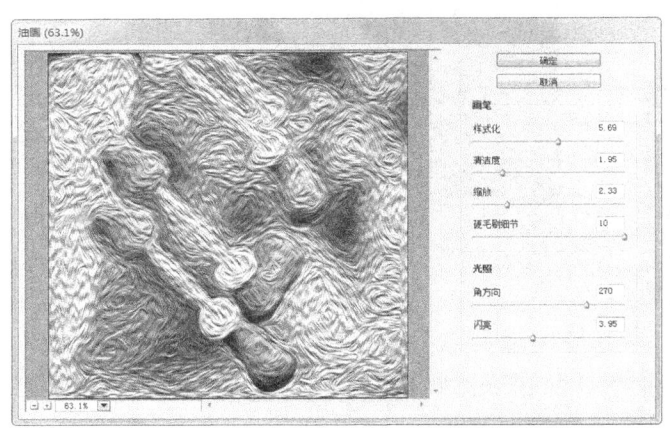

图 13-27

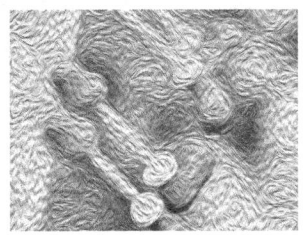

图 13-28

13.2.4 课堂案例——清除图像中的杂物

【案例学习目标】学习使用滤镜命令制作透视效果，应用选区及图层的相关知识点制作图像效果。

【案例知识要点】使用消失点滤镜命令去除多余图像，使用矩形工具和添加图层蒙版命令制作网格图形，使用图层的混合模式命令更改网格图形的显示效果，如图 13-29 所示。

【效果所在位置】光盘/Ch13/效果/清除图像中的杂物.psd。

1. 去除多余图像

（1）按 Ctrl + O 组合键，打开光盘中的"Ch13 > 素材 > 清除图像中的杂物 > 01"文件，

图 13-29

图像效果如图 13-30 所示。选择"滤镜 > 消失点"命令，弹出对话框，选择"缩放"工具  ，将预览图放大，选择"创建平面"工具  ，在预览图中拖曳鼠标绘制如图 13-31 所示的选框。

图 13-30

图 13-31

（2）选择"图章"工具 ，在面板上方将"直径"选项设为 200，如图 13-32 所示。按住 Alt 键的同时，在适当的位置单击鼠标设置仿制源点，松开鼠标，在适当的位置单击，复制仿制的图像，效果如图 13-33 所示。根据需要调整图章大小，效果如图 13-34 所示，单击"确定"按钮，效果如图 13-35 所示。

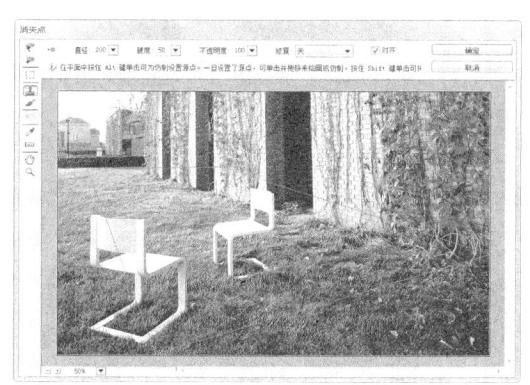

图 13-32

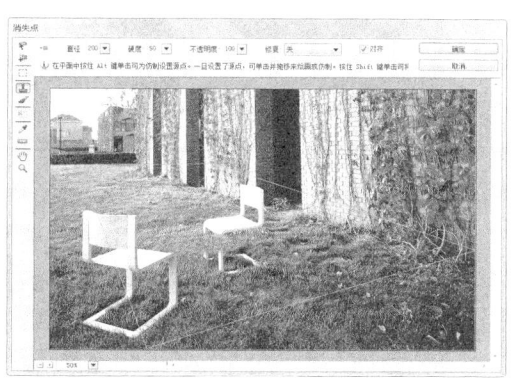

图 13-33

图 13-34

图 13-35

2．制作网格效果

（1）单击"图层"控制面板下方的"创建新图层"按钮 ，生成新图层"图层 1"。单击

"背景"图层左侧的眼睛图标  ,将"背景"图层隐藏。将前景色设为橙色（其 R、G、B 的值分别为 255、192、0）。选择"直线"工具 ，在属性栏中将"粗细"选项设为 3 像素，按住 Shift 键的同时，在图像窗口的适当位置绘制直线，效果如图 13-36 所示。按 Ctrl+Alt+T 组合键，按住 Shift 键的同时，按键盘上的方向键，移动图形，按 Enter 键确认操作，效果如图 13-37 所示。

图 13-36

图 13-37

（2）多次按 Ctrl+Alt+Shift+T 组合键，再制图形，效果如图 13-38 所示。在"图层"控制面板中将"图层 1"图层和所有"图层 1 副本"图层同时选取，按 Ctrl+E 组合键，合并图层，如图 13-39 所示。用相同的方法制作竖线效果，如图 13-40 所示。

图 13-38

图 13-39

图 13-40

（3）在"图层"控制面板中将所有"图层 1 副本"图层同时选取，按 Ctrl+E 组合键，合并图层并将其命名为"网格形状"，如图 13-41 所示。单击"背景"图层左侧的空白图标 ，将"背景"图层显示。在"图层"控制面板中将"网格形状"图层的混合模式选项设为"叠加"，如图 13-42 所示，图像窗口中的效果如图 13-43 所示。

图 13-41

图 13-42

图 13-43

（4）单击"图层"控制面板下方的"添加图层蒙版"按钮 ，为"网格形状"图层添加蒙版，如图 13-44 所示。选择"渐变"工具 ，单击属性栏中的"点按可编辑渐变"按钮 ，弹出"渐变编辑器"对话框，将渐变色设为从黑色到白色，如图 13-45 所示，单击"确定"按钮。按住 Shift 键的同时，在图像窗口中从下至上拖曳鼠标，效果如图 13-46 所示。

图 13-44

图 13-45

图 13-46

（5）将前景色设为白色。选择"横排文字"工具 T，输入需要的文字，在属性栏中选择合适的字体并设置文字的大小，效果如图 13-47 所示，在"图层"控制面板中生成新的文字图层。单击"图层"控制面板下方的"添加图层样式"按钮 fx，在弹出的菜单中选择"投影"命令，在弹出的对话框中进行设置，如图 13-48 所示，单击"确定"按钮，效果如图 13-49 所示。

图 13-47

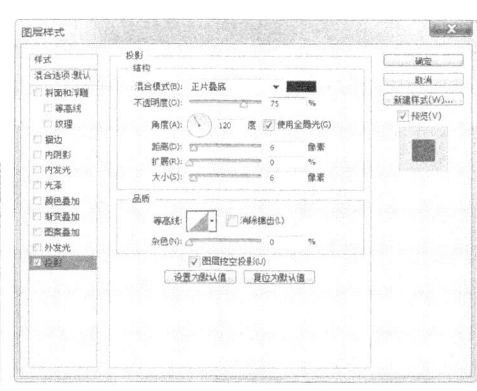

图 13-48

图 13-49

（6）用相同的方法输入文字，并在属性栏中设置右对齐文本，制作投影效果后，如图 13-50 所示。清除图像中的杂物效果制作完成，效果如图 13-51 所示。

图 13-50

图 13-51

13.2.5　消失点滤镜

应用消失点滤镜，可以制作建筑物或任何矩形对象的透视效果。打开一副图像。选择"滤镜 > 消失点"命令，弹出对话框，在对话框的左侧选中"创建平面工具"按钮，在图像中单击定义 4 个角的节点，如图 13-52 所示，节点之间会自动连接称为透视平面，如图 13-53 所示。

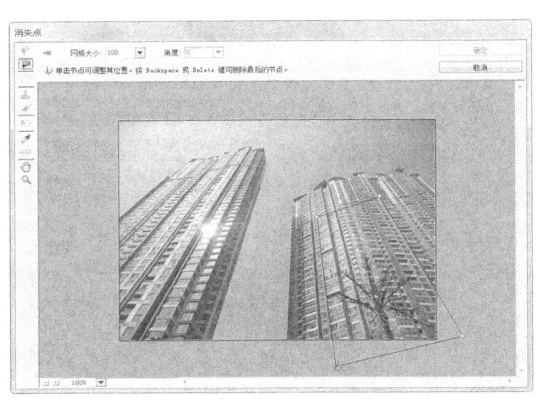

图 13-52　　　　　　　　　　　　　　　　图 13-53

选择"选框"工具 [ ]，在选框内部的上方绘制一个矩形，如图 13-54 所示。按住 Alt+Ctrl 组合键的同时，向下拖动选区，清除遮挡住建筑物的树木，效果如图 13-55 所示。

图 13-54　　　　　　　　　　　　　　　　图 13-55

用相同的方法，再次复制建筑物，如图 13-56 所示。单击"确定"按钮，建筑物的透视变形效果如图 13-57 所示。

图 13-56　　　　　　　　　　　图 13-57

在"消失点"对话框中，透视平面显示为蓝色时为有效的平面；显示为红色时为无效的平面，无法计算平面的长宽比，也无法拉出垂直平面；显示为黄色时为无效的平面，无法解析平面的所有消失点，如图 13-58 所示。

蓝色透视平面

红色透视平面

黄色透视平面

图 13-58

13.2.6　锐化滤镜

锐化滤镜可以通过生成更大的对比度来使图像清晰化和增强处理图像的轮廓。此组滤镜可减少图像修改后产生的模糊效果。锐化滤镜菜单如图 13-59 所示。应用锐化滤镜组制作的图像效果如图 13-60 所示。

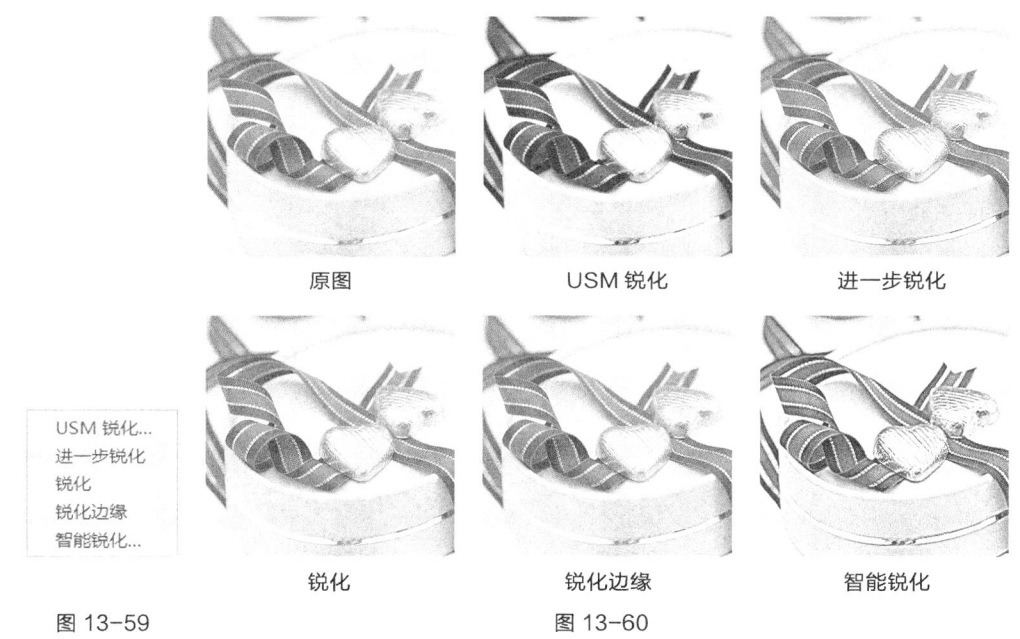

原图　　　　　　USM 锐化　　　　　　进一步锐化

USM 锐化…
进一步锐化
锐化
锐化边缘
智能锐化…

锐化　　　　　　锐化边缘　　　　　　智能锐化

图 13-59　　　　　　　　　　图 13-60

13.2.7　智能滤镜

常用滤镜在应用后就不能改变滤镜命令中的数值，智能滤镜是针对智能对象使用的、可调节滤镜效果的一种应用模式。

添加智能滤镜：在"图层"控制面板中选中要应用滤镜的图层，如图 13-61 所示。选择"滤镜 > 转换为智能滤镜"命令，将普通滤镜转换为智能滤镜，此时，弹出提示对话框，提示将选中的图层转换为智能对象，单击"确定"按钮，"图层"控制面板中的效果如图 13-62 所示。选择"滤镜 > 模糊 > 动感模糊"命令，为图像添加拼缀图效果，在"图层"控制面板此图层的下方显示出滤镜名称，如图 13-63 所示。

 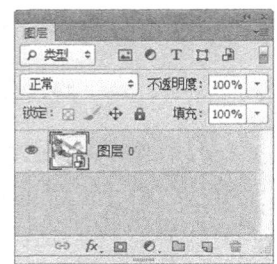 

图 13-61　　　　　　　图 13-62　　　　　　　图 13-63

　　编辑智能滤镜：可以随时调整智能滤镜中各选项的参数来改变图像的效果。双击"图层"控制面板中要修改参数的滤镜名称，在弹出的相应对话框中重新设置参数即可。单击滤镜名称右侧的"双击以编辑滤镜混合选项"图标 ，弹出"混合选项"对话框，在对话框中可以设置滤镜效果的模式和不透明度，如图 13-64 所示。

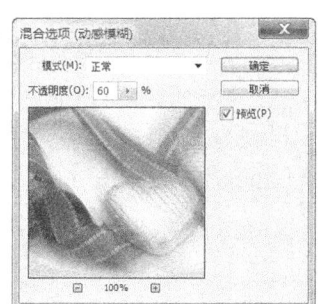

图 13-64

13.2.8　液化滤镜

　　液化滤镜命令可以制作出各种类似液化的图像变形效果。

　　打开一幅图像，选择"滤镜 > 液化"命令，或按 Shift+Ctrl+X 组合键，弹出"液化"对话框，勾选右侧的"高级模式"复选框，如图 13-65 所示。

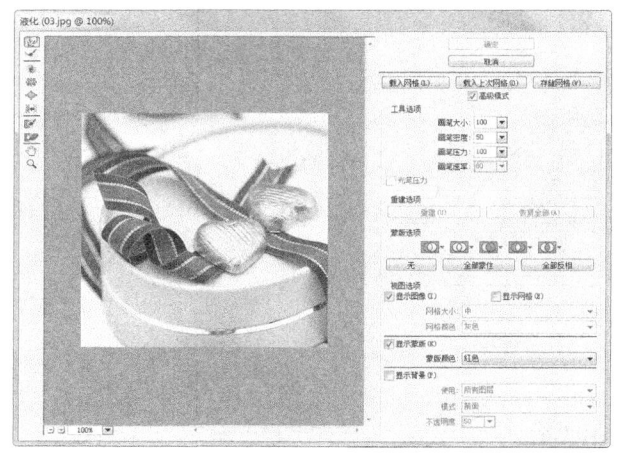

图 13-65

　　左侧的工具箱由上到下分别为"向前变形"工具、"重建"工具、"褶皱"工具、"膨胀"工具、"左推"工具、"抓手"工具和"缩放"工具。

　　工具选项："画笔大小"选项用于设定所选工具的笔触大小；"画笔密度"选项用于设定画笔的浓重度；"画笔压力"选项用于设定画笔的压力，压力越小，变形的过程越慢；"画笔速率"选项用于设定画笔的绘制速度；"光笔压力"选项用于设定压感笔的压力。

　　重建选项："重建"按钮用于对变形的图像进行重置；"恢复全部"按钮用于将图像恢复到打开时的状态。

　　蒙版选项：用于选择通道蒙版的形式。选择"无"按钮，可以不制作蒙版；选择"全部蒙住"按钮，可以为全部的区域制作蒙版；选择"全部反相"按钮，可以解冻蒙版区域并冻结剩余的区域。

视图选项：勾选"显示图像"复选框可以显示图像；勾选"显示网格"复选框可以显示网格，"网格大小"选项用于设置网格的大小，"网格颜色"选项用于设置网格的颜色；勾选"显示蒙版"复选框，可以显示蒙版，"蒙版颜色"选项用于设置蒙版的颜色；勾选"显示背景"复选框，在"使用"选项的下拉列表中可以选择"所有图层"，在"模式"选项的下拉列表中可以选择不同的模式，在"不透明度"选项中可以设置不透明度。

在对话框中对图像进行变形，如图 13-66 所示，单击"确定"按钮，完成图像的液化变形，效果如图 13-67 所示。

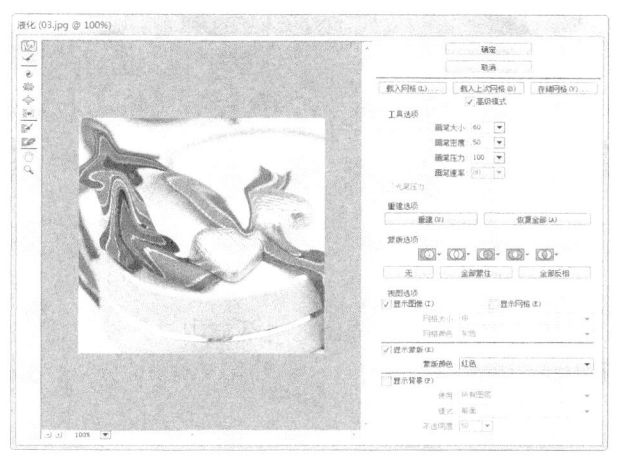

图 13-66　　　　　　　　　　　　　　　图 13-67

13.2.9　课堂案例——制作点状效果

【案例学习目标】学习使用素描滤镜和锐化滤镜制作点状效果。

【案例知识要点】使用半调图案和 USM 锐化滤镜制作点状效果，如图 13-68 所示。

图 13-68

【效果所在位置】光盘/Ch13/效果/制作点状效果.psd。

（1）按 Ctrl+O 组合键，打开光盘中的"Ch13 > 素材 > 制作点状效果 > 01"文件，如图 13-69 所示。选择"滤镜 > 转换为智能滤镜"命令，弹出一个提示信息，单击"确定"按钮，将"背景"图层转换为智能对象，并将其命名为"图片"，如图 13-70 所示。将"图片"图层拖曳到"图层"控制面板下方的"创建新图层"按钮　上进行复制，生成副本图层，如图 13-71 所示。

图 13-69　　　　　　　　　图 13-70　　　　　　　　　图 13-71

（2）将前景色设为蓝绿色（其 R、G、B 的值分别为 0、148、145）。选择"滤镜 > 滤镜库"命令，在弹出的对话框中进行设置，如图 13-72 所示，单击"确定"按钮，效果如图 13-73 所示。

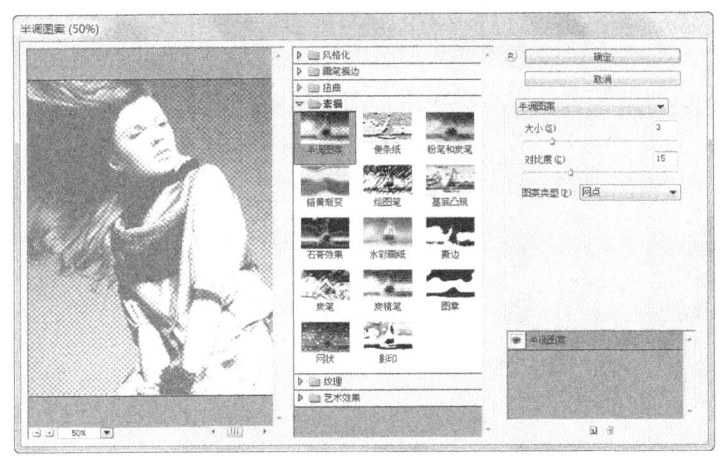

图 13-72　　　　　　　　　　　　　　　　　图 13-73

（3）选择"滤镜 > 锐化 > USM 锐化"命令，在弹出的对话框中进行设置，如图 13-74 所示，单击"确定"按钮，效果如图 13-75 所示。

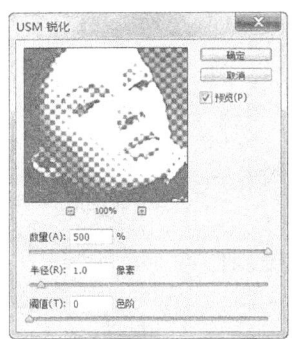

图 13-74　　　　　　　　　　　　图 13-75

（4）在"图层"控制面板上方，将"图片 副本"图层的混合模式选项设为"正片叠底"，如图 13-76 所示，效果如图 13-77 所示。

图 13-76　　　　　　　　　　　　图 13-77

（5）选择"移动"工具 ，选择"图片"图层。将前景色设为玫红色（其 R、G、B 的值分别为 175、96、199）。选择"滤镜 > 滤镜库"命令，在弹出的对话框中进行设置，如图 13-78 所示，单击"确定"按钮，效果如图 13-79 所示。

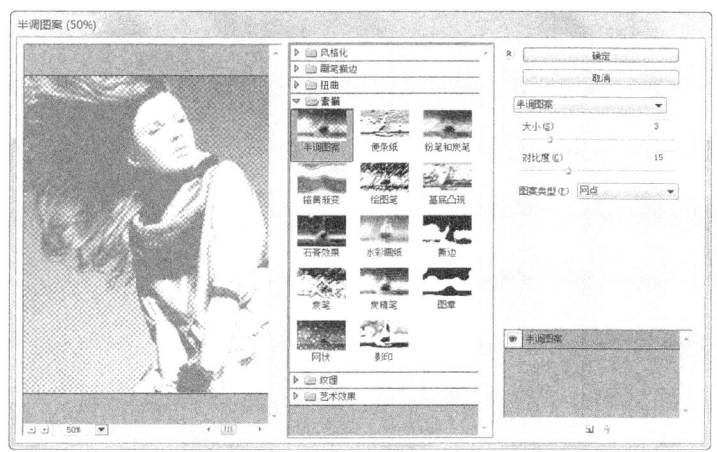

图 13-78 图 13-79

（6）选择"滤镜 > 锐化 > USM 锐化"命令，在弹出的对话框中进行设置，如图 13-80 所示，单击"确定"按钮，效果如图 13-81 所示。将前景色设为白色。选择"横排文字"工具 T，输入需要的文字，在属性栏中选择合适的字体并设置文字大小，效果如图 13-82 所示，在控制面板中生成新的文字图层。点状效果制作完成。

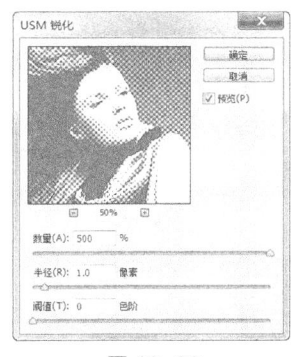

图 13-80 图 13-81 图 13-82

13.2.10 像素化滤镜

像素化滤镜可以用于将图像分块或将图像平面化。像素化滤镜的菜单如图 13-83 所示。应用不同的滤镜制作出的效果如图 13-84 所示。

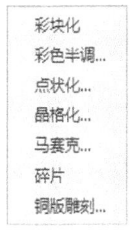

原图 彩块化

图 13-83 图 13-84

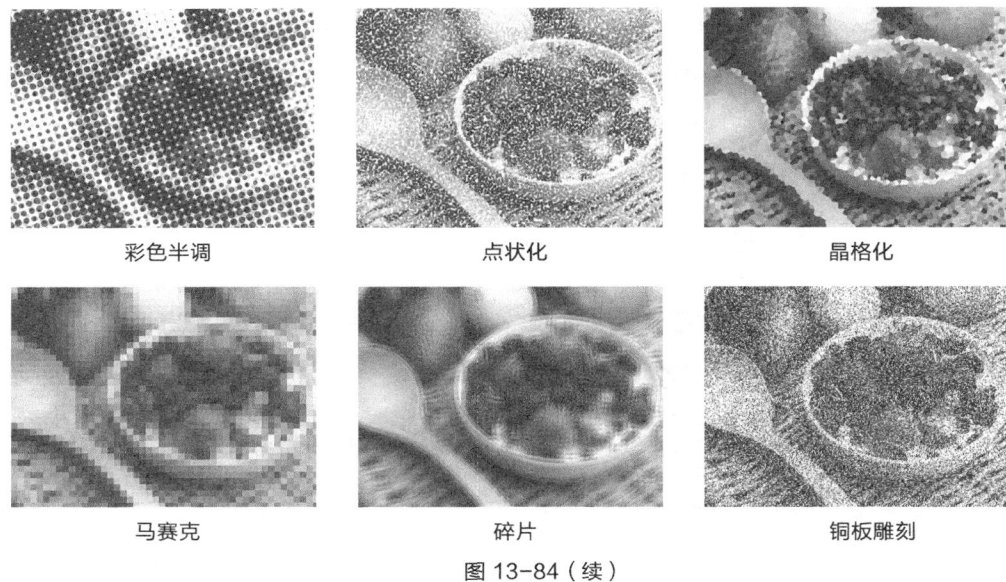

彩色半调　　　　　　　　点状化　　　　　　　　晶格化

马赛克　　　　　　　　　碎片　　　　　　　　　铜板雕刻

图 13-84（续）

13.2.11　风格化滤镜

　　风格化滤镜可以产生印象派以及其他风格画派作品的效果，它是完全模拟真实艺术手法进行创作的。风格化滤镜菜单如图 13-85 所示。应用不同的滤镜制作出的效果如图 13-86 所示。

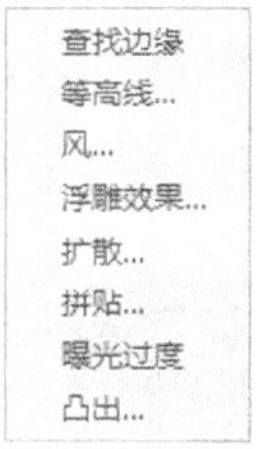

查找边缘
等高线...
风...
浮雕效果...
扩散...
拼贴...
曝光过度
凸出...

图 13-85 　　　　　　　原图 　　　　　　　查找边缘 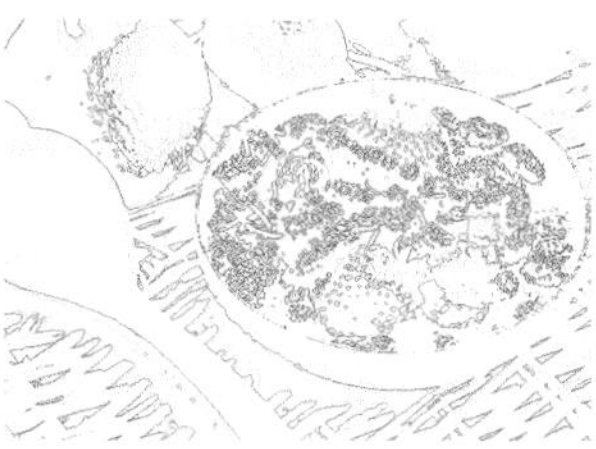　　　　　　　等高线

风 　　　　　　　　　　浮雕效果 　　　　　　　扩散

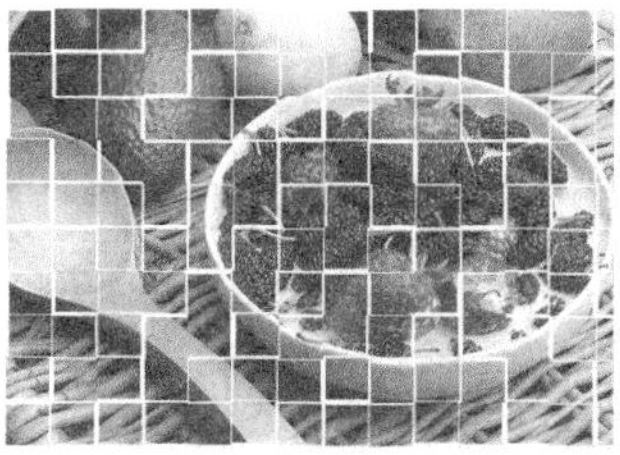

拼贴 　　　　　　　　　曝光过度 　　　　　　　凸出

图 13-86

13.2.12 渲染滤镜

渲染滤镜可以在图片中产生照明的效果，它可以产生不同的光源效果和夜景效果。渲染滤镜菜单如图 13-87 所示。应用不同的滤镜制作出的效果如图 13-88 所示。

图 13-87　　　　　　　原图　　　　　　　　　分层云彩　　　　　　　　光照效果

镜头光晕　　　　　　　　　纤维　　　　　　　　　　　云彩

图 13-88

13.2.13 课堂案例——制作彩色铅笔效果

【案例学习目标】学习使用多种滤镜命令及绘图工具制作彩色铅笔效果。

【案例知识要点】使用颗粒滤镜制作图片颗粒效果，使用画笔描边滤镜为图片添加描边效果，使用查找边缘滤镜调整图片色调，使用影印滤镜制作图片影印效果，如图 13-89 所示。

【效果所在位置】光盘/Ch13/效果/制作彩色铅笔效果.psd。

图 13-89

1. 制作图片颗粒效果

（1）按 Ctrl+O 组合键，打开光盘中的"Ch13 > 素材 > 制作彩色铅笔效果 > 01"文件，如图 13-90 所示。将"背景"图层拖曳到控制面板下方的"创建新图层"按钮 🔲 上进行复制，生成新的图层"背景 副本"，如图 13-91 所示。

图 13-90　　　　　　　　　　　图 13-91

（2）将前景色设为白色。选择"滤镜 > 滤镜库"命令，在弹出的对话框中进行设置，如

图 13-92 所示，单击"确定"按钮，效果如图 13-93 所示。

图 13-92   图 13-93

（3）选择"滤镜 > 画笔描边 > 成角的线条"命令，在弹出的对话框中进行设置，如图 13-94 所示，单击"确定"按钮，效果如图 13-95 所示。

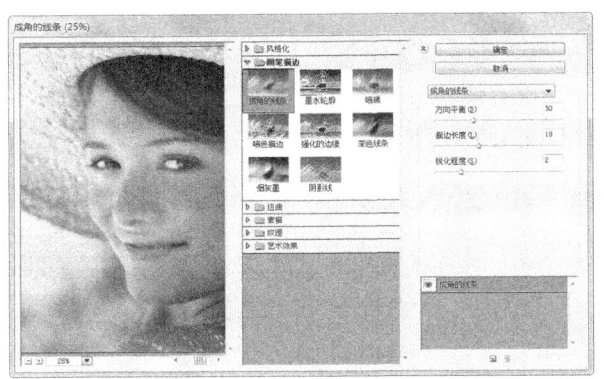

图 13-94   图 13-95

（4）将"背景 副本"图层拖曳到控制面板下方的"创建新图层"按钮 上进行复制，将其复制两次，生成新的副本图层。分别单击两个副本图层左侧的眼睛图标 ，将其隐藏。单击"背景 副本"图层，单击"图层"控制面板下方的"添加图层蒙版"按钮 ，为"背景 副本"图层添加图层蒙版，如图 13-96 所示。

（5）将前景色设为黑色。选择"画笔"工具 ，在属性栏中单击"画笔"选项右侧按钮 ，弹出画笔选择面板，在面板中选择需要的画笔形状，如图 13-97 所示。在图像窗口中涂抹小女孩的脸部，擦除脸部的纹理，效果如图 13-98 所示。

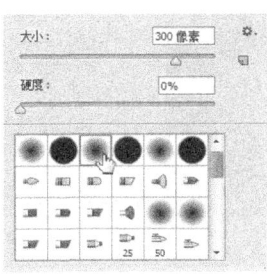

图 13-96   图 13-97   图 13-98

2. 制作彩色铅笔效果

（1）显示并选中"背景 副本 2"图层。选择"滤镜 > 风格化 > 查找边缘"命令，效果如图 13-99 所示。在"图层"控制面板上方，将"背景 副本 2"图层的混合模式选项设为"叠加"，"不透明度"选项设为 60%，图像效果如图 13-100 所示。

图 13-99   图 13-100

（2）显示并选中"背景 副本 3"图层。选择"滤镜 > 滤镜库"命令，在弹出的对话框中进行设置，如图 13-101 所示，单击"确定"按钮，效果如图 13-102 所示。

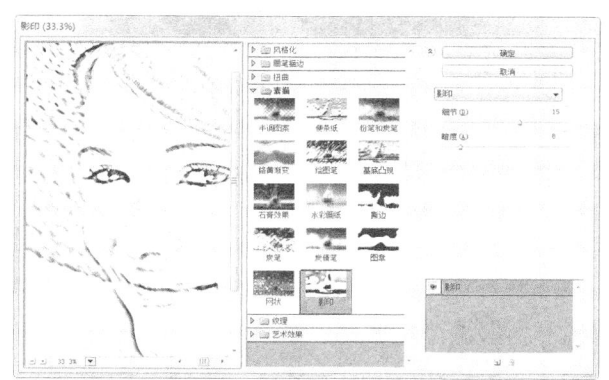

图 13-101   图 13-102

（3）在"图层"控制面板上方，将"背景 副本 3"图层的混合模式选项设为"强光"，"不透明度"选项设为 50%，如图 13-103 所示，图像效果如图 13-104 所示。彩色铅笔效果制作完成。

图 13-103   图 13-104

13.2.14   模糊滤镜

模糊滤镜可以使图像中过于清晰或对比度强烈的区域，产生模糊效果。此外，也可用于制作柔和阴影。模糊效果滤镜菜单如图 13-105 所示。应用不同滤镜制作出的效果如图 13-106 所示。

原图   场景模糊   光圈模糊   倾斜偏移

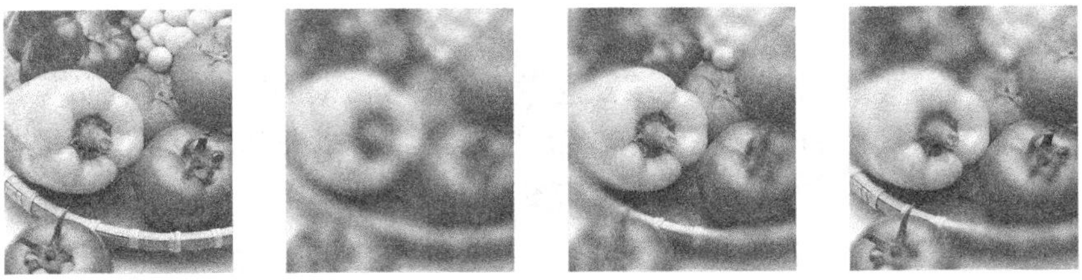

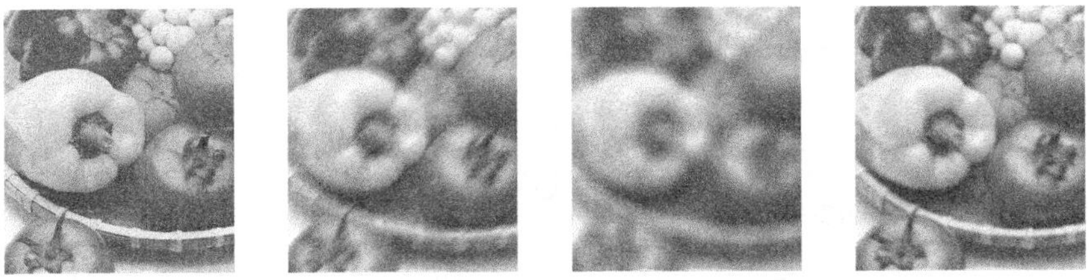

表面模糊   动感模糊   方框模糊   高斯模糊

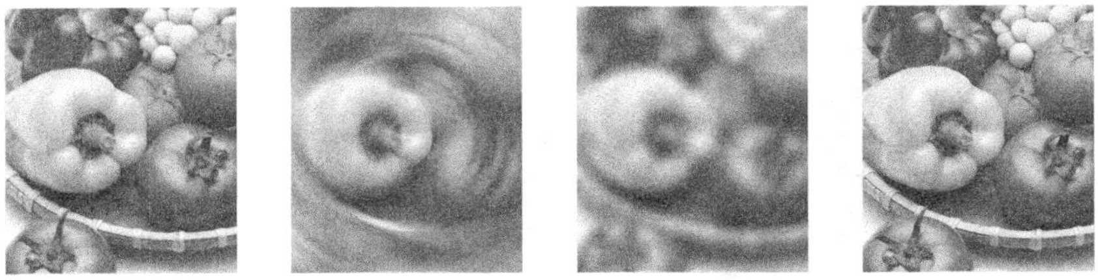

进一步模糊   径向模糊   镜头模糊   模糊

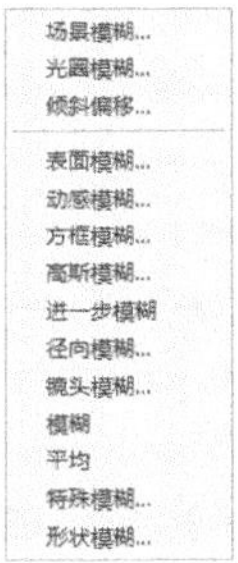

平均   特殊模糊   形状模糊

图 13-105   图 13-106

13.2.15 纹理滤镜组

纹理滤镜组包含 6 个滤镜，如图 13-107 所示。此滤镜可以使图像中各颜色之间产生过渡变形的效果。应用不同的滤镜制作出的效果如图 13-108 所示。

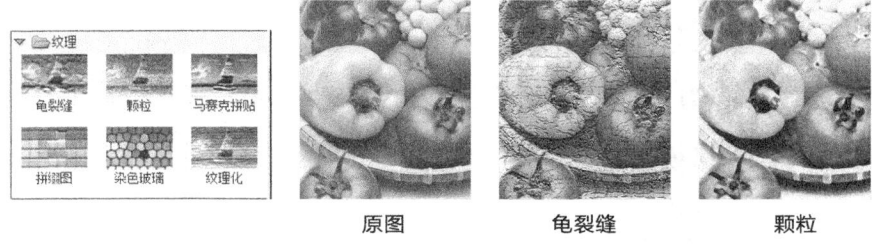

原图   龟裂缝   颗粒

图 13-107   图 13-108

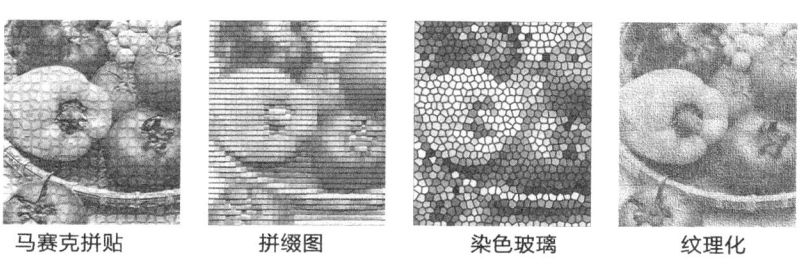

| 马赛克拼贴 | 拼缀图 | 染色玻璃 | 纹理化 |

图 13-108（续）

13.2.16　素描滤镜组

素描滤镜组包含 14 个滤镜，如图 13-109 所示。此滤镜只对 RGB 或灰度模式的图像起作用，可以制作出多种绘画效果。应用不同的滤镜制作出的效果如图 13-110 所示。

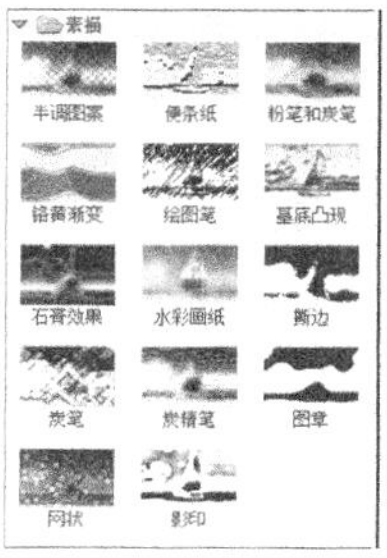

图 13-109

| 原图 |  半调图案 |  便条纸 |

| 粉笔和炭笔 | 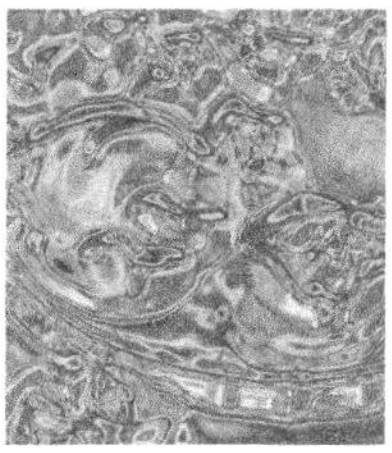 铬黄渐变 |  绘图笔 |  基底凸现 |

| 石膏效果 |  水彩画纸 |  撕边 |  炭笔 |

| 炭精笔 |  图案 | 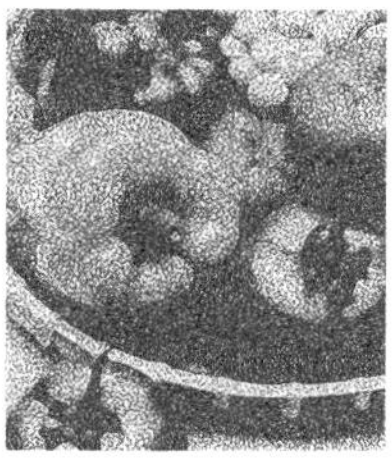 图章 |  影印 |

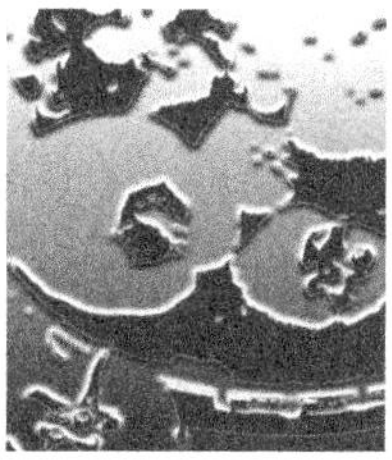

图 13-110

13.2.17　画笔描边滤镜组

画笔描边滤镜组包含 8 个滤镜，如图 13-111 所示。此滤镜组对 CMYK 和 Lab 颜色模式的图像都不起作用。应用不同的滤镜制作出的效果如图 13-112 所示。

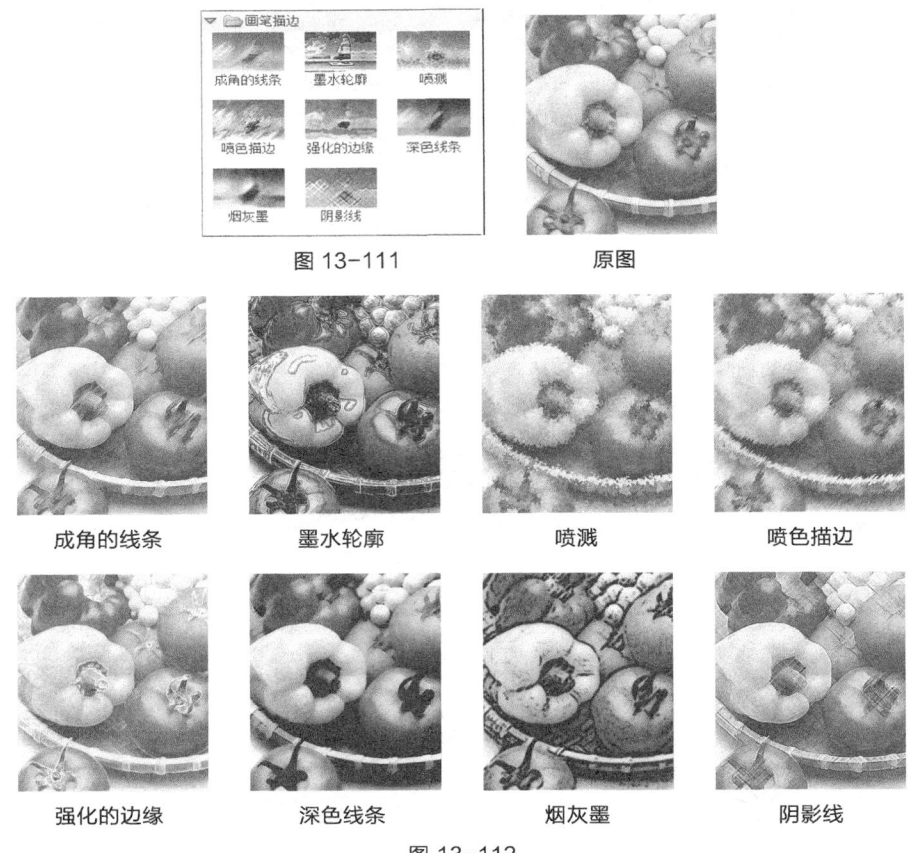

图 13-111　　　　　原图

成角的线条　　墨水轮廓　　喷溅　　喷色描边

强化的边缘　　深色线条　　烟灰墨　　阴影线

图 13-112

13.2.18　课堂案例——制作淡彩效果

【案例学习目标】学习使用不同的滤镜及图层混合模式命令调整图片的颜色。

【案例知识要点】使用去色命令将花图片去色，使用照亮边缘滤镜命令、混合模式命令、反向命令、色阶命令将花图片颜色减淡，使用复制图层命令和混合模式命令制作淡彩效果，如图 13-113 所示。

图 13-113

【效果所在位置】光盘/Ch13/效果/制作淡彩效果.psd。

（1）按 Ctrl + O 组合键，打开光盘中的"Ch13 > 素材 > 制作淡彩效果 > 01、02"文件，选择"移动"工具，拖曳果蔬图片到 01 图像窗口中，效果如图 13-114 所示，在"图层"控制面板中生成新图层并将其命名为"果蔬"。将其拖曳到控制面板下方的"创建新图层"按钮上进行复制，生成副本图层。按 Ctrl+Shift+U 组合键，将图像去色，效果如图 13-115 所示。

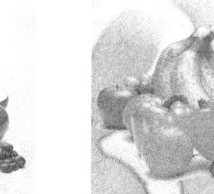

图 13-114 图 13-115

（2）选择"滤镜 > 滤镜库"命令，在弹出的对话框中进行设置，如图 13-116 所示，单击"确定"按钮，效果如图 13-117 所示。

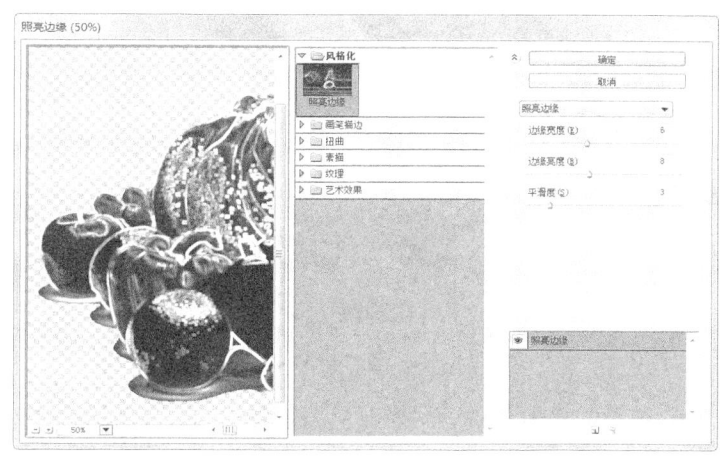

图 13-116 图 13-117

（3）选择"图像 > 调整 > 反相"命令，效果如图 13-118 所示。在"图层"控制面板上方，将"果蔬 副本"图层的混合模式选项设为"叠加"，如图 13-119 所示，图像效果如图13-120 所示。

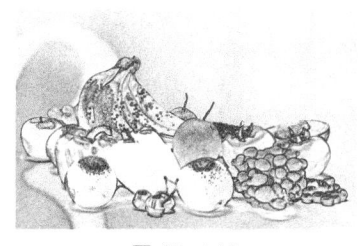
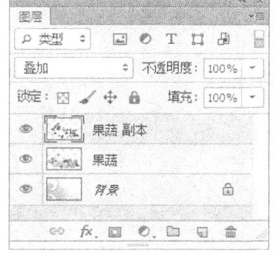

图 13-118 图 13-119 图 13-120

（4）将"果蔬"图层拖曳到"图层"控制面板下方的"创建新图层"按钮 ◻ 上进行复制，生成新的图层"果蔬 副本 2"。选择"滤镜 > 杂色 > 中间值"命令，在弹出的对话框中进行设置，如图 13-121 所示，单击"确定"按钮，效果如图 13-122 所示。

（5）按住 Shift 键的同时，在"图层"控制面板中将"果蔬"、"果蔬 副本"和"果蔬 副本 2"图层同时选取，按 Ctrl+E 组合键，合并图层并将其命名为"果蔬"。按 Ctrl+L 组合键，在弹出的"色阶"对话框中进行设置，如图 13-123 所示，效果如图 13-124 所示。

图 13-121

图 13-122

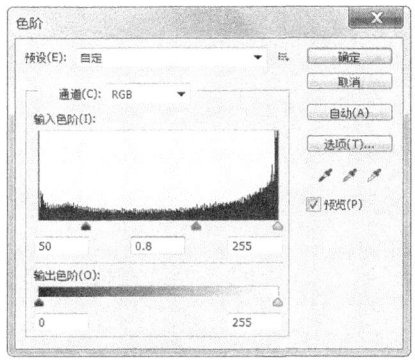

图 13-123

图 13-124

（6）单击"图层"控制面板下方的"添加图层样式"按钮 **fx.**，在弹出的菜单中选择"外发光"命令，在弹出的对话框中进行设置，如图 13-125 所示，单击"确定"按钮，效果如图 13-126 所示。

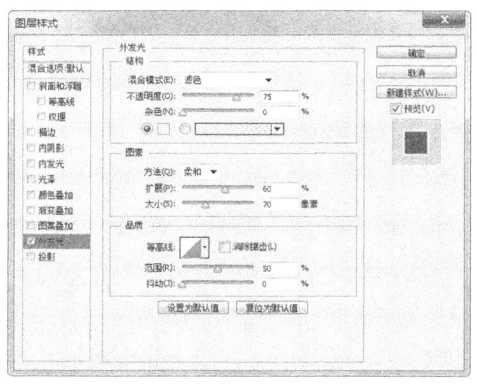

图 13-125

图 13-126

（7）选择"横排文字"工具 **T.**，在属性栏中选择适合的字体并设置大小，输入需要的文字，如图 13-127 所示，在"图层"控制面板中生成新的文字图层。将光标插入到文字中，分别选取需要修改的文字，设置文字填充色分别为绿色（其 R、G、B 的值分别为 116、195、2）、橙色（其 R、G、B 的值分别为 255、183、0）、红色（其 R、G、B 的值分别为 255、19、0），效果如图 13-128 所示。

（8）单击"图层"控制面板下方的"添加图层样式"按钮 **fx.**，在弹出的菜单中选择"外发光"命令，在弹出的对话框中进行设置，如图 13-129 所示，单击"确定"按钮，效果如图

13-130 所示。淡彩效果制作完成。

图 13-127　　　　　　　　　　　图 13-128

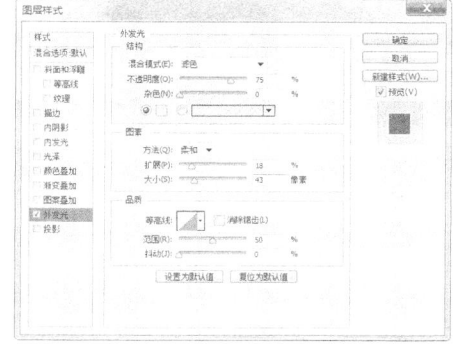

图 13-129　　　　　　　　　　　图 13-130

13.2.19　扭曲滤镜

扭曲滤镜效果可以生成一组从波纹到扭曲图像的变形效果。扭曲滤镜菜单如图 13-131 所示。应用不同滤镜制作出的效果如图 13-132 所示。

图 13-131　　原图　　　　波浪　　　　　波纹　　　　极坐标　　　　挤压

切变　　　　球面化　　　　水波　　　旋转扭曲　　　　置换

图 13-132

13.2.20　杂色滤镜组

杂色滤镜可以混合干扰，制作出着色像素图案的纹理。杂色滤镜的子菜单项如图 13-133 所示。应用不同的滤镜制作出的效果如图 13-134 所示。

240

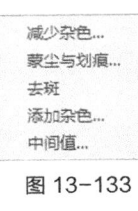

图 13-133

原图

减少杂色

蒙尘与划痕

去斑

添加杂色

中间值

图 13-134

13.2.21　艺术效果滤镜

艺术效果滤镜组包含 15 个滤镜，如图 13-135 所示。此滤镜在 RGB 颜色模式和多通道颜色模式下才可用。应用不同的滤镜制作出的效果如图 13-136 所示。

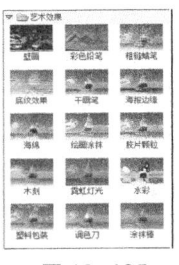

图 13-135

原图

壁画

彩色铅笔

粗糙蜡笔

底纹效果

干画笔

海报边缘

海绵

绘画涂抹

胶片颗粒

木刻

霓虹灯光

图 13-136

水彩 塑料包装 调色刀 涂抹棒

图 13-136（续）

13.2.22　其他效果滤镜

其他滤镜组不同于其他分类的滤镜组。在此组滤镜中，可以创建自己的特殊效果滤镜。其他滤镜菜单如图 13-137 所示。应用其他滤镜组制作的图像效果如图 13-138 所示。

|高反差保留…|
|位移…|
|自定…|
|最大值…|
|最小值…|

图 13-137　　　　原图　　　　高反差保留　　　　位移

自定　　　　最大值　　　　最小值

图 13-138

13.2.23　Digimarc 滤镜组

Digimarc 滤镜将数字水印嵌入图像中以存储版权信息，Digimarc 滤镜菜单如图 13-139 所示。

读取水印…
嵌入水印…

图 13-139

13.3　课堂练习——制作淡彩钢笔画效果

【练习知识要点】使用照亮边缘滤镜命令和纹理化滤镜命令制作淡彩钢笔画效果。

【素材所在位置】光盘/Ch13/素材/制作淡彩钢笔画效果/01。

【效果所在位置】光盘/Ch13/效果/制作淡彩钢笔画效果.psd，如图 13-140 所示。

图 13-140

13.4   课后习题——制作水彩画效果

【习题知识要点】使用特殊模糊、绘画涂抹、调色刀和高斯模糊滤镜制作水彩画效果。使用图层的混合模式命令更改图像的显示效果。

【素材所在位置】光盘/Ch13/素材/制作水彩画效果/01。

【效果所在位置】光盘/Ch13/效果/制作水彩画效果.psd，如图 13-141 所示。

图 13-141

本章介绍

　　本章将主要介绍动作面板、动作命令的应用技巧，并通过多个实际应用案例进一步讲解了相关命令的操作方法。通过本章的学习，能够快速地掌握动作控制面板、应用动作以及创建动作的知识要点。

● 了解动作控制面板并掌握应用动作的技巧。
● 熟练掌握创建动作的方法。

● 掌握"柔和照片效果"的制作方法。
● 掌握"炫酷卡通画"的制作方法和技巧。

14.1　动作控制面板及应用动作

应用动作控制面板及其弹出式菜单可以对动作进行各种处理和操作。

14.1.1　课堂案例——制作柔和照片效果

【案例学习目标】学习使用动作面板制作相应动作效果。

【案例知识要点】使用预定动作制作柔和照片，使用添加图层蒙版擦除不需要的图像，效果如图14-1所示。

图 14-1

【效果所在位置】光盘/Ch14/效果/制作柔和照片效果.psd。

（1）按 Ctrl + O 组合键，打开光盘中的"Ch14 > 素材 > 制作柔和照片效果 > 01"文件，如图14-2所示。选择"窗口 > 动作"命令，弹出"动作"控制面板，如图14-3所示。单击控制面板右上方的图标 ，在弹出的菜单中选择"图像效果"命令，控制面板中的效果如图14-4所示。

图 14-2

图 14-3

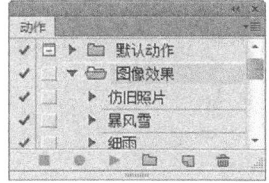
图 14-4

（2）在"图像效果"下拉列表中选择"柔和分离色调"选项，如图14-5所示。单击"柔和分离色调"选项左侧的按钮 ，可以查看动作应用的步骤，如图14-6所示。

图 14-5

图 14-6

（3）单击"动作"控制面板下方的"播放选定的动作"按钮 ，照片效果如图14-7所示，"图层"控制面板中的效果如图14-8所示。

（4）单击"图层"控制面板下方的"添加图层蒙版"按钮 ，为"图层1"图层添加蒙版，如图14-9所示。将前景色设为黑色。选择"画笔"工具 ，在图像窗口中适当调整画笔笔触的大小，拖曳鼠标在人物图像的眼睛、鼻孔和嘴上涂抹，效果如图14-10所示。柔和照片效果制作完成。

图 14-7

图 14-8
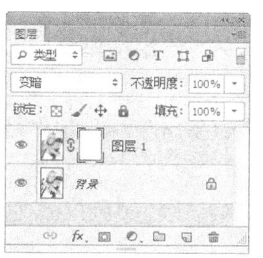
图 14-9

图 14-10

14.1.2 动作控制面板

动作控制面板可以用于对一批需要进行相同处理的图像执行批处理操作，以减少重复操作的麻烦。选择菜单"窗口 > 动作"命令，或按 Alt+F9 组合键，弹出如图 14-11 所示的"动作"控制面板。其中包括"停止播放／记录"按钮 ▣、"开始记录"按钮 ●、"播放选定的动作"按钮 ▶、"创建新组"按钮 ▢、"创建新动作"按钮 ▢、"删除"按钮 🗑。

单击"动作"控制面板右上方的图标 ▾≣，弹出其下拉命令菜单，如图 14-12 所示。

图 14-11

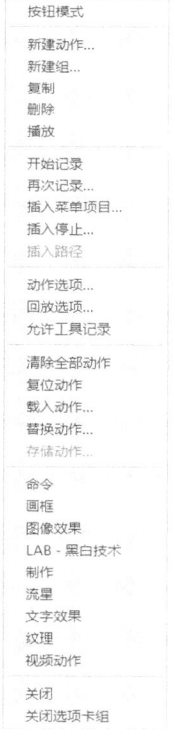
图 14-12

14.2 创建动作

可以根据需要自行创建并应用动作。

14.2.1 课堂案例——制作炫酷卡通画

【案例学习目标】学习使用动作面板创建动作制作图像效果。

【案例知识要点】使用矩形工具、直接选择工具、自由变换命令、动作面板制作放射线条图形，使用横排文字工具和填充选项制作文字效果，如图 14-13 所示。

图 14-13

【效果所在位置】光盘/Ch14/效果/制作炫酷卡通画.psd。

（1）按 Ctrl + N 组合键，新建一个文件，宽度为 10cm，高度为 10cm，分辨率为 300 像素/英寸，颜色模式为 RGB，背景内容为白色，单击"确定"按钮。

（2）将前景色设为浅蓝色（其 R、G、B 值分别为 197、242、255），按 Alt+Delete 组合键，用前景色填充背景图层，效果如图 14-14 所示。按 Ctrl + O 组合键，打开光盘中的"Ch14 > 素材 > 制作炫酷卡通画 > 01"文件。选择"移动"工具 ，将 01 图片拖曳到新建的图像窗口中适当的位置，效果如图 14-15 所示，在"图层"控制面板中生成新的图层并将其命名为"天空"，如图 14-16 所示。

图 14-14

图 14-15

图 14-16

（3）单击"图层"控制面板下方的"添加图层蒙版"按钮 ，为"天空"图层添加蒙版。选择"渐变"工具 ，单击属性栏中的"点按可编辑渐变"按钮 ，弹出"渐变编辑器"对话框，将渐变色设为从白色到黑色，如图 14-17 所示，单击"确定"按钮。按住 Shift 键的同时，在图像窗口的中心位置从上至下拖曳鼠标，效果如图 14-18 所示。

（4）按 Ctrl + O 组合键，打开光盘中的"Ch14 > 素材 > 制作炫酷卡通画 > 02"文件。选择"移动"工具 ，将 02 图片拖曳到图像窗口中适当的位置，效果如图 14-19 所示，在"图层"控制面板中生成新的图层并将其命名为"装饰"。

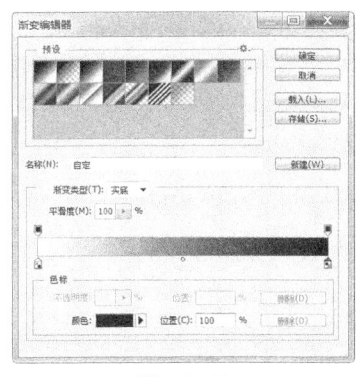
图 14-17

图 14-18

图 14-19

（5）单击"图层"控制面板下方的"创建新图层"按钮 ⬜，生成新的图层并将其命名为"形状"。将前景色设为淡黄色（其 R、G、B 值分别为 250、203、154）。选择"矩形"工具 ▭，在属性栏中的"选择工具模式"选项中选择"路径"，在图像窗口中绘制矩形路径，效果如图 14-20 所示。

（6）选择"直接选择"工具 ▷，单击右下方的节点，将其选中，向左拖曳节点到适当的位置，再单击左下方的节点，将其选中，向右拖曳节点到适当的位置，如图 14-21 所示。按 Ctrl+Enter 组合键，路径转换为选区，效果如图 14-22 所示，按 Alt+Delete 组合键，用前景色填充选区，按 Ctrl+D 组合键，取消选区，效果如图 14-23 所示。

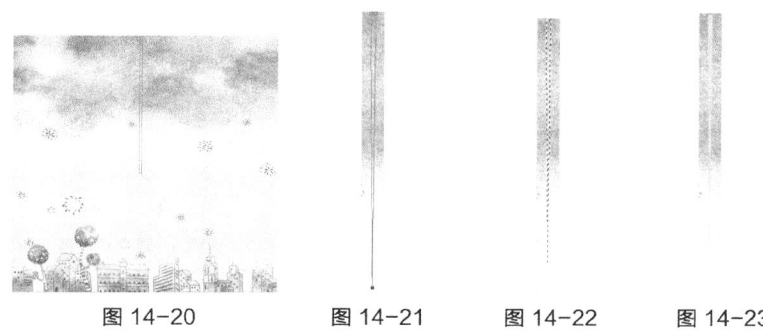

图 14-20   图 14-21   图 14-22   图 14-23

（7）选择"窗口 > 动作"命令，弹出"动作"控制面板，单击控制面板下方的"创建新动作"按钮 ⬚，弹出"新建动作"对话框，如图 14-24 所示，单击"记录"按钮。

（8）将"形状"图层拖曳到控制面板下方的"创建新图层"按钮 ⬜ 上进行复制，生成新的图层"形状 副本"，如图 14-25 所示。按 Ctrl+T 组合键，图形周围出现变换框，将旋转中心拖曳到变换框的下方，并将图形旋转到适当的角度，按 Enter 键确认操作，效果如图 14-26 所示。

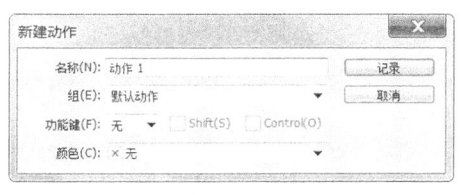
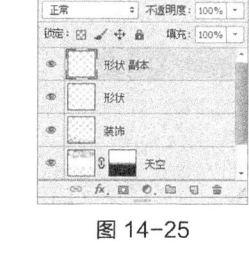

图 14-24   图 14-25   图 14-26

（9）单击"动作"控制面板下方的"停止播放/记录"按钮 ▪，停止动作的录制。连续单击"动作"控制面板下方的"播放选定的动作"按钮 ▶，按需求复制多个形状图形，效果如图 14-27 所示。在"图层"控制面板中，按住 Shift 键的同时，选中"形状"图层及其副本图层，按 Ctrl+G 组合键，将其编组，在"图层"面板中生成新的图层组并将其命名为"形状"，如图 14-28 所示。

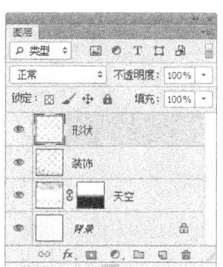

图 14-27   图 14-28

（10）单击"图层"控制面板下方的"添加图层蒙版"按钮 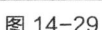，为"形状"图层添加蒙版。选择"渐变"工具 ，单击属性栏中的"点按可编辑渐变"按钮 ，弹出"渐变编辑器"对话框，在"位置"选项中分别输入 0、50、100 几个位置点，分别设置几个位置点的颜色为黑色、白色、黑色，如图 14-29 所示，单击"确定"按钮。单击属性栏中的"径向渐变"按钮 ，在图像窗口中由内向外拖曳渐变，效果如图 14-30 所示。在"图层"控制面板上方将"形状"图层的混合模式选项设为"叠加"，图像效果如图 14-31 所示。

图 14-29

图 14-30

图 14-31

（11）按 Ctrl + O 组合键，打开光盘中的"Ch14 > 素材 > 制作炫酷卡通画 > 03"文件。选择"移动"工具 ，将 03 图像拖曳到图像窗口中，如图 14-32 所示，在"图层"控制面板中生成新的图层并将其命名为"木马"。

（12）单击"图层"控制面板下方的"添加图层样式"按钮 ，在弹出的菜单中选择"外发光"命令，在弹出的对话框中进行设置，如图 14-33 所示，单击"确定"按钮，效果如图 14-34 所示。

图 14-32

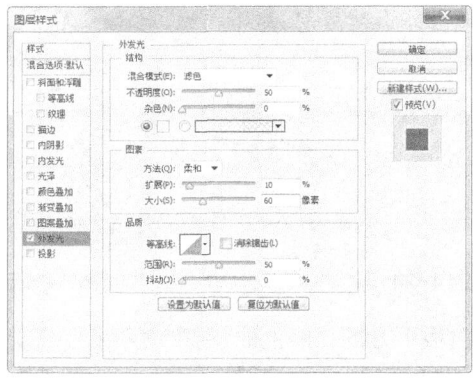

图 14-33

图 14-34

（13）按 Ctrl + O 组合键，打开光盘中的"Ch14 > 素材 > 制作炫酷卡通画 > 04"文件。选择"移动"工具 ，将 04 图像拖曳到图像窗口中，如图 14-35 所示，在"图层"控制面板中生成新的图层并将其命名为"气球"。

（14）将前景色设为黑色。选择"横排文字"工具 ，在图像窗口中输入需要的文字并选取文字，按 Ctrl+T 组合键，弹出"字符"面板，设置如图 14-36 所示，按 Enter 键，效果如图 14-37 所示。在"图层"控制面板中生成新的文字图层。

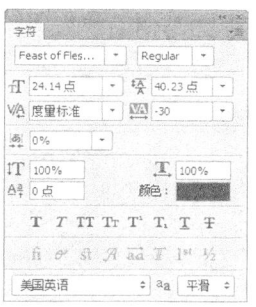

图 14-35 图 14-36 图 14-37

14.2.2 创建动作

在"动作"控制面板中，可以非常便捷地记录并应用动作。打开一幅图像，效果如图 14-38 所示。在"动作"控制面板的下拉命令菜单中选择"新建动作"命令，弹出"新建动作"对话框，如图 14-39 所示进行设定，单击"记录"按钮，在"动作"控制面板中出现"动作 1"，如图 14-40 所示。

图 14-38 图 14-39 图 14-40

在"图层"控制面板中新建"图层 1"，如图 14-41 所示，在"动作"控制面板中记录下了新建图层 1 的动作，如图 14-42 所示。

图 14-41 图 14-42

在"图层 1"中绘制出渐变效果，如图 14-43 所示，在"动作"控制面板中记录下了渐变的动作，如图 14-44 所示。

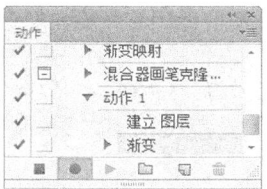

图 14-43 图 14-44

在"图层"控制面板的"模式"选项中选择"色相"模式，如图 14-45 所示，在"动作"控制面板中记录下了选择色相模式的动作，如图 14-46 所示。

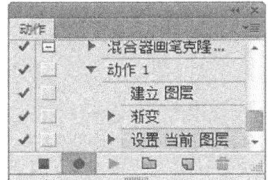

图 14-45　　　　　　　　　图 14-46

对图像的编辑完成，效果如图 14-47 所示，在"动作"控制面板下拉命令菜单中选择"停止记录"命令，即完成"动作 1"的记录，如图 14-48 所示。

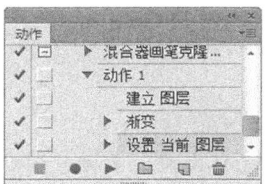

图 14-47　　　　　　　　　图 14-48

图像的编辑过程被记录在"动作 1"中，"动作 1"中的编辑过程可以应用到其他的图像中。打开一幅图像，效果如图 14-49 所示。在"动作"控制面板中选择"动作 1"，如图 14-50 所示，单击"播放选定的动作"按钮 ▶，图像编辑的过程和效果就是刚才编辑花朵图像时的编辑过程和效果，如图 14-51 所示。

图 14-49　　　　　　　　图 14-50　　　　　　　　图 14-51

14.3　课堂练习——制作橙汁广告

【练习知识要点】使用矩形工具、动感模糊滤镜和动作命令制作背景亮光，使用外发光命令制作图片的发光效果，使用亮度/对比度命令调整桔子瓣图形，使用横排文字工具和图层样式命令制作广告语。

【素材所在位置】光盘/Ch14/素材/制作橙汁广告/01~05。

【效果所在位置】光盘/Ch14/效果/制作橙汁广告.psd，如图 14-52 所示。

图 14-52

14.4 课后习题——制作动感照片效果

【习题知识要点】使用预定动作制作淡化色彩层次照片和文字，使用横排文字工具添加文字。

【素材所在位置】光盘/Ch14/素材/制作动感照片效果/01。

【效果所在位置】光盘/Ch14/效果/制作动感照片效果.psd，如图 14-53 所示。

图 14-53

PART 15

第 15 章
综合设计实训

本章介绍

　　本章的综合设计实训案例，是根据商业设计项目真实情境来训练学生如何利用所学知识完成商业设计项目。通过多个设计项目案例的演练，使学生进一步牢固掌握 Photoshop CS6 的强大操作功能和使用技巧，并应用好所学技能制作出专业的商业设计作品。

学习目标

- 掌握椭圆工具和画笔工具的使用方法。
- 掌握矩形工具和钢笔工具的使用方法。
- 掌握模糊命令、影印命令的使用方法。
- 掌握矩形选框工具和羽化命令的制作技巧。
- 掌握剪切蒙版命令的使用方法。
- 掌握渐变工具的制作方法。

技能目标

- 掌握宣传单设计——餐饮宣传单的制作方法。
- 掌握影楼模板设计——个人写真照片模板的制作方法。
- 掌握杂志设计——杂志封面的制作方法。
- 掌握包装设计——方便面包装的制作方法。
- 掌握网页设计——宠物商店网页的制作方法。
- 掌握建筑修饰——图书馆建筑效果图的制作方法。

15.1 宣传单设计——制作餐饮宣传单

15.1.1 【项目背景及要求】

1．客户名称

好友客。

2．客户需求

好友客是一家知名快餐品牌，得到众多消费者的一致好评，好友客最新推出一款超值套餐，需要制作宣传单，能够适用于街头派发、橱窗及公告栏展示，宣传单要求内容丰富，重点宣传此次优惠活动。

3．设计要求

（1）宣传单要求以套餐品种的实图为宣传单的主要图片内容。

（2）使用鲜艳的背景用以烘托画面，使画面看起来热闹丰富。

（3）设计要求表现本店的时尚、快捷的风格，色彩明快艳丽，给人欢快的视觉讯息。

（4）要求将文字进行具有特色的设计，使消费者快速了解本店优惠信息。

（5）设计规格均为 210mm（宽）×285mm（高）分辨率 300 dpi。

15.1.2 【项目创意及制作】

1．素材资源

图片素材所在位置：光盘中的"Ch15/素材/制作餐饮宣传单/01~06"。

文字素材所在位置：光盘中的"Ch15/素材/制作餐饮宣传单/文字文档"。

2．作品参考

设计作品参考效果所在位置：光盘中的"Ch15/效果/制作餐饮宣传单.psd"，效果如图 15-1 所示。

图 15-1

3．制作要点

使用椭圆工具和画笔工具制作白色装饰图形，使用移动工具添加菜肴图片，使用描边命令为标题文字添加描边，使用自定义形状工具绘制皇冠图形。

15.2 影楼模板设计——个人写真照片模板

15.2.1 【项目背景及要求】

1．客户名称

缪莎摄影工作室。

2．客户需求

缪莎摄影工作室是一家专业制作个人写真的工作室，公司目前需要制作一个写真模板，模板的主题是个性写真，设计要求以新颖美观的形式进行创意，表现出时尚与个性，让人耳目一新。

3．设计要求

（1）模板背景要求具有质感，能够烘托主题。

（2）画面以人物照片为主，主次明确，设计独特。

（3）整体风格新潮时尚，表现出年轻人的个性和创意。

（4）设计规格均为 400mm（宽）×250mm（高）分辨率 300 dpi。

15.2.2 【项目创意及制作】

1．素材资源

图片素材所在位置：光盘中的"Ch15/素材/个人写真照片模板/01~05"。

文字素材所在位置：光盘中的"Ch15/素材/个人写真照片模板/文字文档"。

2．作品参考

设计作品参考效果所在位置：光盘中的"Ch15/效果/个人写真照片模板.psd"，效果如图15-2所示。

3．制作要点

使用图层蒙版和画笔工具制作照片的合成效果，使用矩形工具和钢笔工具制作立体效果，使用多边形套索工具和羽化命令制作图形阴影，使用矩形工具和创建剪切蒙版命令制作照片蒙版效果，使用文字工具添加模板文字。

图 15-2

15.3 杂志设计——制作杂志封面

15.3.1 【项目背景及要求】

1．客户名称

WEB-MOVIE 杂志社。

2．客户需求

WEB-MOVIE 杂志社以最新的电影资讯、专业影评、新鲜时尚的海报和剧照，帮助影迷了解电影相关咨询，从而获得了广大影迷的支持与厚爱。最新一期的杂志即将出炉，杂志社要求制作 WEB-MOVIE 杂志封面，要求时尚大气，体现杂志的品质。

3．设计要求

（1）本期杂志背景画面要求表现出复古的感觉，并且具有质感。

（2）色彩搭配协调，能够突出杂志的特点。

（3）画面效果独特，文字清晰直观，能够吸引读者注意。

（4）设计规格均为185mm（宽）×240mm（高）分辨率300 dpi。

15.3.2 【项目创意及制作】

1．素材资源

图片素材所在位置：光盘中的"Ch15/素材/制作杂志封面/01~03"。

文字素材所在位置：光盘中的"Ch15/素材/制作杂志封面/文字文档"。

2．作品参考

设计作品参考效果所在位置：光盘中的"Ch15/效果/制作杂志封面.psd"，效果如图15-3所示。

3．制作要点

使用表面模糊命令、影印命令和画笔工具制作背景效果，使用文本工具和自定义工具制作标志图形，使用文本工具、矩形工具和添加图层样式命令添加内容文字效果。

图 15-3

15.4 包装设计——制作方便面包装

15.4.1 【项目背景及要求】

1．客户名称

旺师傅食品有限公司。

2．客户需求

旺师傅食品有限公司是一家经营方便面为主的食品公司，目前其品牌经典的红烧牛肉面需要更换包装全新上市，要求制作一款方便面外包装设计，方便面因其方便味美得到广泛认可，所以包装设计要求抓住产品特点，达到宣传效果。

3．设计要求

（1）包装风格要求使用红色，体现中国传统特色。

（2）字体要求使用书法字体，配合整体的包装风格，使包装更具文化气息。

（3）设计要求简洁大气，图文搭配编排合理，视觉效果强烈。

（4）以真实的产品图片展示，向观者传达信息内容。

（5）设计规格均为210mm（宽）×285mm（高）分辨率300 dpi。

15.4.2 【项目创意及制作】

1．素材资源

图片素材所在位置：光盘中的"Ch15/素材/制作方便面包装/01~06"。

文字素材所在位置：光盘中的"Ch15/素材/制作方便面包装/文字文档"。

2．作品参考

设计作品参考效果所在位置：光盘中的"Ch15/效果/制作方便面包装.psd"，效果如图15-4所示。

图 15-4

3．制作要点

使用钢笔工具和创建剪贴蒙版命令制作背景效果。使用载入选区命令和渐变工具添加亮光，使用文字工具和描边命令添加宣传文字，使用椭圆选框工具和羽化命令制作阴影，使用创建文字变形工具制作文字变形，使用矩形选框工具和羽化命令制作封口。

15.5　网页设计——制作宠物商店网页

15.5.1　【项目背景及要求】

1．客户名称

贴心宠物之家。

2．客户需求

贴心宠物之家是一家门为宠物提供宠物用品零售、宠物美容、宠物寄养、宠物活体销售的场所，店内内容丰富，服务周到，得到广泛认可，目前公司为提高知名度，需要制作网站，网站设计要求围绕主题，表现贴心宠物之家的特色。

3．设计要求

（1）网页风格要求温馨可爱，内容丰富。

（2）网页设计形式多样，在细节的处理上要求细致独特。

（3）重点宣传本店特色，层次分明，画面热闹，具有吸引力。

（4）导航栏的设计要直观简洁，色彩丰富，搭配合理。

（5）设计规格均为 253 mm（宽）×256 mm（高）分辨率 300 dpi。

15.5.2　【项目创意及制作】

1．素材资源

图片素材所在位置：光盘中的"Ch15/素材/制作宠物商店网页 01~13"。

文字素材所在位置：光盘中的"Ch15/素材/制作宠物商店网页/文字文档"。

2．作品参考

设计作品参考效果所在位置：光盘中的"Ch15/效果/制作宠物商店网页.psd"，效果如图 15-5 所示。

图 15-5

3．制作要点

使用椭圆工具、投影命令和描边命令制作导航栏，使用椭圆工具绘制云朵形状，使用文字工具和创建文字变形命令制作绕排文字。

15.6　建筑修饰——制作图书馆建筑效果图

15.6.1　【项目背景及要求】

1．客户名称

惠地房地产开发有限公司。

2．客户需求

惠地房地产开发有限公司是一家经营房地产开发、城市商品住宅等业务的房地产公司，公司目前有一个最新项目，需要根据其建筑效果图进行修饰，供客户观看，要求设计美观，起到烘托建筑的效果。

3．设计要求

（1）要求为建筑效果图添加自然风景，凸显其环境的优美。

（2）在画面中添加人物，使画面更加丰富热闹。

（3）整体画面美观，以烘托建筑效果为主。

（4）设计规格均为258mm（宽）×100mm（高）分辨率300 dpi。

15.6.2 【项目创意及制作】

1．素材资源

图片素材所在位置：光盘中的"Ch15/素材/制作图书馆建筑效果图01~08"。

2．作品参考

设计作品参考效果所在位置：光盘中的"Ch15/效果/制作图书馆建筑效果图.psd"，效果如图15-6所示。

3．制作要点

使用图层蒙版命令制作天空效果图，使用色阶命令调节天空颜色，使用滤镜中的波纹效果制作图书馆在水中的倒影。

图 15-6

15.7 课堂练习1——设计西餐厅代金券

15.7.1 【项目背景及要求】

1．客户名称

六月西兰牛扒西餐厅。

2．客户需求

六月西兰牛扒西餐厅以牛扒为餐厅的招牌菜，要求为该店设计牛扒代金券，作为本店优惠活动及招揽顾客所用，餐厅的定位是时尚、优雅、高端，所以代金券的设计要与餐厅的定位吻合，体现餐厅的特色与品位。

3．设计要求

（1）代金券设计要将牛扒作为画面主体，表明主题。

（2）设计风格时尚大方，画面内容要将代金券的要素全面地体现出来。

（3）色彩搭配合理舒适，以体现餐厅品位。

（4）设计规格均为190mm（宽）×60mm（高）分辨率300 dpi。

15.7.2 【项目创意及制作】

1．素材资源

图片素材所在位置：光盘中的"Ch15/素材/设计西餐厅代金券/01~06"。

文字素材所在位置：光盘中的"Ch15/素材/设计西餐厅代金券/文字文档"。

2．制作提示

首先导入代金券的背景素材，并制作背景图案效果，其次制作代金券的图片效果，然后制作标题文字以及其他需要的文字，最后导入装饰图形并进行调整。

3．知识提示

使用文本工具和钢笔工具制作标题文字，使用投影命令制作图片的投影效果，使用羽化命令制作高光效果，使用剪切蒙版命令制作装饰图片。

15.8 课堂练习2——设计房地产广告

15.8.1 【项目背景及要求】

1．客户名称

福尔房地产开发有限公司。

2．客户需求

福尔房地产开发有限公司是一家经营房地产开发、物业管理、城市商品住宅等业务的全方位房地产公司，其麦菲尔庄园即将开盘，要求设计制作宣传单，适合用于展会、巡展、街头派发。宣传单要将最大的卖点有效地表达出来，在第一时间吸引客户的注意。

3．设计要求

（1）设计风格独特，形式新颖，具有创新意识。

（2）突出对住宅的宣传，并传达出公司的理念。

（3）设计要求华丽大气，图文编排合理并且具有特色。

（4）使用黄色作为画面的主色调，体现住宅的品质。

（5）设计规格均为160mm（宽）×105mm（高）分辨率300 dpi。

15.8.2 【项目创意及制作】

1．素材资源

图片素材所在位置：光盘中的"Ch15/素材/设计房地产广告/01~05"。

文字素材所在位置：光盘中的"Ch15/素材/设计房地产广告/文字文档"。

2．制作提示

首先将背景素材导入，其次将需要的其他背景素材导入画面中，并将其放置在适当位置，最后将标志导入并制作广告文字。

3．知识提示

使用投影命令制作卷轴的投影效果，使用图层蒙版工具制作楼房的书中投影，使用文本工具制作广告内文。

15.9 课后习题 1——设计儿童读物书籍封面

15.9.1 【项目背景及要求】

1．客户名称

少儿科学出版社。

2．客户需求

《快乐大冒险》是一本少儿科普漫画，以漫画的形式在趣味中使儿童学到知识，要求为《快乐大冒险》书籍设计书籍封面，设计元素要符合儿童的特点，也要突出本书将漫画与知识相结合的书籍特色，避免出现其他儿童书籍成人化的现象。

3．设计要求

（1）书籍封面的设计根据儿童视角，切忌成人化风格。

（2）设计要求将漫画、科学、儿童三种要素进行完美结合。

（3）画面用色大胆强烈，使用鲜艳的色彩，在视觉上吸引儿童的注意。

（4）要符合儿童充满好奇、阳光向上、色调明快的特点。

（5）设计规格均为 310mm（宽）×210mm（高）分辨率 300 dpi。

15.9.2 【项目创意及制作】

1．素材资源

图片素材所在位置：光盘中的"Ch15/素材/设计儿童读物书籍封面/01~04"。

文字素材所在位置：光盘中的"Ch15/素材/设计儿童读物书籍封面/文字文档"。

2．制作提示

首先制作背景及背景图案，其次制作封面的背景及标题文字，然后制作封面其他图形。再次制作书籍封底，导入素材图片并制作文字。最后制作书籍书脊，制作书脊文字并为文字添加图形。

3．知识提示

使用投影命令制作图片的投影效果，使用投影、斜面和浮雕、描边命令制作书籍名称，使用圆角矩形命令制作小动物图案背景，使用钢笔工具、横排文字工具制作区域文字，使用椭圆工具制作文字底图。

15.10 课后习题 2——设计茶叶包装

15.10.1 【项目背景及要求】

1．客户名称

福建乐山泉茶业有限公司。

2．客户需求

福建乐山泉茶业有限公司生产的茶叶均选用上等原料并采用独特的加工工艺，以其"汤清、味浓，入口芳香，回味无穷"的特色，深得国内外茶客的欢迎，公司要求制作新出品的大红袍茶叶包装，此款茶叶面向的是成功的商业人士，所以茶叶包装要求具有收藏价值，并且能够弘扬茶叶文化。

3．设计要求

（1）要求设计人员深入了解大红袍的茶叶文化，根据其文化特色进行设计。

（2）包装设计要表现中国传统文化，以茶具作为包装封面的元素。

（3）要求用色沉稳厚重，体现茶叶的内在价值。

（4）以真实简洁的方式向观者传达信息内容。

（5）设计规格均为 340mm（宽）×400mm（高）×100mm（厚）分辨率 300 dpi。

15.10.2 【项目创意及制作】

1．素材资源

图片素材所在位置：光盘中的"Ch15/素材/设计茶叶包装/01~09"。

文字素材所在位置：光盘中的"Ch15/素材/设计茶叶包装/文字文档"。

2．制作提示

首先制作茶叶包装背景，导入背景素材，其次制作包装文字及文字背景，然后制作图片的投影效果，最后制作其他文字及其装饰图形。

3．知识提示

使用渐变工具制作包装背景，使用图层蒙版命令制作包装背景图片效果，使用画笔工具制作背景条纹及文字底图，使用矩形工具制作主题文字背景，使用描边命令制作文字底图的描边效果，使用图层蒙版命令制作图片投影。

Photoshop 快捷键附录

<table>
<tr><td colspan="2">文件菜单</td><td colspan="2">图像菜单</td></tr>
<tr><td>命令</td><td>快捷键</td><td>命令</td><td>快捷键</td></tr>
<tr><td>新建</td><td>Ctrl+N</td><td>调整 > 色阶</td><td>Ctrl+L</td></tr>
<tr><td>打开</td><td>Ctrl+O</td><td>调整 > 曲线</td><td>Ctrl+M</td></tr>
<tr><td>在 Bridge 中浏览</td><td>Alt+Ctrl+O</td><td>调整 > 色相/饱和度</td><td>Ctrl+U</td></tr>
<tr><td>打开为</td><td>Alt+Shift+Ctrl+O</td><td>调整 > 色彩平衡</td><td>Ctrl+B</td></tr>
<tr><td>关闭</td><td>Ctrl+W</td><td>调整 > 黑白</td><td>Alt+Shift+Ctrl+B</td></tr>
<tr><td>关闭全部</td><td>Alt+Ctrl+W</td><td>调整 > 反相</td><td>Ctrl+I</td></tr>
<tr><td>关闭并转到 Bridge</td><td>Shift+Ctrl+W</td><td>调整 > 去色</td><td>Shift+Ctrl+U</td></tr>
<tr><td>存储</td><td>Ctrl+S</td><td>自动色调</td><td>Shift+Ctrl+L</td></tr>
<tr><td>存储为</td><td>Shift+Ctrl+S</td><td>自动对比度</td><td>Alt+Shift+Ctrl+L</td></tr>
<tr><td>存储为 Web 所用格式</td><td>Alt+Shift+Ctrl+S</td><td>自动颜色</td><td>Shift+Ctrl+B</td></tr>
<tr><td>恢复</td><td>F12</td><td>图像大小</td><td>Alt+Ctrl+I</td></tr>
<tr><td>文件简介</td><td>Alt+Shift+Ctrl+I</td><td>画布大小</td><td>Alt+Ctrl+C</td></tr>
<tr><td>打印</td><td>Ctrl+P</td><td colspan="2">图层菜单</td></tr>
<tr><td>打印一份</td><td>Alt+Shift+Ctrl+P</td><td>命令</td><td>快捷键</td></tr>
<tr><td>退出</td><td>Ctrl+Q</td><td>新建 > 图层</td><td>Shift+Ctrl+N</td></tr>
<tr><td colspan="2">编辑菜单</td><td>新建 > 通过拷贝的图层</td><td>Ctrl+J</td></tr>
<tr><td>命令</td><td>快捷键</td><td>新建 > 通过剪切的图层</td><td>Shift+Ctrl+J</td></tr>
<tr><td>还原/重做</td><td>Ctrl+Z</td><td>创建/释放剪贴蒙版</td><td>Alt+Ctrl+G</td></tr>
<tr><td>前进一步</td><td>Shift+Ctrl+Z</td><td>图层编组</td><td>Ctrl+G</td></tr>
<tr><td>后退一步</td><td>Alt+Ctrl+Z</td><td>取消图层编组</td><td>Shift+Ctrl+G</td></tr>
<tr><td>渐隐</td><td>Shift+Ctrl+F</td><td>排列 > 置为顶层</td><td>Shift+Ctrl+]</td></tr>
<tr><td>剪切</td><td>Ctrl+X</td><td>排列 > 前移一层</td><td>Ctrl+]</td></tr>
<tr><td>拷贝</td><td>Ctrl+C</td><td>排列 > 后移一层</td><td>Ctrl+[</td></tr>
<tr><td>合并拷贝</td><td>Shift+Ctrl+C</td><td>排列 > 置为底层</td><td>Shift+Ctrl+[</td></tr>
<tr><td>粘贴</td><td>Ctrl+V</td><td>合并图层</td><td>Ctrl+E</td></tr>
<tr><td>原位粘贴</td><td>Shift+Ctrl+V</td><td>合并可见图层</td><td>Shift+Ctrl+E</td></tr>
<tr><td>贴入</td><td>Alt+Shift+Ctrl+V</td><td colspan="2">选择菜单</td></tr>
<tr><td>填充</td><td>Shift+F5</td><td>命令</td><td>快捷键</td></tr>
<tr><td>内容识别比例</td><td>Alt+Shift+Ctrl+C</td><td>全部</td><td>Ctrl+A</td></tr>
<tr><td>自由变换</td><td>Ctrl+T</td><td>取消选择</td><td>Ctrl+D</td></tr>
<tr><td>变换 > 再次</td><td>Shift+Ctrl+T</td><td>重新选择</td><td>Shift+Ctrl+D</td></tr>
<tr><td>颜色设置</td><td>Shift+Ctrl+K</td><td>反向</td><td>Shift+Ctrl+I</td></tr>
<tr><td>键盘快捷键</td><td>Alt+Shift+Ctrl+K</td><td>所有图层</td><td>Alt+Ctrl+A</td></tr>
<tr><td>菜单</td><td>Alt+Shift+Ctrl+M</td><td>查找图层</td><td>Alt+Shift+Ctrl+F</td></tr>
<tr><td>首选项 > 常规</td><td>Ctrl+K</td><td>调整蒙版</td><td>Alt+Ctrl+R</td></tr>
</table>

修改 > 羽化	Shift+F6	实际像素	Ctrl+1 / Alt+Ctrl+0
滤镜菜单		显示额外内容	Ctrl+H
命令	**快捷键**	显示 > 目标路径	Shift+Ctrl+H
上次滤镜操作	Ctrl+F	显示 > 网格	Ctrl+'
自适应广角	Shift+Ctrl+A	显示 > 参考线	Ctrl+;
镜头校正	Shift+Ctrl+R	标尺	Ctrl+R
液化	Shift+Ctrl+X	对齐	Shift+Ctrl+;
消失点	Alt+Ctrl+V	锁定参考线	Alt+Ctrl+;
3D 菜单		**窗口菜单**	
命令	**快捷键**	**命令**	**快捷键**
渲染	Alt+Shift+Ctrl+R	动作	Alt+F9 / F9
视图菜单		画笔	F5
命令	**快捷键**	图层	F7
校样颜色	Ctrl+Y	信息	F8
色域警告	Shift+Ctrl+Y	颜色	F6
放大	Ctrl++ / Ctrl+=	**帮助菜单**	
缩小	Ctrl+ -	**命令**	**快捷键**
按屏幕大小缩放	Ctrl+0	Photoshop 帮助	F1